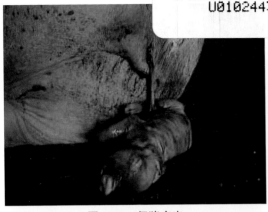

图 1-28　仔猪产出

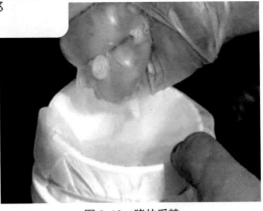

图 2-10　猪的采精

图 2-1　未发情母猪的外阴

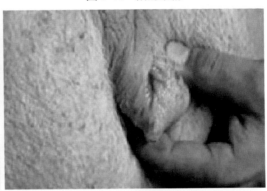

图 2-2　发情母猪的外阴

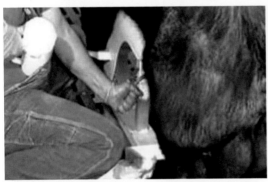

图 2-10　猪的采精

图 2-23　猪的 B 超妊娠诊断操作

图 3-3　将阴道栓放入母羊的阴道内

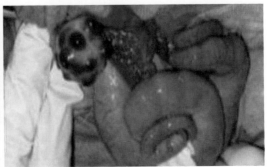

图 3-4　羊超数排卵后的效果

1

图 3-6 假阴道的准备

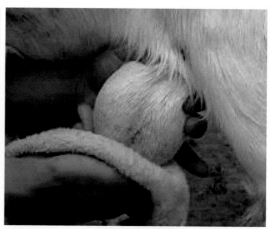

图 3-16 冷敷睾丸

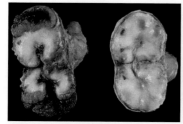

图 4-1 马卵巢上卵泡发育和排卵

图 4-6 公马勃起的阴茎被手工偏转到假畜台一侧

图 5-3 鸡输精器械的准备

图 6-1 犬发情时的行为表现

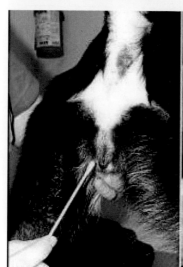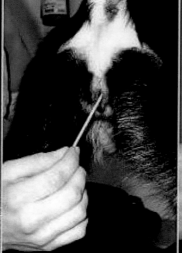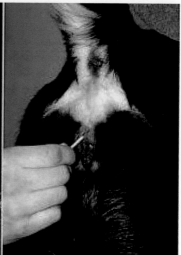

图 6-2 阴道黏液的采集方法

2

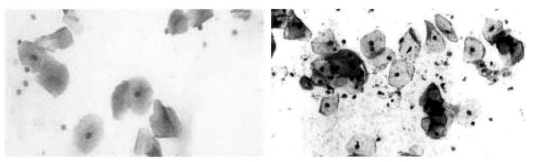

图 6-3　母犬在在发情不同阶段的阴道分泌物图像　A. 发情前期

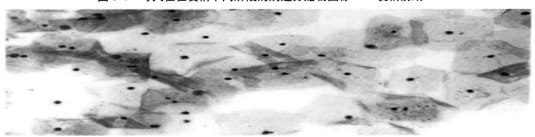

图 6-3　母犬在在发情不同阶段的阴道分泌物图像　B. 发情期

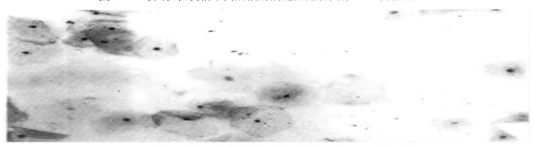

图 6-3　母犬在在发情不同阶段的阴道分泌物图像　C. 发情后期

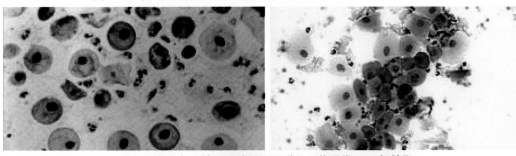

图 6-3　母犬在在发情不同阶段的阴道分泌物图像　D. 间情期

图 6-4　犬用测情器

图 6-9　锁结

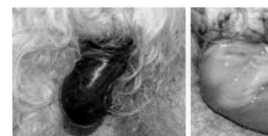
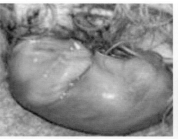
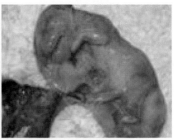

图 16-6 左图 刚露出的胎儿 中图：刚产出的胎儿 右图：已完全产出的胎儿

图 1-30 左：放入温水中 中：夹取细管冻精 右：准备温水，镊子预冷

图 1-43 取卵黄

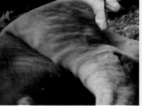

图 1-68 犊牛正生　　　　　　　图 1-69 犊牛倒生

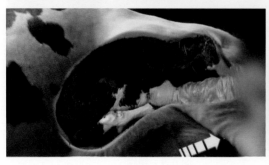

图 1-75 胎儿四肢弯曲的矫正

"十四五"职业教育国家规划教材

动物繁殖技术

主编◎李凤玲　孙耀辉

DONGWU FANZHI JISHU

北京师范大学出版集团
BEIJING NORMAL UNIVERSITY PUBLISHING GROUP
北京师范大学出版社

图书在版编目(CIP)数据

动物繁殖技术/李凤玲,孙耀辉主编. —2 版. —北京:北京师范大学出版社,2024.7

("十四五"职业教育国家规划教材)

ISBN 978-7-303-22386-2

Ⅰ. ①动… Ⅱ. ①李… ②孙… Ⅲ. ①动物—繁殖—高等职业教—教材 Ⅳ. ①S814

中国版本图书馆 CIP 数据核字(2017)第 114703 号

图 书 意 见 反 馈　gaozhifk@bnupg. com　010-58805079
营 销 中 心 电 话　010-58802181　58805532

出版发行:北京师范大学出版社　www. bnupg. com
　　　　　北京市西城区新街口外大街 12-3 号
　　　　　邮政编码:100088
印　　刷:北京溢漾印刷有限公司
经　　销:全国新华书店
开　　本:787 mm×1092 mm　1/16
印　　张:20.5
字　　数:449 千字
版 印 次:2024 年 7 月第 2 版第 13 次印刷
定　　价:51.50 元

策划编辑:周光明　　　　　责任编辑:周光明
美术编辑:焦　丽　　　　　装帧设计:焦　丽
责任校对:陈　民　　　　　责任印制:马　洁　赵　龙

本书编审委员会

主　编　李凤玲(黑龙江职业学院)
　　　　孙耀辉(黑龙江职业学院)

副主编　时广明(黑龙江职业学院)
　　　　乔利敏(北京农业职业学院)

参　编　王素梅(黑龙江职业学院)
　　　　付云超(黑龙江职业学院)
　　　　刘汉玉(黑龙江职业学院)
　　　　胡海燕(黑龙江省杜尔伯特蒙古族自治县畜牧技术服务中心)

主　审　陈晓华(黑龙江职业学院)

内容简介

　　本教材共分为 6 个学习情境 28 个项目，主要包括动物的发情鉴定与控制、人工授精、妊娠诊断、分娩与助产、胚胎移植技术、繁殖力评定等方面的内容。

　　本教材具有语言精练、结构紧凑、图文并茂、重点突出、通俗易懂、技术性强、职业特色明显等特点。在编写内容上既注重教材的先进性和前瞻性，又体现适用性和可读性。本教材不仅可作为高职高专畜牧兽医等专业的教学用书，还可作为畜牧兽医行业企业人员和基层繁育技术服务人员的参考书。

本书资源

前　言

本教材以二十大精神为引领，弘扬科学家精神，尊重知识、尊重人才，树立优良学风。强化企业科技创新主体地位，深入企业，掌握最前沿的动物繁殖技术，推陈出新，更新实践内容。坚持深化产教融合、校企合作，实现协同创新、协同育人目标，充分发挥科技型骨干企业引领支撑作用。引入企业部分标准操作流程（SOP）。

本教材是以习近平新时代中国特色社会主义思想为指导，以培养爱党爱国爱农的新时代社会主义建设接班人为目标，根据教育部对高职高专教学改革和人才培养的要求，依据教育部颁布的《关于加强高职高专教育人才培养工作的意见》《关于加强高职高专教育教材建设的若干意见》编写的。

本教材在编写过程中，根据教学方案和教学大纲的要求，正确运用专业能力、社会能力和方法能力，充分体现了高职高专的教学特色。在专业人才培养目标下，总结多年教学及教学改革的经验，借鉴德国"双元制"教学模式。从畜牧兽医工作岗位出发，对动物繁殖技术工作岗位过程进行分析，以企业真实工作任务作为课程"主题"来设计学习情境。以工作过程为导向进行课程开发，将动物繁殖领域的主要技术环节融入其中，对原有的学科知识体系课程进行"解构"，以生产过程、项目任务进行重构和细化教学内容，使之与生产实际岗位"零距离"对接。同时，培养学生良好的思想道德素质、团队意识和敬业精神，充分体现了"以学生为中心"，在"教中学、学中做"的职业教育理念。使学生获得全方位的能力训练，形成对学生岗位能力的强化培养，给学生创造出一种弹性化、人性化的发展空间，从而逐渐将学生培养成为一个创新型的人才，提高学生的综合职业素养。

本教材具有语言精练、结构紧凑、图文并茂、重点突出、通俗易懂、技术性强、职业特色明显等特点。在编写内容上，既注重教材的先进性和前瞻性，又体现适用性和自学的可读性。

本教材共分为 6 个学习情境 28 个项目，具体编写分工如下：牛繁殖技术中项目一、项目二、项目四、项目五，羊繁殖技术项目二、项目五，马繁殖技术由李凤玲编写；牛繁殖技术中项目六、猪繁殖技术由孙耀辉编写；牛繁殖技术中项目三由刘汉玉编写；犬繁殖技术中项目一、项目二、项目三，家禽繁殖技术由王素梅编写；犬繁殖技术中项目四、项目五由时广明编写；羊繁殖技术项目一、项目三、项目四、项目六由付云超编写；来自企业的胡海燕同志负责新技术更新和图片采集工作。全书由乔利敏负责统稿和校对，陈晓华主审。

本教材在编写过程中，力求在编写内容、结构及体系上有所突破和创新，以达到强化技能、推进教学改革的目的。但因编者水平有限，书中不足之处在所难免，恳切希望广大师生和读者多提宝贵意见，以便今后加以改进。扫描封面二维码并注册后，登录学习平台可获取相关资源。

编　者

目　录

学习情境一

牛繁殖技术

●●●●● 学习任务单

学习情境一	牛繁殖技术	学　时	40
布置任务			

学习目标	1. 能适时地对母牛进行发情鉴定； 2. 了解生殖激素，掌握各类生殖激素的主要生理功能及临床应用； 3. 会制定与实施诱导发情、同期发情及超数排卵的方案； 4. 了解牛的采精过程，会假阴道的安装与调试； 5. 会准确地检查精子密度、精子活力等各项指标； 6. 会对精液进行准确的稀释和冷冻保存； 7. 会确定母牛最佳的输精时间，利用直肠把握法完成牛的输精操作； 8. 会早期妊娠诊断； 9. 会正常分娩助产及难产救护； 10. 会牛胚胎移植技术，了解体外受精、克隆、性别控制、转基因等其他繁殖新技术； 11. 根据牛繁殖力评价指标，会计算情期受胎率、配种指数、产犊间隔等指标； 12. 会分析诊断常见繁殖障碍性疾病，能对卵巢机能障碍、子宫疾病等疾病并进行治疗
思政育人目标	1. 通过介绍育种专家的故事和精神，增强爱国情怀，教育学生爱农村、爱农民，服务农村。增强民族自豪感、责任感和使命感； 2. 敬畏生命、尊重生命、珍爱生命； 3. 两性之美，自然之美和母爱教育； 4. 培养精益求精的品质精神、爱岗敬业的职业精神、协作共进的团队精神和追求卓越的创新精神； 5. 培养医德医风、恪守职业道德、博爱之心的工匠精神
任务描述	在实训基地或实训室，按照操作规程，完成牛繁殖技术。具体任务： 1. 发情鉴定与控制； 2. 人工授精； 3. 妊娠诊断及分娩与助产； 6. 胚胎移植； 7. 繁殖力评定
学时分配	资讯：10 学时　计划：1 学时　决策：1 学时　实施：26 学时　考核：1 学时　评价：1 学时

提供资料	1. 张周. 家畜繁殖. 北京：中国农业出版社，2001
	2. 中国农业大学. 家畜繁殖学. 北京：中国农业出版社，2000
	3. 王锋，王元兴. 牛羊繁殖学. 北京：中国农业出版社，2003
	4. 张忠诚. 家畜繁殖学. 北京：中国农业出版社，2000
	5. 耿明杰. 动物遗传繁育. 哈尔滨：哈尔滨地图出版社，2004
	6. 丁威. 动物遗传繁育. 北京：中国中国农业出版社，2010
对学生要求	1. 以小组为单位完成工作任务，充分体现团队合作精神；
	2. 严格遵守牛场消毒制度，防止疫病传播；
	3. 严格遵守操作规程，保证人、畜安全；
	4. 严格遵守生产劳动纪律，爱护劳动工具

●●●●● 任务资讯单

学习情境一	牛繁殖技术
资讯方式	通过资讯引导，观看视频、到精品课网站、图书馆查询，向指导教师咨询
资讯问题	1. 母牛的生殖器官有什么特点？卵巢的主要生理机能是什么？
	2. 母牛发情有哪些变化？母牛发情周期和发情持续期的特点？
	3. 安静发情和假发情发生因素是什么？如何判断？
	4. 直肠检查法鉴定母牛发情的技术要点是什么？操作过程要注意哪些？
	5. 什么是同期发情、诱导发情、超数排卵？
	6. 超数排卵的处理方法有哪些？
	7. 为什么要对母牛进行同期发情处理？
	8. 假阴道如何安装与调试？
	9. 如何检查和评定精子活力、精子密度？
	10. 稀释液的成分包括哪些？分别有什么作用？
	11. 稀释液中为何要添加甘油？卵黄在稀释液中起什么作用？
	12. 输精前应做好哪些准备？
	13. 母牛输精时间的确定？常用的输精方法是什么？如何操作？
	14. 什么是受精？受精发生在什么部位？
	15. 受精前配子进行哪些准备？精子、卵子结合要经过哪些过程？
	16. 牛的胎膜和胎盘有何特点？
	17. 母牛的妊娠期是多少？如何快速推算出母牛的预产期？
	18. 分娩前应做好哪些准备？分娩预兆有哪些？
	19. 什么是胚胎附植？牛的胚胎附植有哪些规律？
	20. 什么是家畜繁殖力？受胎率、情期受胎率和不返情率？
	21. 母牛常患哪些子宫疾病？各有何症状？如何治疗？
资讯引导	1. 在信息单中查询；
	2. 进入黑龙江职业学院动物繁殖技术省级精品资源共享课网站；
	3. 家畜繁殖工职业标准；
	4. 养殖场的繁育管理制度；
	5. 在相关教材和报刊资讯中查询；
	6. 多媒体课件

●●●●● 相关信息单

项目一　发情鉴定与控制

【工作场景】

工作地点：实训基地。

动物：母牛。

材料：保定栏、母牛生殖器官、开膣器、手电筒、保定绳、长臂手套、毛巾、盆、肥皂、套管针、注射器、手术刀、镊子、子宫灌注器、PMSG、FSH、HCG、LH、氯前列烯醇、LRH-A$_2$ 或 LRH-A$_3$、阴道栓、CIDR、孕激素、磺胺结晶粉、新斯的明、己烯雌酚、牛初乳、生理盐水等。

【工作过程】

任务一　发情鉴定

外部观察法

一、准备工作

1. 将母牛放于运动场内，让其自由活动。

2. 做好每日发情鉴定所需物品的领取、登记、保管和使用记录。

二、检查方法

1. 注意观察母牛的精神状态和行为表现，并结合母牛外阴部的肿胀程度和黏液的状态及生产力等即发情征兆来判断其是否发情。

2. 每天对所有配种圈进行三次以上发情观察并做好记录，每天上下午进行两次喷漆并对发情牛的尾根上部做好标记，对没有喷漆的母牛做好记录以便跟踪观察。每晚对所有牛舍进行两次以上的巡圈观察和配种圈四次以上的发情观察并做好记录，每个牛舍内停留时间不能超过 10 min。

三、结果判定

母牛发情时，表现为精神兴奋不安、哞叫、食欲减退、爬跨或接受其他母牛的爬跨、泌乳量下降，并作弯腰弓背姿势、尿频、外阴充血肿胀。以上表现随发情进展由弱到强。待发情近结束时，又逐渐减轻并恢复正常。母牛发情时，由于子宫腺体活动增强，分泌液增多，并从阴门流出体外。发情初期从阴门流出的黏液量少而稀薄；盛期黏液量大而浓稠，流出体外呈纤缕状或玻璃棒状；发情后期黏液量减少，混浊而且浓稠，最后黏液变为乳白色，常粘于阴唇、尾根和臀部形成结痂。母牛发情时，最明显的特征是爬跨行为，发情初期，发情母牛追逐或爬跨其他母牛，但发情母牛不愿接受其他母牛的爬跨。发情盛期，发情母牛则接受其他母牛的爬跨，表现站立不动，举尾、后肢叉开。发情末期，母牛的精神状态逐渐恢复正常，不接受其他母牛的爬跨(见图 1-1)。

图1-1　左：发情母牛被其他母牛嗅闻；中：发情母牛接受爬跨；右：发情母牛被爬不动

阴道检查法

阴道检查法适合于年龄稍大些的母牛，可以作为发情鉴定的辅助方法。

一、开膛器法

(一)准备工作

1. 保定

将母牛牵到保定栏内保定，尾巴拉向一侧。

2. 外阴部的洗涤和清毒

先用温肥皂水洗净外阴部，然后用1％煤酚皂溶液进行消毒，最后用消毒纱布或酒精棉球擦干。在清洗或消毒时，应先由阴门裂开始，逐渐向外扩大。

3. 开膛器的准备

首先用75％的酒精棉球对开膛器的内外面进行消毒，然后用火焰或消毒液浸泡消毒，最后用40℃的温水冲去药液并在其湿润时使用。

4. 做好每日发情鉴定所需物品的领取、登记、保管和使用记录。

(二)检查方法

1. 送入开膛器

用左手拇指和食指打开阴门，以右手持开膛器把柄，把柄向右或向左，开膛器处于闭合状态，以尖端向前斜上方插入阴门。当开膛器的前1/3进入阴门后，即改成水平方向插入阴道，同时慢慢旋转开膛器，使其柄部向下。轻轻撑开阴道，用手电筒或反光镜照明阴道，迅速进行观察(见图1-2)。

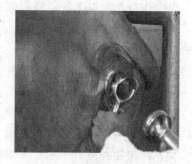

2. 观察阴道

应特别注意观察阴道黏膜的色泽及湿润程度，子宫颈的颜色及形状，子宫颈口是否开张及其开张程度，黏液的分泌情况。

图1-2　阴道检查

(三)结果判定

1. 未发情母牛

检查时，母牛阴门紧缩，并有皱纹，开膛器插入有干涩的感觉，阴道黏膜苍白，黏液呈浆糊状或很少，子宫颈口紧缩，即没有发情。

2. 发情母牛

检查时，母牛外阴肿胀明显，阴道黏膜潮红，子宫颈口开张较大，有黏液蓄积或流出体外呈纤缕状，即为发情。

二、黏液抹片法

1. 取黏液

首先用开膣器扩张阴道。然后把用生理盐水浸湿的消毒棉签插入阴道，在子宫颈外口沾取阴道黏液。

2. 制片

将沾取的黏液均匀地涂抹在载玻片上。待其自然干燥后在显微镜下观察结晶花纹。或者用 10% $AgNO_3$ 溶液滴于载玻片上，待其自然干燥后在 100 倍的显微镜下镜检。

3. 结果判定

一般呈现羊齿植物状的花纹，结晶花纹较典型，长列且整齐，并保持较长时间，常达数小时以上，其他杂物(如上皮细胞、白细胞等)很少，这是发情盛期的表现。如结晶结构较短，呈现星芒状，且保持时间较短，白细胞较多，说明已进入发情末期。所以，可根据子宫黏液抹片的结晶状态及其保持时间的长短来判断发情所处的时期(见图1-3)。

 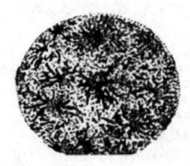

图1-3 发情母牛子宫颈黏液抹片结晶花纹
左：发情盛期；右：发情末期

三、注意事项

1. 检查时，开膣器一定要彻底清洗和消毒，以防感染；插入开膣器时，要小心谨慎，以免损伤阴道黏膜。

2. 黏液抹片法并非完全可靠，有少数发情母牛的子宫颈抹片不呈结晶状态。发情母牛的抹片如果不呈结晶花纹，一般受胎率较低。

直肠检查法

一、准备工作

1. 将待检母牛牵入保定栏内保定，将尾巴拉向一侧，清洗外阴。

2. 检查人员需将指甲剪短磨圆，防止损伤肠壁。同时，穿好工作服，戴上长臂手套，清洗并涂抹滑润剂。

3. 做好每天发情鉴定所需物品的领取、登记、保管和使用记录。

二、检查方法

1. 检查人员站于母牛正后方，五指并拢呈锥形，旋转且缓慢伸入直肠。

2. 手伸入直肠后，如有宿粪可用手暂时轻轻堵住，使粪便蓄积，刺激直肠收缩。当粪便达到一定量时，手臂在直肠内向上抬起，使空气进入直肠，促进宿粪排尽。

3. 手伸入直肠达骨盆腔中部，将手掌展平，掌心向下压肠壁，可触摸到一个质地坚实较硬、软骨棒状的子宫颈，沿着子宫颈向前触摸，在子宫体的前下方有一纵行的凹沟，即角间沟。再向前触摸，可摸到一对呈绵羊角状的子宫角，沿子宫角大弯向外侧下行，即可摸到呈扁椭圆形、有弹性的卵巢。用手指固定卵巢并体会卵巢的形状、质地、有无卵泡、卵泡大小等情况。检查完一侧再用相同的方法触摸另一侧卵巢（见图1-4）。

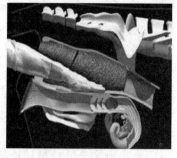

图 1-4　直肠检查

三、卵泡发育规律与发情期的判断

第一期（卵泡出现期）：卵巢体积稍增大，卵泡直径为0.5～0.7 cm，触诊时感到硬而光滑，有一软化点。此期母牛已有发情表现，约持续 10 h。

第二期（卵泡发育期）：卵泡直径增大到 1～1.5 cm，并突出于卵巢表面，呈小球状，触摸时感觉卵泡光滑有弹性，稍有波动。此期母牛处于外部表现的盛期，持续 10～12 h。

第三期（卵泡成熟期）：卵泡不再增大，但卵泡液增多，卵泡壁变薄，紧张性增强，用手指触压，弹性弱，波动强，有一触即破之感。此期母牛外部发情表现趋于结束，持续6～8 h。

第四期（排卵期）：卵泡成熟破裂，卵泡液流出，卵子随卵泡液从中排出。泡壁变松软，形成凹陷，捏之有两层皮的感觉。排卵约在母牛发情结束后 10 h，排卵后 6～8 h 黄体开始形成，卵巢恢复正常大小，触之有肉样感觉。

四、注意事项

1. 在直肠检查过程中，检查人员应小心谨慎，避免粗暴。如遇母牛努责时，应暂时停止操作，等待直肠收缩缓解时再行检查。

2. 由于母牛的发情持续时间短，依据外部观察法就可以准确判断母牛的排卵时间。但在生产中，有些营养不良的母牛，由于其生殖机能衰退，造成卵泡发育缓慢，因此排卵时间可能会延迟。而有些母牛的排卵时间可能会提前，没有规律；还有一些母牛出现安静发情和假发情。对于这些母牛，为了准确确定最佳配种时期，除了进行外部观察和阴道检查外，还要进行直肠检查。通过直肠检查，可以准确判断卵泡发育情况。

奶牛计步器

利用计步器来检测奶牛的活动量。计步器是利用奶牛发情时，在性激素的作用下，奶牛的活动量必然增加的原理，利用这一原理来检测奶牛的活动量，从而间接地检测到奶牛什么时候发情。它是采用无线射频的方式，把里面记录的运动量数据传送到读写器里，再把这个数据传送到服务器上，由服务器上面运行的奶牛发情鉴定计算软件对这些数据进行详细分析，然后以图形的形式展现出来，最终以短信的形式发送到配种员的手机上。手机上将显示"奶牛发情检测系统向您提示××号奶牛自×月×日×时开始发情，请关注"。

图 1-5　奶牛计步器

计步器(见图 1-5)检测奶牛发情率由人工检测的 25％提高到 90％。

●●●●● 相关知识

一、母牛生殖器官

(一)母牛生殖器官的组成

母牛生殖器官由性腺、生殖道、外生殖器官三部分组成(见图 1-6)。

1. 性腺

卵巢。

2. 生殖道

输卵管、子宫、阴道。

3. 外生殖器官

尿生殖道前庭、阴唇、阴蒂。

(二)母牛生殖器官的形态、组织结构及生理机能

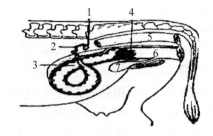

图 1-6 母牛的生殖器官

1. 卵巢 2. 输卵管 3. 子宫角
4. 子宫颈 5. 直肠 6. 阴道 7. 膀胱

1. 卵巢

(1)形态、位置

卵巢多位于骨盆腔,在子宫角尖端外侧 2～3 cm。呈扁椭圆形,拇指指肚大小,初产牛或经产胎次少的母牛,卵巢均在耻骨前缘之后,经产母牛,子宫角随多次妊娠而逐渐垂入腹腔,卵巢也随之移至耻骨前缘的前下方。

(2)组织结构

卵巢的表面是单层的生殖上皮,其下是由致密的结缔组织构成的白膜。白膜下为卵巢实质,分为皮质部和髓质部。两者没有明显的界限,皮质部在髓质部的外周。皮质内含有许多发育不同的卵泡和黄体及黄体退化后变成的白体。髓质内含有许多细小的血管、神经,它们经卵巢门出入,与卵巢系膜相连。

(3)生理机能

①卵泡发育和排卵。卵巢皮质部有许多发育不同阶段的原始卵泡。众多卵泡中只有少数能发育至成熟,并破裂排出卵子。排卵后,在原卵泡腔处形成黄体,大部分卵泡在发育到不同阶段时发生退化、闭锁。

②分泌雌激素和孕酮。在卵泡发育过程中,包围在卵泡细胞外的两层卵巢皮质基质细胞形成卵泡膜。卵泡膜分为内膜和外膜,其中内膜分泌雌激素,一定量的雌激素是导致雌性动物发情的直接因素。而排卵后形成的黄体能分泌孕酮,它是孕激素的有效成分,是维持母牛妊娠所必需的激素之一。

2. 输卵管

(1)形态、位置

输卵管是卵子进入子宫的必经之路,包在输卵管系膜内,是一对多弯曲的细管,它位于每侧卵巢和子宫角之间,大致分为三部分。管的前端接近卵巢,扩大呈漏斗状,称输卵管漏斗。漏斗部边缘呈放射状皱褶,称输卵管伞。伞的一处附着于卵巢的上端,漏斗的中心有一小开口,称为输卵管腹腔口,与腹腔相通。管的前半部或前三分之一段较粗,称为

输卵管壶腹部，是卵子受精的场所。壶腹部之后，与子宫角连接这部分较细，称为峡部。

（2）组织结构

输卵管管壁从外向内由浆膜、肌层和黏膜构成。肌层可分为内层的环状或螺旋形肌束和外层的纵行肌束，其中混有斜行纤维，使整个管壁能协调地收缩。肌层从卵巢端到子宫端逐渐增厚。黏膜上有许多纵褶，其大多数上皮细胞表面有纤毛，能向子宫端摆动，有助于运送卵子。

（3）生理机能

①承纳并运送卵子、精子和早期胚胎。从卵巢排出的卵子首先被输卵管伞接纳，借平滑肌的蠕动、纤毛的运动和分泌液的流动，将卵子运送到漏斗和壶腹部，借助输卵管的蠕动，卵子通过壶腹的黏膜襞被运送到壶峡连接部。与此同时将精子反方向由峡部向壶腹部运送。受精后，受精卵在输卵管内要发育近1周，然后由壶腹部下行进入子宫继续发育。

②输卵管是精子获能、卵子受精和受精卵卵裂的场所。精子在受精前需要一个"获能"过程，子宫和输卵管是精子获能部位。输卵管壶腹部为受精场所，受精卵边卵裂边向峡部和子宫角运行。

③分泌机能。输卵管的分泌物主要是黏蛋白和黏多糖，它是精子、卵子及早期胚胎的培养液。输卵管的分泌作用受激素的控制，发情时分泌能力明显增强。

3. 子宫

（1）形态、位置

母牛的子宫分为子宫颈、子宫体、子宫角三部分。两个子宫角的前端接输卵管，向后汇合成子宫体。子宫颈前端和子宫体相通，为子宫内口，后端突入阴道内称为子宫颈阴道部，其开口称为子宫颈外口。子宫大部分在腹腔，小部分在骨盆腔，子宫借阔韧带附着于腰下和骨盆的两侧。背侧为直肠，腹侧为膀胱。

（2）牛子宫特点

牛子宫属于对分子宫（两角基部内有纵隔将两角分开），正常情况下，子宫角长达20～30 cm 角的基部粗 2～3 cm。子宫体不发达较短，长 3～5 cm，青年母牛和经产胎次数较少的母牛子宫角弯曲如绵羊角状，位于骨盆腔内。经产胎次多的母牛，子宫并不能完全恢复原来的形状和大小，所以子宫常垂入腹腔。两子宫角基部之间的连接处有一纵沟，称角间沟。子宫内膜有 120～200 个子宫肉阜，也叫子叶，其上没有子宫腺，但深部含有丰富的血管，妊娠时子宫肉阜发育为母体胎盘。子宫颈长 8～10 cm，位于骨盆腔内，壁厚而硬，不发情时管腔封闭较紧，发情时稍开放。子宫颈阴道部粗大，突入阴道 2～3 cm，黏膜有放射状皱襞，经产母牛的皱襞有时肥大如菜花状。子宫颈肌的环状层很厚，构成 3～5 个横向半月瓣，彼此嵌合，使子宫颈的管腔变得弯曲狭窄。子宫颈黏膜由柱状上皮细胞组成，发情时分泌活动增强。

（3）生理机能

①储存、筛选和运送精子。母牛发情配种后，子宫颈口开张，有利于精子逆流进入。子宫颈黏膜隐窝处积聚着大量的精子，隐窝可阻止死精子和畸形精子的进入。并借助子宫肌有节律的收缩，将精子运送到输卵管。

②孕体附植、妊娠和分娩。子宫内膜还可供孕体附植，附植后子宫内膜形成母体胎盘，与胎儿胎盘结合，为胎儿的生长发育创造良好的条件。妊娠时子宫颈黏液高度黏稠形

成栓塞，称子宫栓，它的主要作用是封闭子宫颈口，起屏障作用，保护胎儿，防止异物侵入子宫。分娩前栓塞液化，子宫颈扩张，以便胎儿产出。

③子宫角能调节发情周期

配种后未孕的母牛，在发情周期一定时间，子宫角分泌 $PGF_{2\alpha}$，使卵巢的周期黄体溶解退化，垂体又分泌大量的促性腺激素引起卵泡发育，导致母牛再次发情。妊娠后，不释放 $PGF_{2\alpha}$，黄体仍然继续存在，以维持妊娠，此时的黄体称为妊娠黄体。

4. 阴道

阴道是母牛的交配器官也是产道，其背侧为直肠，腹侧为膀胱和尿道。阴道腔为一扁平的缝隙，其前端有子宫颈阴道部突入。子宫颈阴道部周围的阴道腔称为阴道穹隆，后端与尿生殖道相连。

5. 外生殖器官

(1)尿生殖前庭

尿生殖前庭为从阴瓣到阴门裂的部分，前高后低，略有倾斜。其前端腹侧有一横行的黏膜褶，称为阴瓣，以此与阴道划定界限，后端以阴门与外界相通。阴道后方有一尿道口，尿道口的后方两侧有前庭小腺的开口，背侧有前庭大腺的开口，母牛发情时前庭腺体分泌机能增强。

(2)阴唇

阴唇分左右两片，构成阴门。阴唇的外面是皮肤，内为黏膜，外阴在不同的生理时期会发生不同的变化。

(3)阴蒂

同两个勃起组织构成，相当于公牛的阴茎，富有感觉神经末梢。

二、母牛的发情与发情周期

母牛的生殖活动现象从胎儿出生时便已开始，主要受环境、中枢神经系统、丘脑下部、垂体及性腺之间相互作用的调节。在机体的不断发育过程中，卵子也在不断地发育成熟。母牛生长到一定年龄，便开始出现发情和周期性的排卵活动。进入这一发育阶段的母牛接受交配后可以受孕，繁衍后代。生育能力持续一段时间后逐渐衰退，直到停止。

(一)发情的概念

1. 发情

发情是指母牛发育到一定阶段后，在生殖激素的调节下，其卵巢上便有卵泡发育并排卵，同时生殖器官和整个机体都出现一系列周期性变化，如精神兴奋不安、食欲减退、外阴肿胀、生殖道分泌物增多并流出、行为出现特殊变化等。

2. 母牛发情的变化

(1)卵巢变化

母牛一般在发情开始前的 $3\sim4$ d，卵巢上的卵泡开始生长，在发情前 $2\sim3$ d 卵泡迅速发育，卵泡液分泌增加，卵泡体积变大，卵泡壁变薄而突出于卵巢表面，当发情征状消失时，卵泡已发育成熟，卵泡体积达到最大。在激素的作用下，泡壁破裂，卵子随卵泡液一起排出，即排卵。

(2)行为变化

发情开始时，在卵泡分泌的雌激素和少量孕激素的作用下，刺激中枢神经系统而引起性兴奋。使母牛精神兴奋不安，对外界环境变化特别敏感。表现为食欲减退、鸣叫、频频排尿、尾根举起或摇动、爬跨其他牛或接受其他牛爬跨。雌激素对中枢神经系统的刺激作用需少量孕激素的参与才能使母牛的行为发生变化。母牛第一次发情时，由于卵巢上没有黄体，血液中孕激素水平又较低，往往出现安静发情。

(3)生殖道的变化

发情时随着卵泡的发育、成熟，雌激素分泌增加，孕激素分泌减少。排卵后卵巢上开始形成黄体，孕激素分泌增加。由于雌激素和孕激素的交替作用，从而使生殖道发生显著的变化。主要表现在外阴肿胀、充血、阴道黏膜潮红、松弛，黏液量分泌增多，子宫颈口开张等。母牛发情时随着卵泡分泌雌激素的增加，生殖道血管发生增生并充血，在排卵前卵泡的体积增至最大，雌激素分泌达到高峰，生殖道充血明显。在排卵时，雌激素水平急骤降低，从而引起充血的血管发生破裂，血液从生殖道排出体外，这种现象在奶牛和黄牛较为多见，经常在发情时血液从阴道流出，其他动物极少发生这种现象。

(二)母牛性机能的发育阶段(见表 1-1)

母牛性机能的发育过程是一个发生、发展直到衰老的过程，一般分为初情期、性成熟期和繁殖机能停止期。各阶段的年龄因牛品种、个体、饲养管理及自然环境条件等因素的不同而有所差异。

1. 初情期

母牛第一次出现发情或排卵时的年龄。此时母牛生殖器官尚未发育成熟，其发情表现往往不完全。初情期的母牛体重约占成牛体重的 30%。

2. 性成熟期

母牛到达初情期后，随着激素特别是雌激素的阶段性分泌，生殖器官发育较快，最终达到成熟，具备了繁殖后代的能力。母牛在此期配种虽能受胎，但由于母牛身体尚处于旺盛发育时期，不宜配种，否则会影响母体的继续发育和胎儿的初生重。这一时期母牛体重约占成畜体重的 50%。

3. 适配年龄

适配年龄是指母牛适宜配种的年龄，适配年龄应根据其具体生长发育情况等确定。开始配种时的体重应为其成年体重的 70% 左右。

4. 体成熟期

体成熟期是动物出生后达到成年体重的年龄。母牛在适配年龄后配种受胎，身体仍未完全发育成熟，只有在产下 2～3 胎后，才真正达到成年体重。

表 1-1   母牛性机能发育阶段

动物类别	初情期(月龄)	性成熟期(月龄)	适配龄(岁)	体成熟期(年)
奶牛	6～12	12～14	1.3～1.5	2～3
黄牛	8～12	10～14	1.5～2.0	2～3

5. 繁殖机能停止期

母牛繁殖能力消失的时期。该期的长短与动物的种类及其寿命有关。另外，同种动物内品种、饲养管理水平以及动物本身的健康状况等因素，对繁殖机能停止期均有影响。母牛繁殖机能停止期一般为 15～22 岁。在生产实践中，即使遗传性能非常好的品种，当牛的生产力开始下降、无经济效益时，应尽早淘汰，减少经济损失。

（三）发情周期与发情持续期

1. 发情周期

母牛自第一次发情开始，如果没有配种或配种后未受胎，则每隔一定时期便开始下一次发情，周而复始，直到繁殖机能停止活动的年龄为止。母牛从一次发情开始到下次发情开始或者从一次发情结束到下次发情结束所间隔的时间，为发情周期的计算方法，牛的发情周期平均为 21 d(18～24 d)。

发情周期的划分是根据机体发生的一系列生理变化，一般采用三期分法和四期分法来划分发情周期阶段（见图 1-7）。二期分法是依据卵巢上组织学变化以及有无卵泡发育和黄体存在与否来划分的，把发情周期分为卵泡期和黄体期；四期分法则是根据母牛的发情征状以及生殖器官变化来划分的。

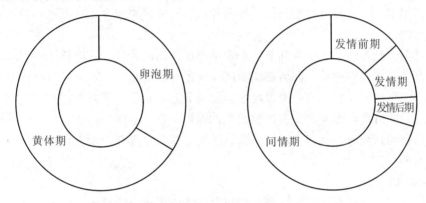

图 1-7　发情周期各阶段的划分及其所占比重示意图

左：二期分法；右：四期分法

（1）二期分法

①卵泡期。指卵泡从开始发育至发育完全并破裂、排卵的时期。包括发情前期和发情期。

②黄体期。指从卵泡破裂排卵后形成黄体，直至黄体萎缩退化为止。包括发情后期和间情期。

（2）四期分法

母牛发情周期受卵巢分泌激素的调节，因此根据母牛的精神状态、对公牛的性反应、卵巢和阴道上皮细胞的变化情况可将发情周期分为发情前期、发情期、发情后期和间情期。

①发情前期。是发情的准备期。对于发情周期为 21 d 的动物，如果以发情征状开始出现时为发情周期第 1 d，则发情前期相当于发情周期的第 16～18 d。卵巢中上一个发情周期所形成的黄体进一步退化或萎缩，新的卵泡开始生长发育，雌激素分泌增加，血中孕激素水平逐渐降低。生殖道上皮开始增生，腺体活动逐渐增强，黏膜下层组织开始充血，子宫颈和阴道分泌物增多，但外部无明显的发情表现。

②发情期。有明显发情征状的时期，相当于发情周期的第 1～2 d。此期母牛表现精神兴奋、食欲下降、愿意接受其他母牛爬跨，卵泡迅速发育，雌激素分泌增加到最高水平，而孕激素分泌则逐渐降低至最低水平。子宫颈口肿胀、开张，子宫肌层蠕动加强，腺体分泌增多，外阴充血、肿胀，并有大量稀薄黏液流出。

牛的发情期较短，约为 18 h。牛的发情表现较明显，排卵发生在发情开始后的 28～32 h 或发情结束后的 8～12 h。母牛这种现象是因为中枢神经对雌激素的感应阈值低，有不感应阶段。因此，母牛在卵泡开始发育时，出现性兴奋。到雌激素增多时，出现性欲。在卵泡发育成熟以前，雌激素增加到一定程度，中枢神经对雌激素的敏感性降低，因而在尚未达到排卵之前，性兴奋先消退。发情开始后 2～5 h，垂体前叶释放出 LH 峰，20～24 h 即排卵，因此牛是唯一发情停止后出现排卵的动物。

③发情后期。相当于发情周期的第 3～4 d。母牛精神由兴奋逐渐转为抑制状态。卵巢上的卵泡破裂排卵后，雌激素分泌显著减少，新的黄体开始形成，孕激素分泌则逐渐增加。子宫颈收缩，子宫内膜增厚，腺体分泌活动减弱，黏液分泌量减少而变黏稠，黏膜充血现象逐渐消退，子宫颈口逐渐封闭，外阴肿胀逐渐减轻并消失，从阴道中流出的黏液逐渐减少并干涸。

④间情期。是发情后期结束到下一个发情周期前期的阶段。此期长 12～13 d，精神完全恢复正常，发情表现停止。间情期的前期，黄体继续发育增大，孕激素分泌逐渐增加至最高水平。如果卵子受精，这一阶段将继续延续下去，动物不再发情。如未孕，则进入间情期。间情期的后期，增厚的子宫内膜回缩，腺体变小，腺体分泌活动停止。黄体发育停止，并开始萎缩，孕激素分泌量逐渐减少。卵巢上新的卵泡开始发育，从而进入下一个发情周期的前期。

2. 发情持续期

发情持续期是指母牛从一次发情开始到发情结束所经历的时间。由于季节、饲养管理水平、年龄等不同，发情持续期的长短也有所不同。一般初产母牛发情持续期长，经产母牛发情持续期短。母牛发情持续期的时间为 1～2 d。

3. 发情期中生殖道的变化

生殖道随着卵巢激素的周期性变化也发生相应变化。发情前期，卵巢中黄体逐渐萎缩，孕激素分泌减少，而卵泡迅速发育，产生雌激素，整个生殖道开始充血、肿胀。黏膜层增厚，上皮细胞增高，黏液分泌增多；输卵管上皮细胞的纤毛增多。子宫肌细胞肥大，子宫及输卵管肌肉层的收缩及蠕动增强，对催产素的敏感性提高，子宫颈稍开张。

发情时，卵泡迅速增大至发育成熟，雌激素分泌量逐渐增加，对生殖道的刺激使上述特征更加明显。此时输卵管的分泌、蠕动及纤毛摆动更加明显。输卵管伞充血肿胀，子宫黏膜水肿变厚，上皮增高，子宫腺体分泌物增多。由于水肿及子宫肌的收缩增强，触诊感到较硬。子宫颈肿大、柔软、松弛；黏膜上皮杯状细胞的分泌增多、稀薄，常有黏液流出阴门以外。阴道黏膜充血潮红，上皮细胞层次明显增多。前庭分泌增加，阴唇充血、水肿、松软。

排卵后，雌激素减少，新形成的黄体开始产生孕酮。生殖道由雌激素所引起的变化逐渐消退。子宫黏膜上皮细胞在雌激素消失后先是变低，以后又在孕激素的作用下增高。子宫腺细胞于排卵后 2 d 开始肥大增生，腺体弯曲，分支增多。腺体分泌物中含有糖原小滴。子宫肌的蠕动减弱，对雌激素的反应能力降低。

三、异常发情

（一）安静发情

安静发情又称隐性发情，即母牛发情时外部表现不明显，但卵巢上的卵泡仍能发育成熟并排卵。高产奶牛、年轻或体质衰弱的母牛较易发生。当连续两次发情之间的间隔相当于正常间隔的两倍或三倍时，即可怀疑出现安静发情。导致安静发情的原因是由于生殖激素分泌失调，雌激素分泌不足或个体对雌激素的敏感程度不同造成的。对于安静发情的母牛可以通过直肠检查卵泡发育情况，如能及时配种，也可受胎。

（二）孕后发情

孕后发情又称为假发情，即母牛在妊娠期间出现的发情。母牛多在妊娠初期的 3 个月内出现，假发情率占 3%～5%。

虽然发情时卵泡发育可达到即将排卵时的大小，但往往不能排卵。孕后发情发生的主要原因是激素分泌紊乱，即妊娠黄体分泌孕酮不足，而胎盘分泌雌激素过多所致。孕后发情可使黄体功能降低，子宫兴奋性增强，导致激素性流产。在人工授精技术中，对孕后发情的母牛要进行认真细致的检查，防止误配而造成其人为流产。

（三）短促发情

短促发情指母牛的发情持续时间短，如不注意观察容易错过配种时机。导致母牛短促发情的原因是卵泡发育速度过快，使卵泡成熟破裂而排卵，从而缩短了发情期。

（四）断续发情

断续发情指母牛的发情时断时续，整个过程延续很长时间。造成断续发情的主要原因是促卵泡素分泌不足或卵泡交替发育。先发育的卵泡中途发生退化，又一个卵泡开始发育，使母牛出现断续发情。当其转入正常发情时，配种可能会受胎。

（五）持续发情

持续发情是慕雄狂的一种症状。母牛表现为持续强烈的发情行为。发情周期不正常，发情长短不规则，时常从阴门流出透明黏液，阴户水肿，荐坐韧带松弛，同时尾根举起，配种不受胎。母牛患慕雄狂时，表现极度的兴奋不安，食欲减退，大声哞叫，频频排尿，追逐并爬跨其他母牛，产奶量下降，身体消瘦，被毛粗糙而失去光泽，母牛往往具有雄性特征。

四、产后发情

产后发情是指母牛分娩后出现的第一次发情。牛的产后发情一般在产后的 30 d 左右出现，多表现为安静发情。如果是正常发情不主张给母牛输精，此时母牛的子宫还没有完全复旧，一部分母牛尚有恶露排出，不易受胎。应在产后第二次或第三次发情时输精为宜。

五、卵泡发育与排卵

（一）卵泡发育及形态特点

1. 卵子的形态和结构

（1）卵子的形态和大小

哺乳动物的卵子为圆球形，卵子较一般细胞含有多量的细胞质，细胞质中含有卵黄，所以卵子比一般细胞要大很多。

（2）卵子的结构

卵子的主要结构包括放射冠、透明带、卵黄膜及卵黄等部分。

①放射冠。紧贴卵母细胞透明带的一层卵丘细胞呈放射状排列，称为放射冠。

②卵膜。卵子有两层明显的被膜，即卵黄膜和透明带。卵黄膜是卵母细胞的皮质分化物，它具有与体细胞的原生质膜基本相同的结构和性质。透明带为一均质而明显的半透膜，一般认为它是由卵泡细胞和卵母细胞形成的细胞间质，可以被蛋白分解酶如胰蛋白酶和胰凝乳蛋白酶所溶解。透明带和卵黄膜可以保护卵子完成正常的受精过程，使卵子有选择性地吸收无机离子和代谢产物，对精子具有选择作用等功能。

③卵黄。排卵时卵黄占据透明带内大部分容量。受精后卵黄收缩，并在透明带与卵黄膜间形成一个卵黄周隙。成熟分裂过程中卵母细胞排出的极体就存在于此。卵黄内含有线粒体、高尔基体，同时还含有色素内容物。卵子的核位置不在中心，有明显的核膜，核内有一个或多个染色质核仁，所含的 DNA 量很少，而在核周围的细胞质中出现 DNA 带。实际上，大多数哺乳动物排出的卵是处于第二次成熟分裂的中期，并不表现核的形态(见图 1-8)。

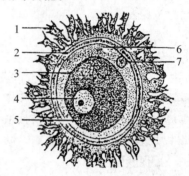

图 1-8　刚排出的卵子结构简图
1. 放射冠细胞　2. 透明带　3. 卵黄膜　4. 细胞核
5. 颗粒细胞　6. 卵黄周隙　7. 极体

2. 卵泡的发育

动物在出生前卵巢就已含有大量的原始卵泡，出生后随着年龄的增长而不断减少，多数卵泡在发育中途闭锁或退化，少数卵泡发育成熟而排卵。哺乳动物在发情周期中，实际发育的卵泡数多于能达到成熟和排卵的卵泡数。

初情期前，卵泡虽能发育但不能成熟排卵，发育到一定程度时便闭锁或退化。初情期后，卵巢上的原始卵泡才通过一系列发育阶段达到成熟而排卵。卵泡发育从形态上可分为原始卵泡、初级卵泡、次级卵泡、三级卵泡和成熟卵泡。有的把初级卵泡开始生长至三级卵泡阶段，统称为生长卵泡；也有的根据卵泡是否出现卵泡腔而分为无腔卵泡和有腔卵泡，三级卵泡以前的卵泡尚未出现卵泡腔，统称为无腔卵泡，而三级卵泡和成熟卵泡被称为有腔卵泡。

（1）原始卵泡

原始卵泡排列在卵巢皮质外周，其核心为一卵母细胞，周围为一层扁平状的卵泡上皮细胞，没有卵泡膜也没有卵泡腔。

（2）初级卵泡

初级卵泡是由原始卵泡发育而成。其特点是卵母细胞的周围由一层立方形卵泡细胞所包裹，卵泡膜尚未形成，也无卵泡腔。

（3）次级卵泡

在生长发育过程中，初级卵泡向卵巢皮质的中央移动，这时卵泡上皮细胞增殖，使卵泡上皮形成多层圆柱状细胞，细胞体积变小，称颗粒细胞。开始时这些卵泡细胞与卵母细胞的卵泡膜紧紧相连，随着卵泡的发育，卵泡细胞分泌的液体增多，卵泡体积逐渐增大，卵泡膜与卵泡细胞(或放射冠细胞)之间形成透明带。同时，卵黄膜的微绒毛部分伸入透明带中，这些细胞的伸入可为卵黄提供营养。

(4)三级卵泡

随着卵泡的发育，颗粒细胞层进一步增加，并出现分离，形成许多不规则的腔隙，充满由卵泡细胞分泌的卵泡液，各小腔隙逐渐合并形成新月形的卵泡腔。由于卵泡液的增多，卵泡腔也逐渐扩大，卵母细胞被挤向一边，并被包裹在一团颗粒细胞中，形成突出于卵泡腔的岛屿，称为卵丘。其余的颗粒细胞紧贴于卵泡腔的周围，形成颗粒层。在颗粒层外周形成卵泡膜，卵泡膜有两层，其中内膜为上皮细胞，并分布许多血管，内膜细胞具有分泌类固醇激素的能力；外膜由纤维细胞构成。

(5)成熟卵泡

成熟卵泡又称葛拉夫氏卵泡。三级卵泡继续生长，卵泡液增多，卵泡腔增大，卵泡扩展到整个卵巢的皮质部而突出于卵巢的表面。

发育成熟的卵泡结构，由外向内分别是卵泡外膜、卵泡内膜、颗粒细胞层、卵丘、透明带、卵细胞。

3.卵泡的闭锁和退化

动物出生前，卵巢上就有很多原始卵泡，但只有少数卵泡能够发育成熟和排卵，绝大多数卵泡发生闭锁和退化。退化的卵泡数出生前比出生后多，出生后，又是初情期前比初情期后多，因此卵泡的绝对数随着年龄的增长而减少(见图1-9)。

卵泡的闭锁和退化，包括颗粒细胞和卵母细胞的一系列形态学的变化，其主要特征是染色体浓缩，核膜起皱，颗粒细胞发生固缩，颗粒细胞离开颗粒层悬浮于卵泡液中，卵丘细胞发生分解，卵母细胞发生异常分裂或碎裂，透明带玻璃化并增厚，细胞质碎裂等变

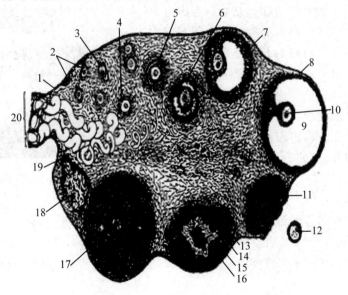

图 1-9　哺乳动物卵巢中卵泡与卵子在形态学上的关系模式

1.生殖上皮　2.卵巢管(卵巢)　3.原始卵泡　4～5.初级卵泡　6.次级卵泡
7.三级卵泡　8.成熟卵泡　9.充满卵泡液的卵泡腔　10.卵母细胞　11.血体
12.排出的卵子　13～16.新生的黄体

化。闭锁的卵泡被卵巢中纤维细胞所包围，通过吞噬作用最后消失而变成疤痕。

卵泡发生闭锁的原因可能是由于垂体前叶分泌 FSH 的量不够，或者是卵泡细胞对于 FSH 的反应性差所致。FSH 浓度不够，颗粒细胞通过芳香化酶的活性将雄激素转化为雌激素的作用就减弱，由于雌激素浓度低，加之雄激素对雌激素的颉颃作用，所以卵泡对促性腺激素的反应性差，卵泡则不能充分发育，而在发育到一定阶段时便发生闭锁。由此可见，发动卵泡产生雌二醇以及增加颗粒细胞对雌二醇的反应性，是防止卵泡闭锁的关键。

(二)排卵和黄体形成

1. 排卵类型

大多数哺乳动物排卵都是周期性的，根据卵巢排卵特点和黄体的功能，哺乳动物的排卵可分为自发性排卵和诱发性排卵两种类型。

自发性排卵是卵泡发育成熟后自行破裂排卵并自动形成黄体。但这种排卵类型所形成的黄体尚有功能性及无功能性之分。一是在发情周期中黄体的功能可以维持一定时间，如牛。二是除非交配(交配刺激)，否则所形成的黄体是没有功能的，即不具有分泌孕酮的功能，如鼠类中的大鼠、小鼠和仓鼠等未交配时发情期很短，大约 5 d，若交配未孕发情周期可维持 12～14 d。

2. 排卵的过程

排卵前，卵泡经历着以下的变化。卵母细胞细胞质和细胞核成熟；卵丘细胞聚合力松懈，颗粒细胞各自分离；卵泡膜变薄、破裂。所有这些变化都是由于 LH 和 FSH 的释放量骤增达到一定比例时引起的。

排卵前卵泡形态与结构发生了一系列的变化。随着卵泡发育和成熟，卵泡液不断增多，卵泡容积增大并突出于卵巢表面，但卵泡内压并没有提高。突出的卵泡壁扩张，细胞质分解，卵泡膜血管分布增加、充血，毛细血管通透性增强，血液成分向卵泡腔渗出。随着卵泡液的增加，卵泡外膜的胶原纤维分解，卵泡壁变软，且富弹性。突出卵巢表面的卵泡壁中心呈透明的无血管区，排卵前卵泡外膜分离，内膜通过裂口而突出，形成一个乳头状的小突起，称为排卵点。排卵点膨胀，许多卵泡将卵母细胞及其周围的放射冠细胞冲出(见图 1-10)，被输卵管伞所接纳。

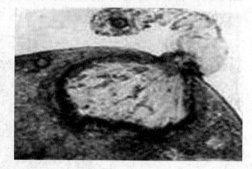

图 1-10　卵子排出

3. 排卵部位

一般哺乳动物的排卵部位除卵巢门外，在卵巢表面的任何部位都可排卵。排卵可在两个卵巢中随机发生，很多哺乳动物一般都是两个卵巢交替排卵，但它们的排卵率并不完全相同，牛右侧卵巢排卵率约占 60%，左侧卵巢约占 40%，产后的第一次排卵多发生在孕角对侧的卵巢上。

4. 黄体形成与退化

成熟卵泡排卵后形成黄体，黄体分泌孕酮作用于生殖道，使之向妊娠的方向变化，如未受精，一段时间后黄体退化，开始下一次的卵泡发育与排卵。

（1）黄体形成

成熟卵泡破裂排卵后，由于卵泡液的排出，卵泡壁塌陷皱缩，从破裂的卵泡壁血管流出血液和淋巴液，并聚积于卵泡腔内形成血凝块，称为红体。此后颗粒细胞在 LH 作用下增生变大，并吸收类脂质—黄素而变成黄体细胞，构成黄体主体部分。同时卵泡内膜分生出血管，布满于发育中的黄体，随着这些血管的分布，卵泡内膜细胞也移入黄体细胞之间，参与黄体的形成，这是卵泡内膜细胞来源的黄体细胞。各种动物黄体的颜色也不一样，牛因黄素多，黄体呈黄色，水牛黄体在发育过程中呈粉红色，萎缩时变成灰色。

（2）黄体类型

雌性动物如果没有妊娠，所形成的黄体在黄体期末退化，这种黄体称为周期性黄体。周期性黄体通常在排卵后维持一定时间才退化，母牛在 14～15 d 发生退化。如果已妊娠，则转化为妊娠黄体，此时黄体的体积稍大，大多数动物妊娠黄体一直维持到妊娠结束才退化。

（3）黄体退化

黄体退化时由颗粒细胞转化的黄体细胞退化很快，表现在细胞质空泡化及核萎缩，随着微血管退化，供血减少，黄体体积逐渐变小，黄体细胞的数量也显著减少，颗粒层细胞逐渐被纤维细胞所代替，黄体细胞间结缔组织侵入、增殖，最后整个黄体细胞被结缔组织所代替，形成一个斑痂，颜色变白称为白体，残留在卵巢上。大多数动物的白体存在到下一周期的黄体期，即此时的功能性新黄体与大部分退化的白体共存。一般的规律是到第二个发情周期时，白体仅存有痕迹，其形态已不清晰。

黄体退化可能是由于子宫黏膜产生的 $PGF_{2\alpha}$ 作用所致，但据资料表明，牛的黄体组织本身也产生 $PGF_{2\alpha}$ 和其他前列腺素。由此看来，黄体的退化并不完全依赖来源于子宫的前列腺素。近年来有试验表明，催产素对牛的黄体退化也具有生理作用。体外试验表明，小剂量的催产素具有促进黄体生长的作用，大剂量则有溶解黄体的作用。

六、生殖激素对发情周期的调节

发情周期的实质是卵泡期和黄体期的交替变化，发情周期的变化一方面是在内分泌基础上产生的，另一方面也受神经系统的调节，外界环境的变化及雄性的刺激反应，如嗅觉、视觉、听觉等。经不同途径通过神经系统影响丘脑下部 GnRH 的合成和释放，并刺激垂体前叶产生和释放促性腺激素，作用于卵巢产生性腺激素，从而调节母牛的发情。因此，母牛发情周期周而复始的变化，是通过丘脑下部-垂体-卵巢轴分泌的生殖激素相互调节的结果。

母牛生长到初情期或性成熟的一定时期，在外界环境的影响下，丘脑下部的某些神经细胞分泌促性腺激素释放激素(GnRH)，经过垂体门脉循环到垂体前叶，调节促性腺激素的分泌，垂体前叶分泌 FSH 经血液循环作用于卵巢，刺激卵泡的生长发育，同时垂体前叶分泌 LH 也进入血液，与 FSH 协同作用，增加了卵泡的生长和雌激素的分泌量，并在少量孕激素的作用下刺激性中枢而引起母牛发情，同时刺激生殖道发生各种生理变化。此时雌激素的分泌升高，并作用于丘脑下部或垂体，抑制 FSH 的分泌同时刺激 LH 的释放。LH 释放的脉冲式频率增加且排卵前出现 LH 峰，进一步引起卵泡发育、破裂排卵。排卵后颗粒细胞在少量 LH 的作用下形成黄体并分泌孕酮。此外，当雌激素分泌量升高时，降低了丘脑下部促乳素抑制激素的释放，而引起垂体前叶 LTH 分泌量增加。LTH 和 LH 协同作用促进和维持黄体分泌孕酮，当孕酮分泌达到一定量时，对丘脑下部和垂体产生负反馈作用，从而抑制垂体前叶 FSH 的分泌使卵巢上的卵泡不能发育，并抑制中枢神经系统的性中枢，使母牛不再有发情表现，同时孕酮也作用于生殖道及子宫，使其发生有利于胚胎附植的生理变化(见图 1-11)。

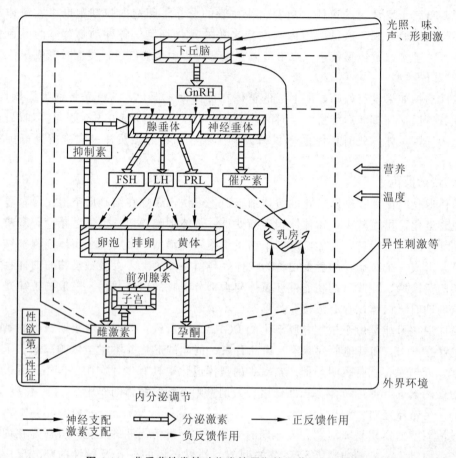

图 1-11　非季节性发情动物发情周期的调节机制示意图

如果母牛配种后受孕，囊胚则刺激子宫内膜形成胎盘，抑制前列腺素的产生，此时黄体将转化成妊娠黄体，如果配种后未受孕，则黄体维持一段时间后，子宫内膜产生的 $PGF_{2\alpha}$ 作用于黄体，使其逐渐退化，孕酮分泌量急剧下降。丘脑下部逐渐失去孕酮的抑制作用，垂体前叶又释放 FSH，使卵巢上新的卵泡重新开始生长发育。随着黄体的退化，垂体前叶释放的促性腺激素浓度逐渐增多，卵巢上新的卵泡迅速生长，下一次发情又开始。

任务二　发情控制

同期发情

一、准备工作

同期发情处理之前，首先对母牛进行直肠检查，触摸卵巢是否处于活动状态及子宫有无炎症变化，只有处于活动状态且子宫无炎症的母牛才可以进行同期发情处理。

二、使用的激素

1. 延长黄体期

延长黄体期所使用的抑制卵泡发育的孕激素，包括孕酮、甲孕酮、甲地孕酮、炔诺酮、氯地孕酮、18-甲基炔诺酮、16-次甲基甲地孕酮等。

2. 缩短黄体期

缩短黄体期所使用的溶解黄体的激素，也就是 $PGF_{2\alpha}$ 及其类似物。

3. 促进卵泡发育、成熟及排卵的制剂包括 PMSG、HCG、FSH、LH、GnRH 等。

三、处理方法

（一）孕激素法

1. 常用的孕激素

用于同期发情的孕激素类药物主要包括孕酮、甲孕酮、甲地孕酮、诀诺酮、氯地孕酮、氟孕酮、18-甲基炔诺酮。

2. 具体操作

（1）孕激素埋植法

将 18-甲基炔诺酮 20～40 mg 及等量的磺胺结晶粉混合研成粉末，装入塑料细管中，并在管壁上用针烫一些小孔，有利于药物的释放。利用兽用套管针将细管埋植在母牛的耳背皮下，埋植 9～12 d 后，在原埋植处的入口用刀片纵向切开一小口，用镊子将细管取出。同时注射氯前列烯醇 0.2～0.4 mg 或 PMSG500～800 IU。大多数母牛会在取出后的 2～5 d 发情排卵（见图 1-12）。

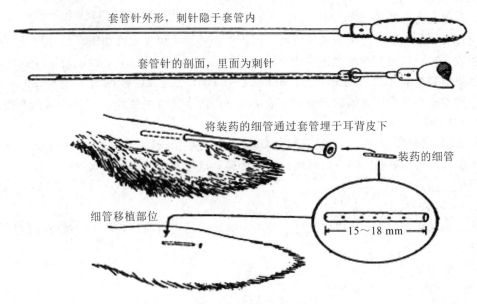

套管针外形，刺针隐于套管内

套管针的剖面，里面为刺针

将装药的细管通过套管埋于耳背皮下

装药的细管

细管移植部位

15～18 mm

图 1-12　孕激素埋植工具与埋植方法示意图

（2）孕激素阴道栓法

目前，除海绵阴道栓外，国外还生产另外两种孕激素阴道栓剂，一种是硅橡胶环孕激素装置 PRID，中间为塑料弹簧片，弹簧片外包着硅橡胶，其微孔中有孕激素，栓的前端装有孕激素和雌激素混合物的胶囊，送入阴道内的胶囊在体内很快融化，里面的激素就会进入组织发挥作用。其后端有一根尼龙绳（见图 1-13）；另一种是棒状的孕激素装置为 CIDR，呈"Y"字形，内有塑料弹性架，外附硅橡胶，两侧有装药小孔，尾端有尼龙绳（见图 1-14）。

 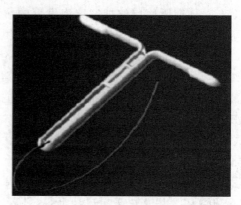

图 1-13　孕激素阴道栓 PRID　　　　　　图 1-14　孕激素阴道栓 CIDR

在母牛发情周期的任意一天，清洗母牛外阴后，用开膣器将阴道扩开，取 18-甲基炔诺酮 50～100 mg，用色拉油将其溶解，浸于呈圆柱状的海绵中，海绵的直径和长度约 10 cm，在一端系上细绳；或者使用 PRID 或 CIDR，利用特制的放置器（见图 1-15）将阴道栓放入母牛的阴道内，将尼龙绳留在母牛的阴门外，并用夹

图 1-15　牛用放置器和阴道栓

子固定在母牛的尾部，防止阴道栓脱落。阴道栓会持续、缓慢地将孕酮释放到周围的组织而被吸收，14～16 d 后拉尼龙绳将阴道栓取出。为了提高发情率，在取出阴道栓的同时肌内注射氯前列烯醇 0.2～0.4 mg 或 PMSG500～800 IU。处理后 24 h 开始观察母牛的发情情况，并准确做好发情时间的记录。一般情况下，大多数母牛在 2～4 d 出现发情并排卵。

（3）口服法

每天将一定量的药物均匀地拌到饲料里，最好是单个饲喂，这样可以避免个体摄入的不同而造成剂量不准确，经一定时间后同时停药。这种方法可用于舍饲母牛，缺点是比较费时费工，用药量大。

（4）注射法

将一定量药物作皮下或肌内注射，经一定时期后停止给药。此法剂量准确，但操作比较麻烦。

（二）前列腺素（PG）法

1. PG 一次肌内注射法

$PGF_{2\alpha}$ 的用量要依据母牛个体大小决定。一般是给处于发情周期 8～15d 且直检有黄体的母牛一次注射 $PGF_{2\alpha}$0.4～0.6 mg/头。72 h 左右被处理的母牛即可出现发情。这种方法的缺点是同期化较低。

2. PG 二次肌内注射法

由于 PG 对发情周期第 5d 的新生黄体没有溶解的作用。进行一次 PG 处理可能只有 70% 的母牛黄体被溶解而发情。因此，可采用 PG 二次肌内注射，具体做法是：前后两次

注射 $PGF_{2\alpha}$ 各 0.4～0.6 mg/头，二次注射 PG 间隔时间为 11～12 d。处理后一般采取两种方法对母牛进行输精，一种是在第一次处理后不给母牛输精，第二次处理结束后才为母牛适时输精；另一种是在第一次处理后对发情母牛进行适时输精，不发情的母牛再进行第二次 PG 处理后，对发情母牛进行输精。配种前 1h 每头母牛肌内注射促排 3 号 50 μg。

3. PG 子宫灌注法

通过子宫给药时，PG 可以经子宫静脉到卵巢动脉局部循环而作用于卵巢，PG 的用量相对肌内注射的用量要少且效果较好。同时还能取得很好的同期发情效果和受胎率。一般把 $PGF_{2\alpha}$ 0.4 mg/头灌注子宫内，同时结合肌内注射 PMSG 1 000 IU，在处理后的 72 h 和 96 h 分别输精两次即可。

4. 尾根静脉注射

将 $PGF_{2\alpha}$ 及其类似物在母牛的尾静脉注射，同样也会收到较好的同期发情效果。

采用子宫灌注或肌内注射或尾根静脉注射 $PGF_{2\alpha}$ 及其类似物。它的优点是操作比较简单、安全、价格比较低廉且效果较明显。在处理同期发情时，由于 $PGF_{2\alpha}$ 具有溶解黄体的功能，它只限于正处在黄体发育期的母牛。牛在发情周期的第 5～16 d 以内的黄体对 $PGF_{2\alpha}$ 都易产生反应。对于周期第 5 d 的新生黄体 $PGF_{2\alpha}$ 并无溶解黄体的作用。所以，在使用 $PGF_{2\alpha}$ 处理后，少数母牛会没有反应，对于少数母牛应该进行第二次 $PGF_{2\alpha}$ 处理，以达到溶解黄体的作用。采取子宫灌注的效果优于肌内注射，而尾根静脉注射效果良好。

(三)前列腺素结合孕激素处理法

用孕激素短期处理与 PG 结合，好于二者单独处理的效果。即首先利用孕激素阴道栓等方法，对母牛处理 7～9 d，结束处理的前一天或当天给母牛注射 PG，48 h 后 90% 的母牛会出现同期发情。

值得注意的是，无论采用哪种方法处理母牛，结束时，配合使用促性腺激素和促性腺激素释放激素，可增强同期发情的效果，从而提高同期发情率和受胎率。

超数排卵

一、使用的激素

PMSG、FSH、$PGF_{2\alpha}$ 及其类似物、促排卵类药物、孕激素。

二、超数排卵的方法

1. FSH+PG 法

在发情周期第 9～14 d(黄体期)中的任何一天开始肌内注射 FSH，按照每日递减剂量连续肌内注射 4 d，每天间隔 12 h 等量肌内注射 2 次。总剂量应根据牛的体重、胎次作适当调整。比如使用加拿大进口 FSH，一般经产母牛使用剂量为 300～400 mg，育成母牛使用剂量为 200～300 mg，每日递减的差以 20 mg 为宜；国产纯化的、中国科学院动物所生产的 FSH，经产牛为 8～10 mg，育成牛为 6～8 mg，每日递减的差以 0.2～0.4 mg 为宜；其他国内生产的 FSH 使用剂量为 400 IU 左右，每日递减的差以 20 IU 为宜。一般在注射 FSH 第 3 d 也就是注射第 5、第 6 针的同时，肌内注射氯前列烯醇 0.4～0.6 mg，如果采用子宫灌注法剂量可减半。

2. CIDR+FSH+PG 法

在发情周期的任何一天在供体母牛阴道内放入进口的 CIDR 阴道栓或国产的海绵栓，当天计为 0 d，然后于第 9～13 d 任何一天开始肌内注射 FSH，采用递减法连续注射 4 d 共

8 次，在第 7 次肌内注射 FSH 的同时取出阴道栓，并肌内注射氯前列烯醇，供体母牛一般在取出阴道栓后 24～48 h 出现发情。

3. PMSG＋PG 法

在供体母牛发情周期的第 11～13 d 中的任意一天一次肌内注射 PMSG，PMSG 使用的总剂量按母牛每千克体重 5 IU 左右确定，在注射 PMSG 后 48 h 和 60 h，同时肌内注射 $PGF_{2\alpha}$ 0.4～0.6 mg，在母牛出现发情后 12 h 即第一次输精的同时肌内注射与 PMSG 等剂量的抗 PMSG 以消除其半衰期长的副作用。此外，本方法也可以与放置 CIDR 相结合起来，在放置 CIDR 后的第 9～13 d 中和任何一天一次肌内注射 PMSG，肌内注射氯前列烯醇 24 h 后取出 CIDR。

三、超数排卵的效果

1. 发情周期

经超排处理后的母牛，因其体内血液中含有高浓度的孕激素，从而导致母牛发情周期延长。血液中的孕激素大部分来自超排后所生成的黄体，少部分来自黄体化的闭锁卵泡。

2. 发情率

超排时使用促性腺激素和 $PGF_{2\alpha}$ 进行处理后，60%～80% 的母牛都有发情表现，还有少部分母牛虽没有发情表现，却能正常排卵。

3. 排卵数

供体母牛一次超排的数目不是越多越好，两侧卵巢一次排卵数为 10～15 枚较为适宜。如果超排的卵子过多，可能会有较多的未成熟卵子排出，结果将导致母牛受胎率下降，同时卵巢需要恢复正常生理机能的时间也会相应延长。

4. 发情出现时间和胚胎回收率

供体母牛实施超数排卵时，给其注射 $PGF_{2\alpha}$ 后，48h 内出现发情的母牛胚胎回收率最高；72 h 以后出现发情的供体母牛，其胚胎的回收率会大幅度下降，而且多为未受精卵。当超排卵子数过多时，胚胎的回收率也有所下降。

5. 受胎率

经过超数排卵处理的母牛其受胎率会低于自然发情母牛的受胎率。回收胚胎应该选择最适宜的时间，实践证明，胚胎回收的时间越晚，变性胚胎的比例就会越大。

诱导发情

一、使用的激素及药物

PMSG、LRH-A_2 或 LRH-A_3、雌激素、孕激素、FSH、HCG、氯前列烯醇、牛初乳、新斯的明等。

二、生理性乏情的处理方法

1. 孕激素处理法

对生理性乏情的母牛效果很好，因为此时母牛卵巢处于相对静止状态。首先利用孕激素(埋植或阴道栓)处理 9～12 d，孕激素处理后，对垂体和下丘脑有一定的刺激作用，从而促进卵巢进入活跃状态及卵泡发育。然后再注射 PMSG1 000 IU，20 h 左右即可诱导母牛发情。

2. 牛初乳处理法

给不发情的母牛肌内注射牛初乳 16～20 mL，同时注射新斯的明 10 mg，在发情配种时，再肌内注射 LRH-A$_2$ 或 LRH-A$_3$100 μg，可以诱发 80%～90% 的母牛发情并排卵。

3. 雌激素处理法

利用雌激素及其类似物对不发情的母牛进行处理。以己烯雌酚为例，一般为母牛肌内注射 5～10 mg，注射 2～3 d 母牛即可出现发情。值得注意的是，母牛虽然有发情表现，但往往卵巢上不一定有卵泡发育和排卵。所以，最好是在此后的第二、第三个情期配种受胎率较高。

4. PMSG 处理法

首先检查确定乏情母牛卵巢上无黄体存在。肌内注射 PMSG750～1 500 IU，可使母牛表现发情，同时卵巢上有卵泡发育、排卵。10 d 内仍没有发情的母牛，可再次进行处理，方法同上，剂量可稍增加。另外在使用 PMSG 诱导母牛发情后，应肌内注射抗 PMSG 抗体，可消除因 PMSG 残留所引起的卵泡囊肿等不良后果。

二、病理性乏情的处理方法

1. 卵巢机能减退

由于母牛的卵巢机能减退，而暂时处于静止状态，不出现周期性活动。如果卵巢机能长久衰退，则会引起卵巢组织的萎缩、硬化。此病多发生于气候寒冷、营养状况不良、使役过度的母牛或高产奶牛。卵巢萎缩或硬化后不能形成卵泡，母牛没有发情表现。治疗时可使用 FSH、PMSG、HCG 和雌激素进行辅助治疗。

2. 持久黄体

排卵后卵巢上的黄体超过正常时间而不消退，从而抑制了母牛的卵泡发育，使母牛不能正常发情、排卵。直检时母牛卵巢上的黄体一部分呈圆周状或蘑菇状突出于卵巢表面，且卵巢实质稍硬。可利用 PG 及其类似物对母牛进行处理，母牛肌内注射 0.4～0.6 mg 或子宫灌注 0.2 mg 的氯前列烯醇，即可治愈。

操作训练

1. 如何从牛群中挑选出发情母牛？
2. 什么情况下采用直肠检查法鉴定发情母牛？
3. 制定牛同期发情、诱导、超数排卵实施方案。

●●●●● 相关知识

发情控制

应用某些外源激素或采取一些方法对母牛进行处理，从而人工控制其个体或群体发情周期的进程及排卵的时间和数量称为发情控制。发情控制是一些综合的技术措施，它包括同期发情、超数排卵、诱导发情。

对母牛实施发情控制技术的主要目的是，充分发掘母牛的繁殖潜力，为了便于管理将分散发情的母牛经过一些方法的处理变为集中发情；改变季节性繁殖动物的繁殖季节，同时对生理及病理性乏情的动物做出相应的处理；实现单胎动物产多胎；缩短繁殖周期、提高繁殖效能。

（一）同期发情

1. 概念

针对一群雌性动物采取相应的措施，使其发情相对集中在同一时期的发情排卵技术。实质就是诱导动物群体在同一时期集中发情并排卵，在生产中所起的作用是便于组织生产和管理，从而提高群体雌性动物的繁殖力。

2. 意义

（1）有利于人工授精技术的推广

对母牛实施发情同期化处理，可以将分散发情的母牛经过某些处理变成定时、集中发情并排卵，就可以定时进行人工输精。因此，可根据某一地区的家畜的分布、数量等情况，制定采用同期发情和人工授精的计划。从而节约了冷源，省去了费时、费力的发情鉴定程序。

（2）便于组织和管理生产，实施科学化的饲养管理

母牛经过同期发情处理后，可以使群体母牛的妊娠、分娩、新生仔畜的管理等一系列作到同期化，使各个时期的管理环节简单化。便于商品家畜的成批生产，有利于更加合理地组织和管理生产，从而节约了费用和劳力，降低了生产成本。

（3）提高繁殖力

对母牛进行发情周期同期化处理后，不但使发情正常的母牛同期化发情，而且可以改变一些处于乏情期的母牛性周期活动。而因持久黄体存在长期不发情的母牛，用PG处理后，由于黄体退化，生殖机能得到恢复。从而使其恢复正常的发情、配种及受胎，提高了繁殖力。

（4）作为其他繁殖技术的研究手段

同期发情技术被广泛应用于胚胎移植技术的研究和应用中，利用新鲜胚胎移植时，必须对供体、受体进行同期发情处理，使胚胎移植前后所处环境的同一性，从而保证移植后的胚胎能继续正常发育。

3. 同期发情的基本原理

母牛的发情周期平均为21 d，黄体期大约为15 d，占据了发情周期的大部分时间。母牛在发情周期中，卵巢上的变化可分为卵泡期和黄体期。在卵泡期，卵巢上有卵泡生长发育过程。在黄体期，黄体分泌的孕酮抑制卵泡的发育，只有当黄体退化后，体内的孕激素含量下降，卵泡才开始迅速生长发育、成熟，同时母牛会出现发情。所以，调节母牛发情的关键就是控制母牛黄体期的长短。

在自然条件下，任何一群母牛里的每个个体发情周期均随机地处于不同阶段，比如卵泡期和黄体期的不同阶段。同期发情技术就是借助外源激素，人为干预母牛的发情周期，暂时打乱自然发情周期的规律，从而把发情周期的进程基本调整在一致的时间内，群体母牛就会在人们所期望的时间内统一发情和排卵。控制群体母牛黄体期的途径有两种，一种是延长黄体期，另一种是缩短黄体期。

延长黄体期是为一群母牛同时施用外源孕激素，母牛卵巢上的卵泡生长发育和发情受到抑制，经过一定时期后同时停药，此时，由于群体母牛的卵巢同时失去外源孕激素的作用，且卵巢的周期黄体已经退化。可想而知，群体母牛的卵巢上会同时出现卵泡发育，从而引起群体母牛同期发情。那么采用孕激素抑制母牛发情，实际上是人为地延长了黄体期

（见图 1-16）。

缩短黄体期是为一群母牛同时施用外源 $PGF_{2\alpha}$ 及其类似物，使母牛卵巢上处于不同阶段黄体期的黄体同时退化，从而使卵巢提前摆脱体内孕激素的控制，此时，卵巢上的卵泡同时开始生长发育，引起群体母牛同期发情。采用 $PGF_{2\alpha}$ 实际是缩短了母牛正常的发情周期（见图 1-17）。

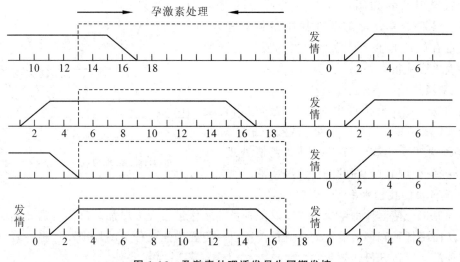

图 1-16　孕激素处理诱发母牛同期发情

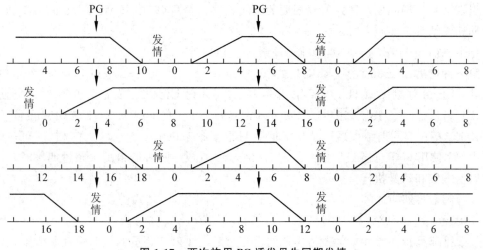

图 1-17　两次施用 PG 诱发母牛同期发情

那么，不管是延长黄体期或缩短黄体期，通过调节动物体内孕激素的水平，最终是为了达到调节卵巢功能的目的（见图 1-18）。

4.影响同期发情的因素

（1）母牛的生殖状况

要想获得较好的同期发情效果，母牛的生殖机能必须是正常且无生殖疾病。同时是在良好的饲养管理条件下，最好是将公母牛分群饲养，只有这样才能保证同期发情取得较好的处理结果。

（2）处理时间要适当

在旺盛的配种季节进行同期发情处理，会取得理想的结果。母牛同期发情处理的时间最好在每年的 6—11 月。

（3）药品质量

孕激素埋植物和阴道栓以及所使用的 PG、PMSG 等各种激素，都需要选择质量相对稳定、产品质量有保证的生产厂家。激素的质量对同期发情的效果影响很大。

（4）精液质量

同期发情后，群体母牛会在短时间内出现发情、排卵，采用人工授精技术，精液质量的好坏会直接影响到受胎率。所以，同期发情处理后，一定要选择质量相对较高的细管冷冻精液。

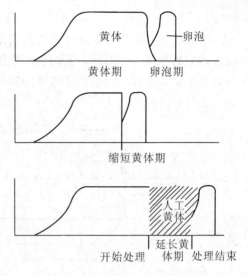

图 1-18　同期发情两种方法的比较

5. 配种员的技术水平

同期发情会使群体母牛集中发情，配种员的工作量会大大增加，可能会需要连续输精操作，从而降低了配种员输精的准确性。所以一定要加强配种员的培训，选择一些技术过硬的配种员，以达到最佳效果。

6. 深化产教融合、校企合作，实现协同创新，强化企业科技创新主体地位

引入来自牛场同期发情执行双同期的真实案例。参照 0-7-10-（AI）-0-7-8-9-TAI 执行。

同期发情具体实施方案：

母牛产后 6—12d 进行子宫净化，注射 5ml PG1 支。

第一针产后 43±3d 注射 GnRH 1 支（100ug）；第二针 50±3d 注射 PG2 支（2mg/支）；第三针 53±3d 注射 GnRH 1 支；第四针 60±3d 注射 GnRH 1 支；第五针 67±3d 注射 PG2 支；第六针 68±3d 注射 PG2 支；第七针 69±3d 注射 GnRH 1.5 支（150ug）；间隔 16—18h 输精；双同期结束后，孕检无胎牛只重新参考以上 0-7-8-9 方案执行即可，此时经产牛 PG 使用 6ml、GnRH 使用 1 支（1.5 支）。育成牛和头胎牛配次超过四次时，同经产牛以上方案和药量执行。

（二）超数排卵

1. 概念

超数排卵是指在雌性动物发情周期的适当时期，注射一定量的外源促性腺激素，诱发卵巢上多个卵泡的发育、成熟，并排出具有受精能力卵子的技术，简称"超排"。

2. 意义

超数排卵为胚胎移植技术奠定了基础。如果得不到足够数量的卵子，就无法获得大量的胚胎，更无法充分发挥胚胎移植的优势。实践证明，牛一次超排获得的卵子是 10～15 枚较为理想，如果一次超排获得卵子的数量过多，常常会因为使用促性腺激素过量而影响胚胎的质量，甚至出现受精率下降。

3. 超数排卵的机理

哺乳动物卵巢上含有大量的卵泡，而能够真正发育成熟并排卵的仅占少数。母牛每个

发情周期的卵泡期，都会有卵泡发育，在整个卵泡发育的过程中，往往出现 2～3 个卵泡波，每个卵泡波出现期间，总会有一个卵泡成为优势卵泡，它几乎吸收了全部的促性腺激素同时又产生抑制素进一步抑制其他有腔卵泡发育而使其闭锁、退化。在自然状态下，卵巢上约有 99％的有腔卵泡发生闭锁退化而消失，只有 1％的有腔卵泡能最后发育成熟并排卵。为了充分挖掘卵巢上原有的有腔卵泡资源，应该选择在母牛发情周期的末期，也就是发情即将要出现的前几天，或者使用 PG 将卵巢上的黄体溶解，当黄体消退后，再利用外源促性腺激素，使即将发生闭锁和退化的卵泡发育成熟并排卵。实践证明，在动物卵巢上有腔卵泡闭锁之前，注射促性腺激素 FSH 或 PMSG，就能使部分卵泡不发生闭锁而继续发育、成熟。同时在排卵之前注射外源促性腺激素 LH 或 HCG 来补充内源性 LH 的不足，可以保证大量成熟卵泡同时发育成熟并排卵。注射外源性促性腺激素不是增加一个发情周期产生卵子的数量，而是可以挽救即将萎缩、退化的正在发育的有腔卵泡。

4．影响超排效果的因素

在超排时，由于使用外源激素参与动物生殖内分泌轴的活动，特别是卵巢本身接受外源激素的干扰，而受到较强的外界刺激。超数排卵是极为复杂的过程，人们对超排方法的选用还没有十足的把握，超排效果往往不稳定，特别是个体之间存在较大的差异。应综合考虑以下各方面的因素，提高超排效果。

（1）供体母牛个体情况

接受超排的供体母牛的品种、年龄、胎次、产后时间、产奶量、超排次数等都会直接影响到超排的效果。

（2）促性腺激素

促性腺激素的来源、生产厂家、批次、纯度、生物学活性、用量及处理时间等对超排反应都会有很大的影响。用于牛超排的促性腺激素有 FSH、LH、PMSG、HCG、PG 等。

（3）环境因素

超排所处的环境因素如季节、气候、饲料管理条件和日粮营养水平、畜舍环境卫生等对其超排效果都有不同程度的影响。

（4）超排时期

在母牛发情周期的不同时期进行超排处理，其效果也有所不同。一般以发情周期第 10 d 以后超排处理效果比较好。

（三）诱导发情

1．概念

诱导发情指雌性动物在乏情期内，借助外源激素或某些生理活动性物质以及改变环境条件，通过内分泌和神经调节作用，激发卵巢活动，促使卵巢从相对静止状态转变为机能性活跃状态，从而促使卵泡的正常生长发育，以恢复雌性动物正常发情、排卵的技术。诱导发情主要是针对乏情的个体雌性动物。

2．意义

利用诱导发情可以控制母牛的发情时间，缩短繁殖周期，增加胎次和产仔数，提高其繁殖力；可以调整产仔季节，使奶畜一年内均衡产奶，使肉畜按计划出栏，按市场需求供应畜产品，提高经济效益。

3. 诱导发情的机理

对于生理性乏情的母牛，如母牛由于产后哺乳在一段时间内出现不发情、营养状况不良所造成的不发情，其主要特征是卵巢处于相对静止或不活跃状态，垂体前叶不能分泌足够的促性腺激素，从而导致母牛卵巢上的卵泡不能正常发育、成熟和排卵。此时在卵巢上既无卵泡发育，也无黄体存在。在这样的情况下，只要利用外源促性腺激素来增加体内促性腺激素的含量，基本上就可以使其卵巢处于活跃状态，从而促进卵泡发育、成熟和排卵，使乏情母牛发情。对于病理性乏情的母牛，如持久黄体、卵巢萎缩等，只依靠外源促性腺激素或 GnRH 是难以诱导乏情母牛发情的，应该尽早查出造成母牛乏情的病理原因并给予及时治疗，然后再利用促性腺激素或 GnRH 处理，使母牛正常的繁殖机能得到恢复。

●●●●● 扩展知识

一、生殖激素

(一)生殖激素概述

1. 生殖激素

一般把直接影响动物生殖活动，并以调节生殖过程为主要生理功能的激素，称为生殖激素。生殖激素种类较多，有的由生殖器官本身产生，如雌激素、孕激素等；有的则来源于生殖器官之外的组织或器官，如促卵泡素、促黄体素。

2. 生殖激素与动物繁殖的关系

动物生殖活动是一个极其复杂的过程，所有的生殖活动如雌性动物卵子的发生、卵泡发育和排卵、发情的周期性变化、受精、妊娠、分娩及泌乳活动；配子在生殖道内的运行；雄性动物精子的发生及交配活动等。所有这些生理机能，都与生殖激素的作用关系密切。一旦分泌生殖激素的器官或组织的活动机能失去平衡，将会导致生殖激素的作用紊乱，从而造成动物的繁殖机能下降，甚至导致不育。

近年来，人们充分利用外源生殖激素人为地控制动物的繁殖活动并得到广泛应用，如同期发情、超数排卵、胚胎移植等技术，而这些先进技术的应用都离不开生殖激素。此外，妊娠诊断、分娩调控、某些不孕症的治疗等，也需要借助于生殖激素。

3. 生殖激素的分类

(1)根据来源和功能分五类

①来自下丘脑的促性腺激素释放激素，可控制垂体合成与释放有关的激素。

②来自垂体前叶的促性腺激素，直接关系配子的成熟和释放，刺激性腺产生类固醇激素。

③来自两性性腺的性腺激素，对两性行为、第二性征和生殖器官的发育和维持以及生殖周期的调节，均起到了重要作用。

④来自胎盘的一些激素，其性质与垂体促性腺激素和性腺激素类似。

⑤其他激素，包括前列腺素、催产素、外激素。

主要生殖激素的名称、来源、生理功能见表 1-2。

表 1-2 主要生殖激素的名称、来源及生理功能

种类	名 称	简称	来 源	主要生理功能
释放激素	促性腺激素释放激素	GnRH	下丘脑	促进垂体前叶释放促黄体素(LH)及促卵泡素(FSH)
	促乳素释放激素	PRF	下丘脑	促进垂体释放促乳素
	促乳素抑制激素	PIF	下丘脑	抑制垂体前叶释放促乳素
	促甲状腺释放激素	TRH	下丘脑	促进垂体前叶释放甲状腺素和促乳素
垂体促性腺激素	促卵泡素	FSH	垂体前叶	促进卵泡发育成熟,促进精子产生
	促黄体素	LH	垂体前叶	促使卵泡排卵,黄体生成,促进孕酮、雌激素及雄激素的分泌
	促乳素	LTH	垂体前叶	刺激乳腺发育及泌乳,促进黄体分泌孕酮,促进睾酮的分泌
胎盘促性腺激素	孕马血清促性腺激素	PMSG	马胎盘	与 FSH 相似
	(人)绒毛膜促性腺激素	HCG	灵长类胎盘绒毛膜	与 LH 相似
性腺激素	雌激素	E	卵巢、胎盘	促进雌性动物发情行为,维持第二性征。促进雌性生殖管道发育,增强子宫收缩力
	孕激素	P_4	卵巢、黄体、胎盘	与雌激素协同作用可调节发情,抑制子宫收缩,维持妊娠,促进子宫腺体及乳腺泡的发育,对促性腺激素有抑制作用
	雄激素	A	睾丸间质细胞	维持雄性第二性征和性欲,促进副性器官发育及精子发生
	松弛素	RLX	卵巢、胎盘	分娩时促使子宫颈、耻骨联合、骨盆韧带松弛,妊娠后期保持子宫松弛
其他激素	前列腺素	PG	广泛分布,精液中最多	使黄体溶解、促进子宫平滑肌的收缩,增加雄性动物射精量,提高受胎率等
	催产素	OXT	下丘脑合成、垂体后叶释放	促进子宫收缩、排乳
	外激素	PHE	生殖道分泌物、尿液、包皮腺等	不同个体间的化学信息物质

(2)根据激素的化学性质分类

①蛋白质类激素。蛋白质类激素一般暂时储存在分泌腺体中,只有需要时或受到刺激时才会从腺体中释放。它包括多肽类,如释放激素和垂体激素。

②类固醇激素。类固醇激素又称甾体激素,一般不储存,边分泌边释放,大部分和血浆中的特异载体蛋白结合,只有少部分游离,结合的部分暂时失去活性,但可延长在血液中的存留时间,并防止在肝脏内被分解。游离的部分可立即对靶器官或靶组织发生作用。如性腺激素中的雌激素、雄激素和孕激素等。

③脂肪酸类激素。不储存,边分泌边利用。主要通过弥散,在局部组织发挥作用,进入血液循环的较少。如前列腺素。

（二）生殖激素的作用特点

1. 生殖激素只调节反应速度，并不发动细胞内新的反应

即细胞内的代谢过程对于激素的反应只是加快或减慢速度。

2. 激素在血液中消失很快，有持续性和累积性

例如给雌性动物注射孕酮后，在 $10\sim20$ min 内就有 90% 从血液中消失。但其作用要在若干小时甚至数天内才显示出来。

3. 在动物体内极微量的生殖激素就可引起很大的生理变化

激素只需要微量就可引起很大的生理变化。例如 1 pg（10^{-12} g）的雌二醇，直接用到阴道黏膜或子宫内膜上，就可以发生明显的变化。又如母牛在妊娠时每毫升血液中含 $6\sim7$ ng 的孕酮，而产后仍含有 1 ng，两者的含量仅有 $5\sim6$ ng 之差异，就可导致母牛的妊娠和非妊娠之间的明显生理变化。

4. 生殖激素具有明显的选择性

某种激素只对某些细胞或组织发挥作用，被作用的细胞或组织叫靶细胞或靶组织。各种生殖激素均有一定的靶器官或靶组织。如促性腺激素作用于卵巢和睾丸，雌激素作用于乳腺管道，而孕激素则作用于乳腺腺泡等，它们均具有明显的选择性。

5. 生殖激素之间具有协同和抗衡作用

动物体的内分泌腺所分泌的激素之间是相互联系、相互影响的。某些生殖激素之间对某种生理现象有协同作用，例如，雌性动物的子宫发育需要雌激素和孕激素的共同作用，排卵现象也是促卵泡素和促黄体素协同作用的结果。生殖激素之间的抗衡作用也常见到，例如雌激素可以使子宫兴奋，蠕动增强，而孕激素则可降低子宫的兴奋性。

二、生殖激素的功能与应用

（一）下丘脑促性腺激素释放激素

1. 下丘脑与垂体的关系

下丘脑是间脑的一部分，位于丘脑的腹侧，形成第三脑室的底面和部分侧壁。它主要包括视交叉、乳头体、灰白结节、正中隆起等部分，由漏斗柄和垂体相连。下丘脑是调节动物内脏活动的中枢，除了对牛体内的水代谢、体温、摄取食物等进行调节外，还可以通过神经分泌的方式控制垂体分泌生殖激素。

下丘脑和垂体前叶之间有独特的血管相连。动脉血通过垂体上动脉和垂体下动脉进入垂体，垂体上动脉形成毛细血管丛，血液由毛细血管丛流入下丘脑—垂体门脉。下丘脑—垂体门脉系统将下丘脑激素传递到垂体前叶的血管通道，垂体上动脉将血液运

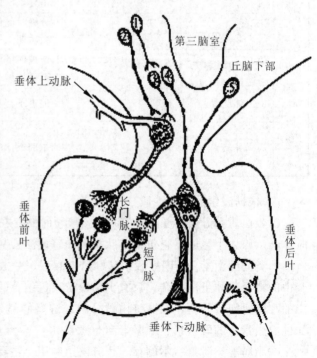

图 1-19　丘脑下部与垂体关系示意

送到垂体前叶和后叶，血液不仅从下丘脑流向垂体，而且垂体前叶的部分静脉血也会反方向流入至下丘脑。因此，使下丘脑分泌的激素直接进入垂体，同时垂体分泌的高浓度激素也流向下丘脑，使下丘脑接受垂体激素的负反馈调节(见图1-19)。

2. 下丘脑促性腺激素释放激素

目前人们已确定下丘脑可分泌9种释放或抑制激素，其中对动物生殖活动具有调节作用的激素是：促性腺激素释放激素(GnRH)、促甲状腺激素释放激素(TRH)、促乳素释放激素(PRF)、促乳素抑制激素(PIF)等。

(1)来源与特性

促性腺激素释放激素简称GnRH，由下丘脑某些神经细胞所分泌，松果体、胎盘也有少量分泌。从猪、牛、羊的下丘脑提纯的促性腺激素释放激素由10个氨基酸组成，人工合成的比天然的少1个氨基酸，而活性却比天然的高出140倍左右。国内现常用的GnRH的类似物有促排2号(LRH-A$_2$)、促排3号(LRH-A$_3$)。

(2)生理功能

①生理剂量的GnRH能促使垂体前叶合成和释放LH和FSH，其中以合成和释放LH为主。

②刺激排卵。GnRH能激发各种动物排卵。用电刺激兔丘脑下部的腹侧可刺激GnRH的释放，从而引起大量LH(促黄体素)和少量FSH(促卵泡素)的分泌，使卵巢上的卵泡发育、成熟而排卵。

③促进精子生成。GnRH可以使雄性动物精液中的精子数量增加，改善精子的活力和形态。

④对生殖系统有抑制作用。当长时间或大量应用GnRH或其高活性类似物时，具有抑制生殖机能甚至抗生育作用，如抑制排卵、延缓胚泡附植、阻断妊娠，甚至引起睾丸和卵巢萎缩以及阻碍精子生成。

⑤有垂体外作用。即GnRH或其高活性类似物可不经过垂体的促性腺激素途径，而在垂体外的一些组织中直接发生作用。例如，利用雌酮处理过的去卵巢、去垂体的大鼠中，GnRH仍可诱发其交配行为，这说明它可以直接作用于中枢神经系统。

(3)GnRH分泌的调节

在生理条件下，GnRH的分泌受中枢神经系统的控制，同时还受到血液中GnRH、LH和FSH激素水平和性腺类固醇激素水平的反馈调节。

丘脑下部存在着两个调节促性腺激素释放激素分泌中枢，分别是周期中枢和紧张中枢。其中周期中枢对外界环境的变化十分敏感，呈周期性活动状态，孕酮可以强烈抑制其活动，从而防止间情期发生额外排卵，同时受雌激素水平高峰的刺激(正反馈)促使发情动物大量释放LH，而引起排卵。周期中枢是通过影响紧张中枢而控制着促性腺激素释放激素的周期性分泌的。雄性动物周期中枢受雄激素抑制而无活性，结果使其性机能没有周期性，仅有紧张中枢持续不断地控制着丘脑下部促性腺激素释放激素的分泌。因此，雄性动物并不表现出雌性动物那样的周期性活动变化。丘脑下部集中了来自神经系统和内分泌系统信号，阵发性释放促性腺激素释放激素，GnRH经垂体门脉循环到达垂体，诱使LH和FSH分泌，LH和FSH对GnRH的分泌具有反馈性抑制作用。繁殖季节的各种因素影响着季节性繁殖动物，交配刺激对于诱发排卵的动物异性的气味、鸣叫、姿态等，都构成强

烈的刺激，通过相应的感觉器官传入中枢神经系统不同水平的中枢，反射性地调节 GnRH
的分泌。

（4）应用

促性腺激素释放激素分子结构简单，易于合成，目前，人工合成的高活性类似物已得
到广泛应用，其中 LRH-A$_3$ 促进雌性动物的发情、受胎、多产仔，治疗卵巢静止、持久黄
体等方面都取得了较好的效果。

①诱发雌性动物发情、排卵，治疗不孕症。例如，母牛有持久黄体或产后长期不发情
的，首先应用氯前列烯醇一次肌内注射 0.2 mg，隔 4 d 再肌内注射促排 3 号 25 μg，1 次/
d，连用 3 d，母牛即可出现发情，24 h 后输精，受胎率在 80% 以上；母牛发生卵巢囊肿
时，每天肌内注射 400～600 μg，1 次/d，可连用 1～4 次，注意总量不能超过 3000 μg。
可使垂体前叶分泌 LH，促使卵泡囊肿破裂，一般在用药后 15～30 d 内，囊肿逐渐消失而
使牛恢复正常的发情、排卵；给 4～6 d 不排卵的母马静脉或肌内注射促排 3 号 2～4 mg，
母马会在注射后的 24～28 h 内排卵；

②提高受胎率。在雌性动物发情配种前后肌内注射促排 3 号 25 μg，可提高受胎率；

③可诱发鱼类排卵；

④可提高家禽的产蛋率和受精率。

（二）垂体促性腺激素

1. 垂体的构造及其激素来源

垂体是一个很小的腺体，略呈扁圆形，位于脑下蝶骨凹部，垂体可分为前叶、中叶和
后叶，是下丘脑的一部分。垂体前叶主要为腺体组织，包括远侧部和结节部；垂体后叶主
要为神经部。垂体远侧部是构成前叶的主要部分，垂体促性腺激素在此分泌。垂体受下丘
脑分泌的促性腺激素释放激素以及性腺的反馈调节，可以释放多种激素，其中垂体前叶分
泌的有促卵泡素（FSH）、促黄体素（LH）和促乳素（LTH）。它们都直接作用于性腺，也就
是雌性动物的卵巢和雄性动物的睾丸。

2. 促卵泡素（FSH）

（1）来源与特性

①来源。促卵泡素又称卵泡刺激素，简称 FSH。在下丘脑促性腺激素释放激素的作
用下，由垂体前叶促性腺激素腺体细胞产生；

②特性。促卵泡素是一种糖蛋白激素，相对分子原量大，溶于水。促卵泡素分子由两
个亚基（α 亚基和 β 亚基）组成，并且只有在两者结合的情况下，才具有活性。由于促卵泡
素的提纯较困难，且纯品非常不稳定。因此，目前尚无提纯品。

（2）生理功能

①对雌性动物的生理作用主要是：可刺激卵泡的生长发育。FSH 能提高卵泡壁细胞
的摄氧量，增加蛋白质的合成；促进卵泡内膜细胞分化，同时还能促进颗粒细胞增生和卵
泡液的分泌。一般来说，FSH 主要影响生长卵泡的数量。只有在 LH 的协同作用下，促
使卵泡内膜细胞分泌雌激素，才能激发卵泡的最后成熟；诱发排卵并使颗粒细胞变成黄体
细胞；当 FSH 和 LH 在血液中达到一定浓度，且要成一定的比例时即可引起排卵；

②对雄性动物的生理作用主要是：可促进生精上皮细胞发育和精子形成。促卵泡素能
促进曲精细管的增长，促进生殖上皮细胞分裂，刺激精原细胞增殖，而且在睾酮的协同作

用下可促进精子形成。在促黄体素和雄激素的协同作用下，可进一步使精子发育成熟。

（3）应用

①提早动物的性成熟。将促卵泡素和孕激素配合应用于接近性成熟的雌性动物，可使其发情或配种提前到来；

②诱发处于泌乳乏情的雌性动物发情。对产后 60 d 的母牛，应用 FSH 可提高其发情率和排卵率，从而缩短了产犊间隔；

③超数排卵。为了获得大量的卵子，使用 FSH 可使大量卵泡发育、成熟并排卵，牛应用 FSH 和 LH，平均排卵数可达 10 枚左右；

④治疗卵巢疾病。FSH 对卵巢机能发育不全或静止，卵泡发育停滞或交替发育及多卵泡发育均有较好疗效。如雌性动物出现不发情、安静发情、卵巢发育不全、卵巢萎缩、卵巢硬化、持久黄体等，可以应用 FSH，其用量和使用方法是：牛、马为 200～450 IU，连日或隔日一次，肌内注射 2～3 次。如果与 LH 配合使用，效果更佳；

⑤治疗雄性动物精液品质不良。当其精子密度不足或精子活力低时，应用 FSH 和 LH 可有效地改善和提高精液品质。

3. 促黄体素（LH）

（1）来源与特性

①来源。促黄体素又称黄体生成素，简称 LH。是由垂体前叶促黄体素细胞分泌的。

②特性。LH 是一种糖蛋白激素，其分子也由 α 亚基和 β 亚基组成。LH 的纯品化学性质比较稳定，在冻干时不易失活。

（2）生理功能

①对雌性动物，促黄体素可以增加卵巢血流量的作用，刺激卵泡最后成熟，参与内膜细胞合成雌激素；在 FSH 的预先作用下可诱发卵泡排卵并形成黄体；已证实在牛、猪等物种促黄体素可刺激黄体释放孕酮。

②对雄性动物，能刺激睾丸间质细胞合成和分泌睾酮；对睾丸、副性腺的发育和精子的最后成熟起决定性作用。

各种动物垂体中的 FSH 和 LH 含量的比例各不相同，与动物生殖活动的特点有密切关系。例如母牛垂体中 FSH 最低，母马的最高，而猪和绵羊介于两者之间。就两种激素的比例来说，牛、羊的 FSH 显著低于 LH，而马恰恰相反，母猪的介于中间。这种差别关系到不同动物发情期的长短，排卵时间的早晚，发情表现的强弱及安静发情出现的多少等（见图 1-20）。

（3）应用

促黄体素主要用于治疗雌性动物排卵迟缓、卵巢囊肿、黄体发育不全、发情期过短、屡配不孕。使用时一般一次肌内注射 100～200 IU，注射后一周直肠检查卵巢，如果效果不明显可再注射一次。另外还可以治疗雄性动物性欲不强、精液和精子量少等症。

近年来，我国已有了垂体促性腺激素 FSH 和 LH 商品制剂，并在生产中得到广泛应用，取得了很好的效果。在治疗牛卵巢机能异常方面，一般用 FSH 治疗多卵泡发育，卵泡发育迟滞，持久黄体；用 LH 治疗卵巢囊肿，排卵迟缓，黄体发育不全。配合使用 FSH＋LH 治疗卵巢静止或卵泡中途萎缩。使用剂量是：牛每次肌内注射 100～200 IU，马每次肌内注射 200～300 IU，一般 2～3 次为一疗程，每次注射的间隔时间牛为 3～4 d，马为 1～2 d。

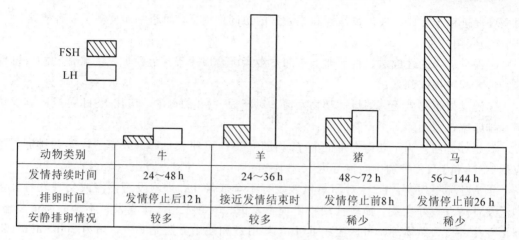

动物类别	牛	羊	猪	马
发情持续时间	24～48 h	24～36 h	48～72 h	56～144 h
排卵时间	发情停止后12 h	接近发情结束时	发情停止前8 h	发情停止前26 h
安静排卵情况	较多	较多	稀少	稀少

图 1-20　牛、羊、猪、马腺垂体与 FSH 和 LH 含量比例与雌性动物发情排卵的关系

此外，这两种激素制剂还可用于诱导季节性发情的雌性动物在非繁殖季节内出现发情和排卵。在同期发情处理过程中，配合使用 FSH＋LH，可有效增加群体雌性动物的发情和排卵的同期率。

4. 促乳素(LTH 或 PRL)

(1)来源与性质

①来源。促乳素又称催乳素或促黄体分泌素，简称 LTH 或 PRL。由垂体前叶嗜酸性细胞分泌的。

②性质。促乳素是一种糖蛋白激素，不同动物促乳素的分子结构、生物活性和免疫活性都非常相似。

(2)生理功能

促乳素具有多种生理作用，常因动物种类不同而有明显差别。从动物生殖生理的角度看，它的主要生理作用如下。

①促进乳腺的机能。LTH 与雌激素共同作用于乳腺导管系统，与孕酮协同作用于乳腺腺泡系统，能够刺激乳腺的生长、发育及乳的合成；与皮质类固醇激素一起激发和维持泌乳活动；

②促使黄体分泌孕酮；

③繁殖行为。动物分娩后，促性腺激素和性激素水平降低，LTH 水平升高，母爱行为增强。在鸟类，LTH 对行为的影响更加明显。鸟类用 LTH 处理后，出现明显的行为表现，如筑巢、抱窝等；

④对雄性动物，能维持睾丸分泌睾酮的作用，同时与雌激素协同作用，能够刺激副性腺的发育。

(三)胎盘促性腺激素

胎盘是保证胎儿正常发育的重要器官。在妊娠期间，胎盘几乎可以产生垂体和性腺分泌的多种激素。这无疑对于维持妊娠的生理需要及平衡起着极其重要的作用。事实上，胎盘存在着一个内分泌、旁分泌、自分泌的复杂调节体系。马属动物胎盘分泌的孕马血清促性腺激素(PMSG)和灵长类胎盘分泌的(人)绒毛膜促性腺激素(HCG)是两种特殊的胎盘激素。

1. 孕马血清促性腺激素（PMSG）

(1)来源与特性

①来源。孕马血清促性腺激素主要存在于孕马的血清中，它是由妊娠母马子宫内膜的"杯状"组织所分泌的。一般从妊娠后 40 d 左右出现，60 d 时达到高峰，此后可维持至第 120 d，即在 60～120 d 浓度最高，然后逐渐下降，至第 170 d 时几乎完全消失。血清中 PMSG 的含量因品种不同而异。对于同一品种，个体间也存在着一定的差异。此外，胎儿的基因型对其分泌量影响最大，如驴怀骡分泌量最高，马怀马次之，马怀骡再次之，驴怀驴最低；

②特性。PMSG 是一种糖蛋白激素，含糖量很高，占 41%～45%。在 PMSG 的糖基组成中，包括中性己糖、氨基己糖和大量的唾液酸。唾液酸含量高使 PMSG 表现酸性特点，从而使 PMSG 半衰期长，可达 40～125 h。

(2)生理功能

①与垂体前叶分泌的 FSH 功能相似，有着明显的促卵泡发育的作用；②由于它可能含有类似 LH 的成分，因此它有一定的促进排卵和生成黄体的功能；③对雄性动物还可促使精曲细管发育和性细胞分化的功能。

(3)应用

①促进排卵，治疗排卵迟滞。在临床上对卵巢发育不全、卵巢机能衰退、长期不发情、持久黄体等效果都很好。使用时给母牛一次皮下注射 1 500～2 000 IU 即可；

②超数排卵。PMSG 来源广、成本低，故应用比较广泛。可用其代替价格昂贵的 FSH 进行超数排卵。使用时一定要注意，由于 PMSG 半衰期长，在体内不易被清除，一次注射后在体内存留数天甚至一周以上，残留的 PMSG 影响卵泡的最后成熟和排卵，使胚胎回收率下降。所以在利用 PMSG 进行超排处理时，要追加 PMSG 抗体，以中和体内残留的 PMSG，提高胚胎质量；

③睾丸机能减退、精子死亡。治疗时，连续两次皮下注射 PMSG 1 500 IU。能收到很好的效果；

④提高母羊双羔率。在母羊发情前的 3～4 d，皮下一次注射 PMSG 500 mL。

2. 人绒毛膜促性腺激素（HCG）

(1)来源与特性

①来源。人绒毛膜促性腺激素是由孕妇胎盘绒毛膜的合胞体滋养层细胞合成和分泌，故称为"人绒毛膜促性腺激素"，又称为"孕妇尿促性腺激素"。大量存在于孕妇尿液中，血液中也有少量。大约在受孕的第 8 d 开始分泌，妊娠第 8～9 周时升至最高，至第 21～22 周时降至最低浓度。

②特性。HCG 是一种糖蛋白激素。其化学结构与 LH 相似，在靶细胞上具有共同的受体位点，而且具有相同的生理机能。

(2)生理功能

HCG 的功能与 LH 相似。对雌性动物能促进其性腺发育，促进卵泡成熟、排卵和黄体的形成；对雄性动物能刺激睾丸曲精细管精子的发生和间质细胞分泌睾酮。

(3)应用

目前应用的 HCG 商品制剂利用孕妇尿液或流产刮宫液中提取，是一种经济的 LH 代用品。

①在生产上主要用于治疗雌性动物排卵延迟及卵泡囊肿。治疗排卵延迟时,一般采用药物和按摩卵巢相结合的方法治疗,可以收到满意的效果。具体做法是:对发情 3～5 h 的母牛一次静脉注射 HCG 3 000～4 000 IU,同时每天上下午各按摩卵巢 1 次,每次按摩大约 5 min,在用药的同时给母牛输精,一般卵巢在 18～24 h 即可排卵,受胎率可达 95% 以上。

②提高超数排卵和同期发情时的同期排卵效果。

③对雄性动物睾丸发育不良和阳痿也有较显著的治疗效果。常用剂量是猪 500～1 000 IU,牛 500～1 500 IU,马 1 000～2 000 IU。

(四)性腺激素

性腺激素主要来自雄性动物的睾丸和雌性动物的卵巢。动物的性腺除产生卵子或精子外,另一重要的功能就是作为内分泌腺合成和分泌性腺激素。由卵巢分泌的主要有雌激素、孕酮和松弛素,由睾丸分泌的主要为雄激素。这些激素还可由胎盘分泌,肾上腺皮质部也可分泌少量的睾酮、孕酮等。值得注意的是在雌性个体中也存在少量的雄激素,而在雄性个体中同时也存在少量的雌激素。

1. 雄激素(A)

(1)来源

雄激素中最主要的形式为睾酮,由睾丸间质细胞所分泌。肾上腺皮质部、卵巢、胎盘也能分泌少量雄激素,但其含量很少。如果把雄性动物的睾丸摘除后,就不能获得足够的雄激素以维持雄性机能。

睾酮一般不在体内存留,很快被利用或被降解而通过尿液或胆汁、粪便排出体外。在尿液中存在的雄激素主要为睾酮的降解产物,活性很小。

(2)生理功能

①刺激精子发生,延长精子在附睾中的寿命;

②促进雄性副性器官的发育和分泌机能,如前列腺、精囊腺、尿道球腺、输精管、阴茎等;

③促进雄性第二性征的表现,如骨骼粗大、外表雄壮、肌肉发达等;

④促进雄性动物的性行为和性欲表现;

⑤通过对下丘脑的负反馈作用,抑制垂体分泌过多的促性腺激素,以维持雄性动物体内激素的平衡。

(3)应用

在临床上主要用于治疗雄性动物性欲不强和性机能减退。常用药物为丙酸睾酮,使用方法及一般使用剂量如下,皮下埋植:牛 0.5～1.0 g;猪、羊 0.1～0.25 g。皮下或肌内注射:牛 0.1～0.3 g;猪、羊 0.1 g。

2. 雌激素(E)

(1)来源

雌激素主要产生于卵巢,在卵泡发育过程中,由卵泡内膜和颗粒细胞分泌。此外,胎盘、肾上腺和睾丸的间质细胞也可分泌少量雌激素。卵巢分泌的雌激素主要是雌二醇和雌酮,而雌三酮为前两者的转化产物。雌激素在血液中与雄激素一样,不在体内存留,而是经降解后从尿粪排出体外。

（2）生理功能

雌激素是促进雌性动物性器官正常发育和维持雌性动物的正常性机能的主要激素。其中最主要的雌二醇有以下生理功能。

①在发情期可以促进雌性动物外部发情表现和生殖道的一系列生理变化。如促使阴道上皮增生；促使子宫颈松软，并使黏液变稀；促进子宫内膜及肌层肥厚，刺激子宫肌层收缩，蠕动增强；促进输卵管增长和刺激其肌层活动。显而易见，雌激素对配种、受精、胚胎附植等生理过程是不可缺少的。

②能促使尚未发育成熟的雌性动物生殖器官的生长发育，促进乳腺管状系统的生长发育。与孕酮共同刺激并维持乳腺的作用，少量的雌激素有刺激促乳素的分泌，增加泌乳量的作用。

③使雌性动物产生及维持第二性征，促使雌性长骨骺部骨化，抑制长骨生长，因此，一般成熟雌性动物的个体常常小于雄性动物个体。

④可促使雄性动物个体睾丸发生萎缩，副性器官退化，最后造成不育。

（3）应用

近年来，合成类雌激素很多，在畜牧业生产和兽医临床方面应用比较广泛。主要有己烯雌酚、二丙酸己烯雌酚、二丙酸雌二醇、双烯雌酚等。它们具有成本低，可口服，吸收、排泄快、生理活性强等特点，同时还可制成丸剂在皮下组织进行埋植。因此成为非常经济的天然雌激素的替代品。在生产中主要用于：

①由于其具有促进子宫收缩的作用。所以常用于促进产后胎衣或木乃伊化胎儿的排出，诱导发情。使用时可将雌激素肌内注射或直接注入子宫即可。

②由于其具有刺激乳腺发育的机能，故与孕激素配合可用于牛的人工诱发泌乳。

③对出现发情症状不明显雌性动物，可以使用小剂量的雌激素即可出现明显的发情表现。

④作为治疗慢性子宫内膜炎的辅助药品，有助于清除子宫内病理渗出物。

⑤为了提高肥育性能和改善肉的品质，还可用对雄性动物进行"化学去势"。

合成类雌激素的剂量，由于使用目的不同其用量也有一定的差异。以己烯雌酚为例，肌内注射时，牛、马 5～25 mg，猪 3～10 mg，羊 1～3 mg；埋植时，牛 1～2 g，羊 30～60 mg。

3. 孕激素（P_4）

（1）来源

孕激素中最主要的是孕酮，主要由卵巢中黄体细胞所分泌。有些动物，尤其是马、绵羊，妊娠后期的胎盘为孕酮更重要的来源。此外，肾上腺、卵泡颗粒层细胞也有不同程度的分泌量。睾丸中也曾分离出孕酮，这主要是雄激素合成过程中的中间产物。孕酮是活性最高的孕激素，是雌激素和雄激素的共同前体。在代谢过程中，孕酮最后降解为孕二醇而被排出体外。

（2）生理功能

在自然情况下孕酮和雌激素共同作用于雌性动物的生殖活动，两者的作用既协同又抗衡，孕激素与雌激素在血液中的浓度是此消彼长。孕激素的主要生理功能如下。

①促进子宫黏膜层增生，使子宫腺发育增大、分泌功能增强。这些变化有利于胚泡附植。

②在妊娠期间，可抑制子宫的自发性活动，降低子宫肌层的兴奋性，可促使胎盘发育，维持正常妊娠。

③促使子宫颈口和阴道收缩，子宫颈黏液变稠，形成子宫栓，防止异物侵入，有利于保胎。

④大量孕酮对雌激素有抗衡作用，可抑制性中枢使动物没有发情表现，但少量则与雌激素有协同作用，可促进发情表现。有些动物在第一个情期（初情期）有时出现安静排卵，这可能与孕酮的缺乏有一定关系。

（3）应用

孕激素多用于防止功能性流产，治疗雌性动物不发情或卵巢囊肿等，也可用于同期发情。

孕酮本身一般口服无效，生产中常制成油剂用于肌内注射，也可制成丸剂做皮下埋植或制成乳剂用于阴道栓。其剂量一般为：肌内注射，马和牛 100～150 mg，绵羊 10～15 mg，猪 15～25 mg；皮下埋植，马和牛 1～2 g，分若干小丸分散埋植。近年来已有若干种具有口服效能的合成孕激素物质，其效率远远高于孕酮。例如：甲孕酮、甲地孕酮、诀诺酮、氯地孕酮、氟孕酮、16-次甲基甲地孕酮、18-甲基炔诺酮等。这些药物不但可以口服，而且还可用于注射或阴道栓。

4. 松弛素（RLX）

（1）来源。体内许多组织都分泌松弛素，有的进入血液循环作为全身性激素，有的进入血液循环只作为局部激素起自分泌或旁分泌的作用。但松弛素主要产生于哺乳动物的妊娠黄体，此外还有子宫、胎盘、乳腺、前列腺等都可以产生。松弛素是一种水溶性多肽类，其在动物体内的分泌量随妊娠期而逐渐增加，在妊娠末期含量达到高峰，分娩后则从血液中消失。

（2）生理功能。松弛素是协助雌性动物分娩的一种激素。在生理条件下，它必须在雌激素和孕激素预先作用下才能发挥作用。可促使骨盆韧带、耻骨联合松弛，子宫颈开张，以利于胎儿产出。

（3）应用。在生产上，松弛素主要用于子宫镇痛、预防流产、早产，还可诱发分娩。

（五）其他激素

1. 前列腺素（PG）

（1）来源与特性

1934 年，科学家分别在人、猴、山羊和绵羊的精液中发现了一种能引起平滑肌收缩的类脂质，当时设想这种类脂质来源于前列腺，故命名为前列腺素（PG）。后来研究发现 PG 是一组具有生物活性的类脂物质，且广泛存在于身体各种组织中，并非由专一的内分泌腺产生，主要来源于精液、子宫内膜、母体胎盘和下丘脑。

前列腺素在血液循环中消失很快，其作用主要在邻近组织，故被认为是一种"局部激素"。

（2）种类

根据其化学结构和生物学活性的不同，可分为 A、B、C、D、E、F、G、H 等几种类型。其中最主要的是 PGA、PGB、PGE、PGF 四型，在动物繁殖上则以 PGE、PGF 两类最为重要。在这两类中又以 $PGF_{2\alpha}$ 和 PGE_2 最为突出。

（3）生理功能

不同来源、不同类型的前列腺素具有不同的生理功能。在调节动物繁殖机能方面，最重要的是 PGF，其主要功能如下：

①溶解黄体。子宫内膜产生的 $PGF_{2\alpha}$ 引起黄体溶解。在黄体开始发生退化之前，子宫静脉血中的 $PGF_{2\alpha}$ 或循环血中 $PGF_{2\alpha}$ 的代谢物（PGFM）浓度明显升高；在黄体溶解时，$PGF_{2\alpha}$ 的分泌呈现逐渐增强且明显的分泌波；黄体期向子宫静脉或卵巢动脉灌注 $PGF_{2\alpha}$ 可使同侧卵巢上的黄体提前溶解；在黄体发生溶解时，从子宫内膜组织分离出的 $PGF_{2\alpha}$ 含量最高。由子宫内膜产生的 $PGF_{2\alpha}$，通过逆流传递机制，由子宫静脉透入卵巢动脉，再作用于黄体。

这一机制已在绵羊中得到证实。在解剖构造上，绵羊的卵巢动脉十分弯曲且紧密地贴附于子宫—卵巢的静脉上，从而形成了子宫—卵巢静脉与卵巢动脉之间的对流系统，使子宫内膜产生的 $PGF_{2\alpha}$ 不需要经过全身循环，而是由子宫静脉透入卵巢动脉再作用于卵巢引起黄体溶解（见图 1-21）。从而使孕酮分泌减少或停止，引起发情。

②促进排卵。$PGF_{2\alpha}$ 能刺激垂体前叶合成和释放 LH，使血液中的 LH 含量升高，从而导致卵泡破裂和卵子排出。

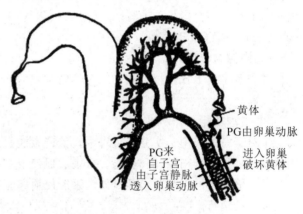

图 1-21　PG 逆流传递至卵巢

（图中标注：黄体；PG由卵巢动脉进入卵巢破坏黄体；PG来自子宫由子宫静脉透入卵巢动脉）

③对输卵管和子宫的作用。PGE、PGF 对子宫肌都有强烈的收缩作用。$PGF_{2\alpha}$ 能促进子宫平滑肌收缩，有利于分娩。分娩后，$PGF_{2\alpha}$ 对产后子宫功能的恢复起着一定的作用。PG 对输卵管的作用比较复杂，与生理状态有关。PGF 主要使输卵管口收缩，使受精卵在管内停留；PGE 使输卵管和子宫颈松弛，有利于受精卵运行和分娩的完成。

④参与受精过程，促进睾酮分泌。$PGF_{2\alpha}$ 对下丘脑和垂体的反馈刺激作用，可使血液中的 LH 含量增加，进而刺激睾丸间质细胞的睾酮分泌量也增加。$PGF_{2\alpha}$ 有助于维持精子活力。在精液中添加 $PGF_{2\alpha}$，有利于精子在母牛生殖道内的运行，可提高受胎率。

⑤有利于受精。PG 在精液中含量很多。当精子进入雌性动物生殖道时，PG 对子宫肌有局部刺激作用，使子宫颈开张，有利于精子的运行。$PGF_{2\alpha}$ 能够增加精子的穿透力和促进精子通过子宫颈黏液进入子宫而到达受精部位。

（4）应用

天然的前列腺素提取比较困难，价格昂贵，而且在体内的半衰期很短。例如将 PG 静脉注射到动物体内，1 min 内就可被代谢 95%，由于其生物活性范围广，使用时容易产生副作用。而合成的前列腺素则具有成本低、活性较高、作用时间长、副作用小等优点，目前广泛应用 PG 类似物。前列腺素在动物繁殖上主要应用于以下几个方面。

①调节发情周期。$PGF_{2\alpha}$ 及其类似物，因其具有溶解黄体的功能，使黄体存在的时间

缩短，从而控制了各种动物的发情周期，促进雌性动物群体同期发情，促进排卵。$PGF_{2\alpha}$ 的使用剂量，肌内注射或子宫内灌注：牛为 $2\sim8$ mg，猪、羊为 $1\sim2$ mg。

②人工引产。利用 $PGF_{2\alpha}$ 的溶黄体作用，可以对各种动物实施引产，能收到显著的效果；另外还可用于催产和同期分娩。$PGF_{2\alpha}$ 的用量是：牛 $15\sim30$ mg，羊 $20\sim25$ mg，猪 $3\sim10$ mg。

③治疗雌性动物生殖机能紊乱。对因子宫发生病理变化而导致的持久黄体、黄体囊肿，利用 PG 可有效地消除囊肿，使雌性动物恢复正常的发情周期。治疗时用氯前列烯醇一次肌内注射 $0.4\sim0.6$ mg，用后 $48\sim72$ h 时即可出现发情表现。另外，对于患子宫积脓等子宫疾患的雌性动物，利用 PG 进行治疗也能收到很好的效果。

④增加雄性动物的射精量，提高受胎率。据报道，采精员在为公牛采精之前 30min 给其注射 $PGF_{2\alpha}$ $20\sim30$ mg，既可有效地提高公牛的性欲，又能提高其射精量，精液中 $PGF_{2\alpha}$ 的含量升高 $45\%\sim50\%$。

2. 催产素(OXT)

(1)来源与特性

催产素是由下丘脑视上核和室旁核内合成的 9 个氨基酸组成的多肽激素，并由垂体后叶储存和释放。

(2)生理功能

①对子宫的作用。在分娩过程中，催产素能强烈地刺激子宫平滑肌收缩，促使分娩时子宫发生阵缩，排出胎儿和胎衣。分娩后促使子宫收缩，排出恶露，有利于子宫复原。

②对输卵管的作用。交配时催产素能使输卵管收缩频率增加，有利于两性配子在雌性生殖道内的运行。

③对乳腺的作用。在生理条件下，催产素的释放是引发排乳反射的重要环节，在哺乳或者挤奶过程中起着重要作用。催产素能加强乳腺腺泡的收缩，同时使乳导管和乳池周围的平滑肌松弛，加速排乳。

④对中枢神经系统的作用。在中枢神经系统中，催产素起着神经递质的作用，参与调节机体的多种功能，例如抑制食物摄取，促进动物觉醒，体温升高、促进母性行为等。

(3)催产素分泌的调节

在分娩时，由于子宫颈受到压迫或牵引，反射性地引起催产素的释放。催产素经血液循环作用于子宫平滑肌，引起子宫阵缩；在哺乳期间，幼仔吸吮雌性动物乳头的活动刺激了乳头神经感受器，反射性地引起垂体后叶释放催产素。催产素经血液循环作用于乳腺的肌上皮细胞，引起收缩，从而形成排乳反射。对于有哺乳经验的雌性动物来说，幼仔的气味、叫声等都可以使其形成条件刺激，参与排乳反射过程(见图 1-22)。

(4)应用

催产素在临床上常用于促进雌性动物分娩机能，治疗胎衣不下和产后子宫出血，以及促进子宫排出其他内容物，如子宫积脓等。为了增加子宫对催产素的敏感性，最好在使用催产素之前用雌激素对其进行处理。在人工授精时，向精液中加入催产素，可起到加速精子运行的功效，提高受胎率。

3. 外激素

外激素是不同动物个体间进行化学信息传递的信使。即动物体向外界释放具有特殊气

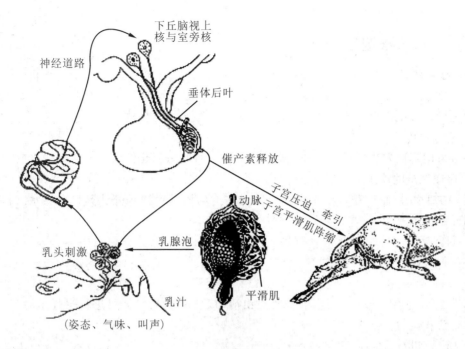

图 1-22　催产素的分泌调节

味的化学物质。外激素被外分泌腺体排放到体外，通过挥发而扩散到空气中，作用于同类动物的其他个体，同类动物通过嗅觉或味觉接受其刺激便可引起行为或生理上的反应。动物进行化学信息传递的外激素可以是单一的化学物质，也可以是几种化学物质的混合物。可以由专门的腺体所分泌，也可是一种排泄物。外激素在动物体内分布非常的广泛，主要有皮脂腺、汗腺、唾液腺、下颌腺、泪腺、耳下腺、包皮腺等。有些动物的尿液和粪便中也含有外激素。

外激素可诱导动物多种行为。比如相互识别、聚集、性活动、攻击等。其中诱导性活动的外激素叫性外激素。性外激素可引诱配偶或刺激配偶的性行为，加速青年动物到达初情期，对动物的繁殖起着重要的作用。

外激素的性质因分泌动物的种类不同而有差异。如公猪的外激素有两种：第一种是由睾丸合成的有特殊气味的类固醇物质，这种物质可储存在公猪的脂肪组织中，由包皮腺和唾液腺排出体外；第二种是由公猪的颌下腺合成的具有麝香气味的物质，经由唾液排出体外。公猪释放出的这些特殊气味物质可刺激母猪，使其发情行为表现强烈。采精训练时，常利用公猪尿液或包皮分泌物对公猪进行试情，人工合成的公猪外激素类似物被用于母猪催情、试情、增加产仔数；公猪外激素对初情期的影响较明显。把成年公猪放入青年母猪群中，大约 1 周后母猪即出现明显发情表现，比未接触公猪的青年母猪初情期提前 30～40 d；给断奶后第 2、第 4 d 的母猪鼻子上喷洒合成外激素 2 次，能促进其卵巢机能的恢复；种公猪采精训练，可以在假台畜上涂抹发情母猪的尿液、分泌物等。

所谓"公羊效应"在畜牧生产中已得到广泛应用。在其他动物中，如牛、马等也存在类似的公畜效应。另外性外激素可以促进牛、羊的性成熟，提高母牛的发情率和受胎率。

在母性行为、母与仔识别行为的建立中同样也有外激素的作用。为仔猪寄养、并窝等提供了方便条件。

●●●●● **知识链接**

一、犊牛的管理

1. 称重编号

出生后即可做称重、编号并做好标记。标号一般采用耳标法。

2. 适时去角

一般采用两种方法去角，一种是烧烙法，另一种是氢氧化钾法。

3. 保证充足的饮水

最初在牛奶中加 1/3～1/2 的温水，同时在运动场设置饮水处让其自由饮水。犊牛生后 1 周开始训练饮水。

4. 刷试调教

坚持每天刷试牛体 1～2 次。

5. 坚持运动

出生 10 d 左右，每天可让其在户外自由活动，1 月龄后每天可进行驱赶运动 1 h，夏季中午要禁止运动。

6. 犊栏卫生

犊牛生活的环境应保持清洁、温暖、干燥和通风，冬季牛床上要铺放垫草。

7. 用具卫生

犊牛使用的所有用具要及时洗刷，保持清洁干净。

8. 防止互舔

为了避免犊牛形成恶癖，在给犊牛喂奶后要及时将嘴擦净，以免互舔，同时还要防止相互吸吮其他部位。

9. 防疫消毒

坚持定期做好消毒工作，建立健全的消毒制度。如发生传染病及死亡现象，必须对其所接触的环境和用具做彻底消毒。牛场每年应进行一次牛出血性败血症和牛结核防疫注射，对整个牛群进行结核病检查，对阳性都要及时处理。

二、育成母牛(7 月龄到配种前)的管理

1. 分群

育成母牛分成 40～50 头为一群。

2. 运动和刷试

育成母牛一般采用散养，除天气恶劣外，可整日在运动场自由活动。同时运动场内要设置食槽和水槽，让其自由采食和饮水。每天保持刷试 1～2 次，每次不少于 5 min。

3. 修蹄

从 10 月龄开始，每年的春秋两季应各修蹄一次，来保证牛蹄的健康。

4. 乳房按摩

在 12 月龄以后就可以每天一次用热毛巾轻轻揉擦乳房。

5. 称重和测定体尺

应每月称重，同时测量 12 月龄、16 月龄的体尺，并做好详细记录，一旦发现异常，应及时查明原因，并采取措施进行调整。

6. 适时配种

适时配种对于延长母牛的利用年限，增加泌乳量和经济效益至关重要。育成母牛的适宜配种应根据发育情况而定。荷斯坦牛 14～16 月龄体重达到 350～400 kg，娟姗牛体重达 260～270 kg 时，即可进行配种。

项目二 人工授精

【工作场景】

工作地点：实训室、实训基地、种公牛站。

动物：公牛、母牛。

仪器：显微镜、高压灭菌器、电热鼓风干燥箱、天平、水浴锅、液氮罐、冷冻仪。

材料：母牛生殖器官、假阴道、输精枪、长臂手套、载玻片、盖玻片、温度计、移液管、3％NaCl 溶液、擦镜纸、试管、纱布、75％酒精、染料、量筒、烧杯、三角烧瓶、平皿、铁架台、漏斗、镊子、玻璃注射器、定性滤纸、脱脂棉、葡萄糖、柠檬酸钠、卵黄、甘油、青霉素、链霉素等。

【工作过程】

任务一 采精

假阴道法

一、准备工作

（一）器材的准备

玻璃器材可用高压蒸汽消毒或煮沸消毒。也可用电热鼓风干燥箱高温干燥消毒，要求温度为 130～150℃并保持 60～90 min。橡胶制品和金属器械放在水中煮沸或 75％的酒精棉球擦拭消毒。

（二）采精场地

固定场所，利于形成条件反射。要求清洁、宽敞、平坦、安静、防滑（可加防滑垫）。

（三）台畜准备

有真台畜和假台畜两种（见图 1-23）。

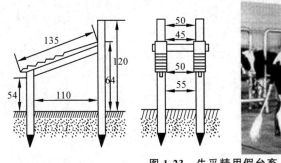

图 1-23 牛采精用假台畜

（四）假阴道的准备

假阴道主要由外壳、内胎、集精杯、活塞和固定胶圈组成（见图 1-24）。消毒，安装好后，加入温水（38～40℃），调节好适当的压力、涂抹润滑油剂后备用（见图1-25）。

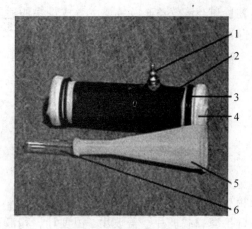

图1-24　假阴道的组成

　　1. 活塞　2. 外壳　3. 胶圈

4. 内胎　5. 橡胶漏斗　6. 集精杯

图1-25　调试安装好的假阴道

（五）种公牛的准备

在采精前擦拭其下腹部，用0.1‰高锰酸钾溶液清洗包皮内外并擦干。

（六）人员准备

要求技术熟练、动作敏捷，了解公牛的采精特点。操作前，要求脚穿长靴、紧身工作服，指甲剪短磨光，手臂清洗消毒。

二、采精操作

牛采精时，采精者应站在台牛的右侧离臀部1～2步，面朝臀部，当公牛爬上台牛时，迅速跨前一步，敏捷地将假阴道靠近台牛的臀部，左手迅速拖住包皮，并将假阴道角度调整使之与公牛的阴茎伸出方向呈一直线（见图1-26），使阴茎自然地插入到假阴道中（绝不能用假阴道去套公牛的阴茎）。当公牛后肢跳起臀部用力向前一冲即已射精，射精后将集精杯端向下倾斜，使精液顺利流入集精杯，并随公牛在台牛臀部下落而向下，让公牛阴茎慢慢从假阴道自行脱

图1-26　公牛的采精

出。待阴茎自然脱离后立即竖立假阴道，打开气门，放掉空气，以充分收集滞留在假阴道内壁的精液，然后马上送往精液处理室。

三、注意事项

1. 在饲喂前后1 h内不允许采精。

2. 牛阴茎对假阴道的温度敏感，注意温度的调节。

3. 牛采精时间短，要求操作者技术熟练，眼疾手快，并且注意安全，防治公牛的伤害。

电刺激法

一、准备工作

（一）设备准备

电刺激器、集精杯。保证电极棒的完好性，防止漏电；集精杯确保消毒彻底。

（二）采精前准备

保定（或者麻醉），剪短包皮毛，洗清下腹，为增强导电效果，排出直肠内的宿粪，并向直肠内灌注 3% 温氯化钠溶液 500～1 000 mL。

二、操作过程

需 3 人配合操作。由一人戴上橡皮手套把电极送入直肠，并扶持电极棒，找到合适的刺激部位，第二人操作电极发生器，第三人接取精液。

电波发生器上电流、电压、频率都可调节。频率一般固定在 30～50 Hz/s，电压、电流从"0"开始逐渐加大，反复刺激，再加大电压、电流。当电压到 12 V 时，电流到 300～500 mA 时，公牛即能伸出阴茎，滴出副性腺液，然后加大电流、电压，并反复刺激即可排精，一般排精时电压 16～18 V，电流 500～800 mA。

三、注意事项

1. 在插入电极棒时，在肛门处涂润滑剂，动作轻柔，不能粗暴。

2. 把电极插入牛的直肠后才能通电。

3. 开始电刺激时，电流、电压要低，不要骤然加大，防治伤害公牛。

4. 在采精的过程中，时刻观察公牛的反应，发现异常现象，及时停止采集。

●●●●● 相关知识

一、采精前的准备

（一）场地准备

采精场应设专门的场地，以便公牛建立稳固的条件反射，采精场需宽敞明亮、平坦、清洁、安静，紧靠精液处理室，设有供公牛爬跨的假台牛和保定发情母牛用的采精架。

（二）台牛的准备

台牛是供公牛采精的台架，有真台牛和假台牛之分。采精时最好使用发情母牛，但现场很难找到，一般大型采精场都用假台牛。假台牛是按母牛体型高低、大小用钢管或木料做支架，在支架背上铺棉絮或泡沫塑料等。再包裹一层畜皮或麻袋、人造革等。以假乱真，假台牛内可设计固定假阴道的装置，可以调节假阴道的高低。

利用假台牛采精对公牛调教的具体方法：

1. 在假台牛后躯涂抹发情母牛的阴道分泌物或外激素。

2. 在假台牛的旁边放一头发情母畜，让待调教公牛爬跨、拉下、反复几次，当公牛兴奋至高峰时，牵向假台牛，可一次成功。

3. 让待调教公牛目睹已调教好的公牛利用假台畜采精或播放有关录像，然后再训练。调教公牛时应定时、定人，有耐心，不能粗暴，以便形成良好的条件反射。

（三）假阴道的准备

假阴道是模拟发情母牛阴道内环境而设计制成的一种装置。假阴道主要有三个部件构成：内胎、外壳、集精杯。

假阴道的安装与调试：

1. 注水　注入 39℃的温水，占内胎与外壳之间容积的 2/3，注水后塞上胶塞，最后在使用时达到体温状态。

2. 消毒　事先内胎已消毒过，安装过程中有可能被污染，用长柄钳夹酒精棉球，伸入到外壳长度 2/3 处，从里向外旋转消毒。

3. 润滑剂　将液体石蜡用玻璃棒从里向外旋转进行涂抹，不要太多，以免污染精液。

4. 测温　注水时牛的假阴道水温应稍高些，使用时达到体温状态。

5. 注气调压　用二联球通过注水孔注气。

调试好以后放入恒温箱中若干个备用。

二、采精频率

合理安排采精频率既能最大限度地发挥公牛的利用率，也有利于公牛健康，增加使用年限。采精频率是根据公牛睾丸的生精能力、精子在附睾的储存量，每次射出精液中的精子数及公牛体况来确定的。

采精频率为 2～3 次/周，每次连续采两个射精量。第一次采完的隔半小时再采一次，第二次采的精液品质往往比第一次的好。

任务二　精液处理

精液的外观性状检查

一、准备工作

将采集好的精液放在已消毒的带有刻度集精杯或量筒中，然后放置在 35～38℃ 的水浴锅中备用。

二、检查方法

1. 采精量

采精后将精液盛装在有刻度的试管或精液瓶中，可测出精液量的多少。

2. 精液的颜色

观察装在透明容器中的精液颜色。

3. 精液的气味

用手慢慢在装有精液的容器上端扇动，并嗅闻精液的气味。

4. 云雾状

观察装在透明容器中的精液的状态，主要观察液面的变化情况。

三、结果判定

1. 牛的正常的一次采精量 5～12 mL，看精液量是否在范围内，如大于 12 mL，有可能掺入了尿液或者是大量的副性腺液；如小于 5 mL，有可能是采精频率过多。

2. 正常的精液为厚乳白色或淡乳黄色。如呈现浅黄色有可能掺入尿液或者是生殖道发炎；如为绿色有可能是生殖道发炎，如为淡红色为鲜血，可能是生殖道出血造成的。

3. 正常的略带有腥味，并有微汗脂味。如气味异常，往往伴随着颜色的变化。

4. 云雾状越明显，说明精子密度越大（液面呈上下翻滚状态，像云雾一样，称为云雾状）。表示方式：明显用"＋＋＋"表示；较明显用"＋＋"表示，不明显用"＋"表示。

实验室检查

一、精子活力检查

(一)准备工作

1. 器械的准备

光电显微镜,并且调成弱光,打开显微镜的保温箱或者载物台上的电热板(见图 1-26);数码显微镜(见图 1-27);清洗干净载玻片和盖玻片,并放入到 38℃左右恒温箱内备用;玻璃棒;生理盐水;大镊子;烧杯;38~40℃的温水;细管剪子;牛用输精枪。

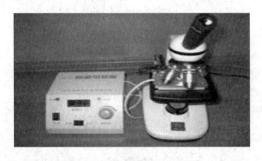

图 1-27　带加热板的显微镜

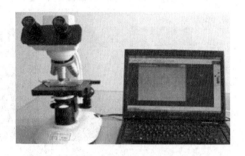

图 1-28　数码显微镜

2. 精液准备

新鲜精液、细管冻精。

(二)检查方法

1. 平板压片法(见图 1-29)

(1)新鲜精液的检查

首先取少量精液,进行稀释,稀释后,取一载玻片,在精液中蘸取一小滴精液,滴在载玻片上,然后用一盖玻片成 45°盖好,这样做是为了防止制片过程中留有空气,影响检查结果。使精液成为一薄层,放在显微镜载物台上,在 400 倍下进行观察,并用估测做直线运动的精子数占总精子数的百分比。

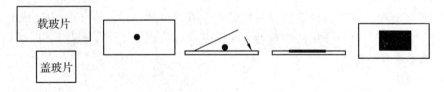

图 1-29　平板压片法的制片过程

(2)细管冻精的检查

首先打开液氮罐的罐塞,将罐塞倒放在桌子上,取大镊子放入液氮罐口,预冷 15 s 左右,提起提桶,不要将提桶提出罐口,镊子不要离开罐口,并取出一细管冻精,迅速的放置在装有 38~40℃的温水中,3 s 后细管冻精解冻完成,取出细管冻精,用细管剪子剪开细管冻精的封口端,装入输精枪(见图 1-30、图 1-31),制成平板压片后检查活力。

2. 悬滴法(见图 1-32)

取一小滴精液滴于盖玻片上,迅速翻转盖玻片使精液形成悬滴,置于凹玻片的凹窝上,即形成悬滴片,置于 400 倍的显微镜下观察。此方法精液较厚,检查结果可能偏高。

图1-30 左：准备温水、镊子预冷；中：夹取细管冻精；右：放入温水中

图1-31 左：剪开细管封闭端；中：装在输精枪上；右：将输精枪外套拧紧

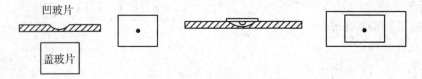

图1-32 悬滴片的制片过程

（三）结果判定

采用"十级一分制"，如果在显微镜视野中，做直线运动的精子数占总精子数的80%，即判定为精子活力为0.8；如50%，即为0.5，依此类推。

（四）注意事项

1. 如果没有电子加热板或者保温装置的，检查速度要迅速，在10 s内完成。

2. 精子活力评定时有一定的主观性和经验有关，应观察2~3个视野，取平均值。

二、精子密度检查

（一）估测法

1. 准备工作

（1）器材及药品准备

显微镜、载玻片、盖玻片、玻璃棒、生理盐水、擦镜纸等。

（2）精液准备

新鲜精液。

2. 检查方法

取一滴精液于载玻片上，同时加入适量生理盐水（与精液等温），搅拌后盖上盖玻片，置于显微镜下观察精子间的空隙。

3. 结果判定

精子密度的估测法将精子密度分为三个等级，即"密、中、稀"（见图1-33）。

  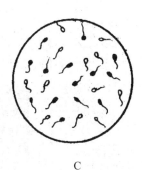

A   B   C

图 1-33　精子密度

A."密"；B."中"；C."稀"

密：在整个视野中，精子间空隙不明显，看不清单个精子运动。10 亿/mL 以上。

中：在整个视野中，精子间空隙明显，可容纳 1～2 个精子，3 亿～10 亿/mL。

稀：在整个视野中，精子间空隙较大，可容纳数个精子，1 亿～3 亿/mL。

(二)血细胞计数法

1. 准备工作

(1)器材准备

显微镜、血细胞计数板、盖玻片、移液器、3％NaCl 溶液、小试管、擦镜纸等。

(2)精液准备

新鲜精液或者细管冻精。

2. 操作方法

(1)找方格

将血细胞计数板放在载物台上，盖上盖玻片，先在 100 倍的显微镜下找到方格的全貌，再用 400 倍显微镜找到带双线的 25 个中方格中的 1 个中方格(每个中方格里有 16 个小方格)(见图 1-34)，最后对准 25 个中方格的四角中的 1 个。

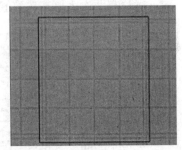

图 1-34　显微镜下的一个中方格

(2)稀释精液

用 3％NaCl 溶液对精液进行稀释，根据精液密度的不同来确定稀释倍数，稀释倍数以方便计数为准。用移液器将精液稀释好并混匀，用吸管吸取精液，将吸管放到计算板与盖玻片的交界处，精液会自然渗入计算室中(见图 1-35)。

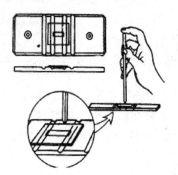 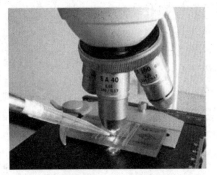

图 1-35　精液自然渗入计算室

（3）镜检

在 400 倍的显微镜下查出具有代表性的 5 个中方格内的精子数。一般查四角和中间 1 个或对角线 5 个，用计数器计数（见图 1-36）。

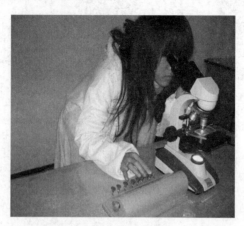

图 1-36　精子计数

（4）计算

1 mL 原精液精子数＝5 个中方格的精子数×5×10×1 000×稀释倍数

3. 注意事项

滴入计算室的精液不能过多，否则会使计算室高度增加，在计数时，为了避免重复或漏掉，以头部压线为准。"上计下不计，左计右不计"为原则（见图 1-37）。为了减少误差，应连续检查两次，取其平均值，如果两次误差较大，要求做第三次。

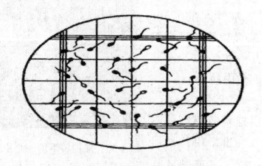

图 1-37　精子计数的顺序和原则

图 1-38　精子密度仪

（三）精子密度仪测定

1. 准备工作

精子密度仪、玻璃棒、精液。

2. 操作方法

打开开关；将黑色拉口拉出，当屏幕上出现"READY"字样时，便可以检测；首先放入标准卡进行矫正数值，然后将一小滴精液准确地放在检测片的凹坑内，最后将检测片放入黑色拉口中，推入即可；此时屏幕上出现"MEASURING"字样，稍等片刻；读取结果（见图 1-38）。

三、精子畸形率检查

1. 准备工作

显微镜、载玻片、红或蓝墨水、酒精、染色缸、计数器。

2. 操作方法(见图 1-39)

取少许精液滴在载玻片一端,取另一载玻片放在精液上,然后匀速拉向另一端,干燥,待干燥后用红或蓝墨水数滴染色 3 min,然后用 95% 酒精固定 2～3 min,用清水清洗干燥后,用 400 倍的显微镜镜检。随机检查 200 个或 500 个精子,查出畸形精子的个数,并且计算出畸形率。

$$畸形率＝畸形精子/检查总精子数 \times 100\%$$

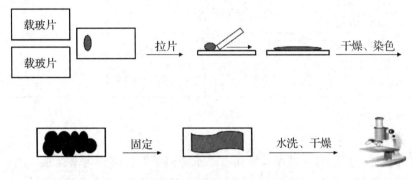

图 1-39 畸形精子检查制片过程

3. 结果判定

凡形态和结构不正常的精子都属畸形精子。正常情况下精子畸形率。牛不超过 18% 即为合格精子。否则视为精液品质不良,不能用作输精(见图 1-40)。

图 1-40 左:正常的精子 右:畸形的精子

稀释液配制

【案例】

某家畜繁育指导站,94180 号种公牛于 3 月 22 日早 8 点采鲜精 12 mL,经检查精子活力为 0.7,密度 13 亿/mL。将精液处理后,全部制作成细管冻精,要求每支细管冻精容量为 0.25 mL,其中有效精子数不少于 1 500 万。请确定稀释倍数。

一、确定稀释倍数

解:1 mL 原精液中有效精子数:13 亿/mL×0.7＝9.1 亿/mL;

1 mL 稀释后精液中有效精子数:0.15 亿÷0.25 mL＝0.6 亿/mL;

稀释倍数＝9.1 亿/mL÷0.6 亿/mL＝15.17 倍≈15 倍。

二、配制稀释液

(一)公牛精液的冷冻稀释液配方（见表 1-3）

表 1-3 公牛精液的冷冻稀释液配方

成 分		葡萄糖、柠檬酸钠、卵黄、甘油液	
		第一液	第二液
基础液	葡萄糖(g)	3.0	—
	双氢柠檬酸钠(g)	1.4	—
	蒸馏水(mL)	100	—
稀释液	基础液(容量%)	80	86(取第一液)
	卵黄(容量%)	20	—
	甘油(容量%)	—	14
	青霉素(IU/mL)	1 000	1 000
	双氢链霉(μg/mL)	1 000	1 000

(二)稀释液的配制

1. 玻璃用品的清洗与消毒

首先将玻璃用品用洗涤剂洗净，并用自来水冲洗干净，然后用蒸馏水冲洗两遍，空干水分。最后用锡纸将瓶口包好，放入120℃恒温干燥箱中干燥 1 h，放凉备用。

2. 称量药品

利用电子天平(见图 1-41)，按照配方中需要的量准确称量药品，并放在烧杯中。

3. 量取蒸馏水

用量桶量取蒸馏水 100 mL，加入烧杯中，用磁力搅拌器或玻璃棒搅拌使其充分溶解。

4. 过滤

取有三个铁圈的铁架台，分别放上三个玻璃漏斗。同时取定性滤纸，两次对折后分别放入三个玻璃漏斗上，并用蒸馏水浸湿。最后将配制的溶液用玻璃棒引流，过滤到三角烧瓶中。

5. 消毒

把装有稀释液的三角烧瓶封口，放在100℃的水浴锅(见图 1-42)中水浴消毒 30 min。

图 1-41 电子天平

图 1-42 恒温水浴锅

6. 取卵黄(见图 1-43)

取两枚新鲜鸡蛋,首先用清水洗净,自然干燥。然后用 75％的酒精棉球消毒外壳,自然干燥后,将鸡蛋磕开,将蛋清与蛋黄分离。把蛋黄小心地倒在滤纸上使蛋黄滚动,其表面的多余蛋清被滤纸吸附。先用针头小心将卵黄膜挑一个小口,再用去掉针头的 10 mL 的一次性注射器从小口慢慢吸取卵黄,尽量避免将气泡吸入,同时应避免吸入卵黄膜。吸取 10 mL 后,再用同样的方法吸取另一个鸡蛋的卵黄。

图 1-43　取卵黄

7. 冷却

将消毒后的稀释液冷却到 35～40℃(见图 1-44)。

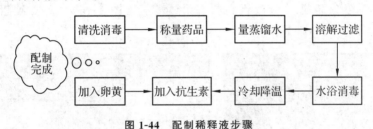

图 1-44　配制稀释液步骤

8. 配制 I 液

取 80 mL 的基础液,分别加入卵黄 20 mL、青霉素 1 000 IU/mL、双氢链霉素 1 000 μg/mL。摇匀,即为 I 液。

9. 配制 II 液

用量筒量取 I 液 86 mL,倒入另一个三角烧瓶中,用注射器吸取 14 mL 消毒甘油,注入三角瓶中摇匀,制成 II 液。

三、对精液进行稀释

采精后立即对该精液进行稀释,把分别盛装精液和稀释液(第二液)的容器放在 30℃的恒温水浴锅中。稀释时把稀释液沿着精液容器的壁缓慢加入精液中,边加入边搅拌,使之混合均匀,勿剧烈震荡。

一般牛精液的稀释倍数是 10～40 倍。由于本次精液的稀释倍数是 15 倍,属于高倍稀释,所以应先做 3～5 倍的低倍稀释,停留片刻后,再将剩余倍数的稀释液倒入精液中,防止稀释打击对精子造成危害。

稀释后,静止片刻取出一滴精液,制成平板压片,在显微镜下检查精子活力。如果稀释前后的精子活力相同,即可进行保存;如果出现精子活力下降,说明稀释液的配制或稀释处理不当。精液不宜使用，并查明原因。

精液的冷冻保存

牛细管冻精的制作

1. 采精及精液品质检查

用假阴道采取公牛的精液。并检查活力和密度。精子活力达到 0.7，密度不少于 8 亿/mL 即为合格的精液。

2. 稀释精液

（1）一步稀释法

将配置好的含有甘油、卵黄等的稀释液按一定比例加入精液中，适合于低倍稀释。

（2）两步稀释法

为避免甘油与精子接触时间过长而造成危害，采用两次稀释法。首先用不含甘油的稀释液（Ⅰ液）对精液进行最后稀释倍数的半倍稀释，然后把该精液连同Ⅱ液一起降温至 0～5℃（全程 1～2 h），并在此温下做第二次稀释。

3. 降温平衡

精液冷冻中，把稀释后的精液置于 0～5℃的环境中停留 2～4 h，使甘油充分渗入到精子内部，起到膜内保护剂的作用。

4. 分装

利用细管冻精分装机对精液进行机械化分装（见图 1-45）。每支细管冻精剂量为 0.25 mL。

图 1-45　细管冻精分装机

5. 冻结

（1）浸泡法

将分装好精液的细管平铺于特制的细管架上，放入盛装液氮的液氮柜中浸泡，盖好，5 min 后取出即可；或者准备一大的液氮筒或液氮柜，每 50 支一组，排成等边三角形，装入纱布袋，沉入液氮底部。也可以利用冷冻仪制作细管冻精（见图 1-46）。

（2）熏蒸浸泡法

内装入液氮，并在液氮上方 2～3 cm 处预冷的专用细管卡托架，然后将分装好的细管排放在托架上，熏蒸 2～3 min 后，将托架沉入到液氮中，盖上盖子，浸泡 5～8 min 取出即可（见图 1-47）。

图 1-46　冷冻仪

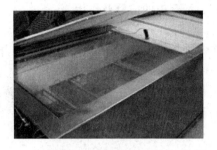

图 1-47　熏蒸中的细管

6. 解冻(见图 1-48)及镜检

将冻结好的细管冻精,随机取出 2～3 支,用 38～40℃的温水解冻,然后观察精子活力,如果解冻后的精子活力不低于 0.3,该细管冻精制作成功。然后将其他的细管冻精装在带有标记的纱布袋或塑料试管中,保存于液氮中即可。

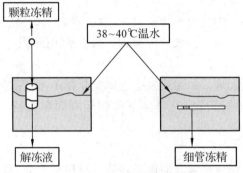

图 1-48　冷冻精液解冻

●●●● 相关知识

一、精子活力

精子活力又称活率,是指在显微镜的视野中,直线运动的精子占整个精子数的百分比。

活力是精液检查最重要的指标之一,在采精后、稀释前后,保存和运输前后、输精前都要进行检查。

二、精子密度

精子密度是单位体积(1 mL)精液内所含有精子的数目。精子密度大,稀释倍数就高,从而增加可配的母畜数,精子密度检查也是评定精液品质的一个重要指标。

三、精液的稀释

(一)稀释的目的

1. 扩大精液容量,增加了一次采精量的可配母牛数。

2. 延长精子在体外的存活时间。

3. 有利于精液的保存和运输。

(二)稀释液的成分及作用

1. 稀释剂

稀释剂主要是单纯扩大精液容量的一种等渗液。0.9%NaCl 溶液、5%葡萄糖。

2. 营养剂

营养剂主要为精子在体外代谢提供营养,以补充精子在代谢过程中消耗能量。如奶类、卵黄及糖类。

3. 保护剂

保护剂主要保护精子免受各种外界环境不良因素的危害。

(1)降低电解质浓度

副性腺中 Ca^{2+}、Mg^{2+} 等强电解质含量较高,刺激精子代谢和运动加快,使精子发生早衰。向精液中加入非电解质或弱电解质,以降低精液电解质浓度,常用各种糖类、氨基乙酸。

(2)缓冲物质

精子在体外不断代谢,随代谢产物的累积(乳酸或 CO_2 等)精液的 pH 下降,易发生酸中毒,使精子不可逆的失去活力。如柠檬酸钠、酒石酸钾钠等。

(3)抗冷休克物质

在精液保存中常降温处理,如温度发生急剧变化精子遭受冷休克而失去活力。发生冷休克的原因是精子内部的缩醛磷脂在低温下冻结经凝固影响精子正常代谢。如卵黄、奶类,二者合用效果更好。

(4)抗冻物质

在精液保存过程中,精液由液态向固态转化,对精子的危害较大,加入甘油和二甲基亚砜(DMSO)。

(5)抗菌物质

在采精及精液处理过程中,精液难免受到污染,且精液中易有细菌繁殖。常用的有青霉素、链霉素、氨基苯磺胺。

4. 其他添加剂

这些添加剂主要改善精子外在环境的理化特性,调节母牛生殖道的生理机能,提高受精机会。

(1)激素类

向精液中添加催产素、PGE 等,有利于精子运行,提高受胎率。

(2)维生素类

如维生素 B_1、维生素 B_2、维生素 B_{12}、维生素 C、维生素 E 等具有改进精子活力,提高受胎率。

(3)酶类

过氧化氢酶能分解精液中的过氧化氢,提高精子活力。

(4)染料类

区分各种家畜的精液。

(三)稀释液的配制和种类

1. 稀释液的种类

(1)现用稀释液

以扩大精液容量,增加配种头数为目的,适用于采精后立即输精。

(2)常温保存的稀释液。适用于精液的常温短期保存,一般 pH 较低。

(3)低温保存的稀释液。适用于精液的低温保存,有抗冷休克作用。

(4)冷冻保存的稀释液。适用于冷冻保存,成分比较复杂。

2. 配制稀释液需要注意的问题

(1)稀释液应现用现配。

(2)配制稀释液的器具,用前必须严格消毒,用稀释液冲洗后方能使用。

(3)配制稀释液的蒸馏水要求是新鲜的、最好现用现制。

(4)所用药品要纯净、称量要准确,经溶解、过滤、消毒可使用。

(5)卵黄应取自新鲜鸡蛋,待稀释液冷却后加入。

(6)奶粉颗粒大,溶解时先用少许蒸馏水调成糊状,用脱脂棉过滤,消毒后方可使用。

(四)牛细管冻精的稀释液配方

1. 葡萄糖—柠檬酸钠—卵黄—甘油液

葡萄糖 3 g+二水柠檬酸钠 1.4 g+蒸馏水 100 mL,取其 80 mL+卵黄 20 mL,混合后取其 86 mL+甘油 14 mL。

2. 柠檬酸钠—果糖—卵黄—甘油液

柠檬酸钠 2.97 g+卵黄 10 mL+蒸馏水 100 mL,取其 41.75 mL+果糖 2.5 g+甘油 7 mL。

四、精液的冷冻保存(−196～−79℃)

(一)精液冷冻保存的概念

精液冷冻保存是利用液氮(−196℃)或干冰(−79℃)作冷源,将精液处理后冷冻起来,达到长期保存的目的。

(二)精液的冷冻保存原理

1. 玻璃化假说

物质的存在形式有气态、液态和固态三种。其中固态又分为结晶态和玻璃态,在不同的温度下,这两种形式在不同温度下可以相互转化。结晶态中分子有序排列,颗粒大而不均匀。玻璃态中分子无序排列,颗粒细小而均匀。冰晶化是造成精子死亡的主要原因:一是当精液冷冻时,精子外的水分先冻结。冻结并非同时发生,局部水分冻结后,把溶质排斥到没有冻结的那部分精液中,形成高渗液,由于精子内外渗透压差及冰和水表面蒸气压差的关系,使精子脱水,原生质变干而死亡。二是由于水分冻结,产生冰晶,其体积增大且形状不规则,加上冰晶的扩展和移动,对精子产生机械压力,破坏了精子原生质表层和内部结构,引起死亡。玻璃化是精子在超低温下,水分子保持原来无次序排列,呈现纯粹的超微颗粒结晶坚实的结冻团块。精子在玻璃化冻结的状态下,不会出现原生质脱水,结构不发生变化,解冻后仍可恢复活力。

有试验证明,在−60～0℃温度范围是形成结晶态危险的区域,其中−25～−15℃是最危险的区域。玻璃化必须在−250～−60℃的低温区域内,经快速降温,迅速越过冰晶化而进入玻璃化阶段。甘油在 $-30℃$ 时不冻结，加入甘油可延缓了冻结。制作冻精时启动温度是 $-100℃$，超过 $-60～0℃$ 这一区域，那么即便使用了甘油，启动温度低对精子也有影响。

2. 细管冻精

长度约为 13 cm，一端塞有细线或棉花，中间放置聚乙烯醇粉称为活塞端；另一端封口称为封闭端。规格有 0.25 mL、0.5 mL、1 mL。具有易标记、不易受污染、易储存、剂量准确、易解冻等优点。

●●●●● 扩展知识

一、人工授精

人工授精是指用器械采取公畜的精液，经过适当的检查和处理，再用器械把精液输送到母畜生殖道的适当部位，使之受孕的方法。

人工授精技术可以充分发挥优秀种公畜的繁殖效能；提高母牛的受胎率；防止疫病的传播；克服因家畜体形悬殊，造成的交配困难；精液可以跨地区使用；是推广繁殖新技术的一项基本措施。

二、精液

（一）组成

精液由精子和精清组成，含水 90%～98%，干物质 2%～10%，精清主要是附睾和副性腺分泌物。

（二）结构

精子是特异化有尾的单倍体细胞，精子主要分为以下三部分。

1. 头部

精子头部呈扁卵圆形，主要由核和顶体构成，顶体内含有多种与受精相关的酶类，是一不稳定的结构，在精子衰老时容易变性，出现异常或者从头部脱落，为评定精液品质指标之一。核内含有顶体素、透明质酸酶、放射冠穿透酶等水解酶，核内含遗传基因信息，核后帽对精子有保护作用。

2. 颈部

颈部位于头和尾之间起连接作用，较短，是精子最脆弱的部分，极易变形而失去活力。

3. 尾部

尾部是精子的运动器官，一般分为中段、主段、末段。中段内含特殊的细胞器，有线粒体等，相当于人的胃肠，为精子运动提供能量；主段是尾部主要组成部分，也是最长部分；末段是从纤维鞘消失至尾尖的部分称末段。

（三）精子的运动

1. 直线运动

在适宜的条件下，正常精子做直线前进运动，这样的精子能到达受精部位，是有效精子。

2. 圆周运动

精子围绕点作转圈运动，由于精子畸形、颈部弯曲等造成重心偏离，是无效精子。

3. 原地摆动

精子左右摆动，没有推进力量，同样是无效精子。另外当精子对周围环境不适时，也会引起出现摆动。

(四)精子的特性

1. 向触性

精液中如有异物，精子就会向着异物运动，其头部顶住异物做摆动运动，活力会下降。

2. 向流性

在流动的液体中，精子表现为逆流向上的特性，运动速度随液体流速而加快。

3. 向化性

精子具有向化学物质运动的特性。雌性动物生殖道内存在某些特殊的化学物质，吸引精子向生殖道上方运动，如酶、激素等。

(五)外界环境对精子的影响

1. 温度的影响

(1)高温

精子在高温下，代谢增强，能量消耗快，造成精子早衰，促使精子在短时间内死亡。精子忍耐的最高温度为 45℃，超过此温度会发生热僵直而死亡。

(2)常温

精液在体温状态下代谢正常。

(3)低温

精子在低温下，代谢和运动能力下降，当温度降至 10℃ 以下时，精子几乎处于休眠状态。新鲜的精液从体温状态缓慢降到 10℃ 以下，精子逐渐停止运动，待升温后又能恢复正常活力。如果降温过快，就会发生"冷休克"丧失活力。冷休克是指当精子的温度由体温状态急剧降温到 10℃ 以下，精子会发生不可逆的失去活力的变化。

(4)超低温

精液保存在 −196～−79℃ 环境中，精子的代谢和活动能力基本停止，可以长期保存。

2. 渗透压的影响

精清或稀释液的渗透压高，造成精子本身脱水。精清或稀释液的渗透压低，水分就会渗入精子内部，使精子膨胀而死。低渗透压的危害大于高渗透压。

3. pH 的影响

精子在一定的酸碱度溶液中才能存活，最适合精子生存的 pH 是 7.0 左右，在弱酸性环境中精子活力受到抑制，延长精子的存活时间；而在弱碱性环境中精子活力增强，缩短精子在体外存活的时间。

4. 光照和辐射的影响

精子对光线照射十分敏感，日光直射能刺激精子运动增强，红外线、紫外线照射会缩短精子寿命，损害受精能力。

5. 药品的影响

向精液中加入适量抗生素，可抑制病原微生物的繁殖。但是挥发性的、带有刺激性气味对精子有很大影响。

6.振动的影响

振动可加速精子的呼吸作用，从而缩短了精子的寿命。

7.稀释的影响

新鲜精子运动较活跃，经一定倍数的稀释后有利于增强精子活力，精子代谢和耗氧量增加。经高倍稀释时，精子表面的膜发生变化，细胞的通透性增大，精子内各种成分渗出，精子外的离子又向内入侵，影响精子代谢和生存，对精子造成稀释打击，而出现精子死亡的现象。

三、液氮及液氮容器

(一)液氮及其特性

液氮是空气中的氮气经分离、压缩形成的一种无色、无味、无毒的液体，沸点温度为－195.8℃，在常温下液氮沸腾，吸收空气中的水分形成白色的烟雾。液氮具有很强的挥发性，当温度升高到18℃时，其体积会膨胀680倍。此外，液氮又是一种不活泼的液体，渗透性差，无杀菌能力。所以使用时应注意防止冻伤、喷溅、窒息等，当用氮量大时要保持室内的空气通畅。

(二)液氮容器

包括液氮储运容器和储存容器。两者结构相同，作用不同，一个负责运输液氮(见图 1-49)，另一个适合储存生物制品。

图 1-49　液氮罐

1.罐壁

分为内、外两层，一般由坚硬的合金制成。为了增加罐的保温性能，夹层被抽成真空，真空度为 $133.3 \times 10^{-6} \, \text{Pa}$。夹层中装有活性炭、硅胶及镀铝涤纶薄膜等，以吸收漏入夹层的空气，从而增加了罐的绝热性。

2.罐颈

由高热阻材料制成，是连接罐体和罐壁的部分，较为坚固。

3.罐塞

由绝热性能好的塑料制成，具有固定提筒手柄和防止液氮过度会发的功能。

4.提筒

用来存放冻精和其他生物制品。提筒的手柄由绝热性能良好的塑料制成，既能防止温度向液氮内传导，又能避免取冻精时冻伤。提筒的底部有许多的小孔，以便液氮渗入其中。

(三)使用液氮容器的注意事项

1.液氮易挥发，应定期检查并及时添加液氮，当液氮量减少 2/3 时，应及时添加，确保液氮罐内精子的正常活力。

2.提筒在使用时不能暴露液氮外，在取冻精时，提筒不得提出液氮罐的外口。

3.液氮罐在使用时，应当防止撞击、倾倒，定期刷洗保养。

4.液氮罐应放置在阴凉的地方，避免阳光直射。

5.皮肤接触液氮可致冻伤。

6. 如在常压下汽化产生的氮气过量，可使空气中氧分压下降，引起缺氧窒息。

7. 燃爆危险

本品不燃，具窒息性。

8. 危险特性

若遇高热，容器内压增大，有开裂和爆炸的危险。

9. 灭火方法

本品不燃，用雾状水保持火场中容器冷却，可用雾状水喷淋加速液氮蒸发，但不可使水枪射至液氮。

四、冻精编号及使用

(一)编号基本模板[见图 1-50(a)]

(二)编号案例

1. 编号[见图 1-50(b)] 007HO07455(非性控冻精)、529HO11255(性控冻精)

2. 说明　从左数第一个"5"表示性控精液、"0"表示非性控精液(除美国加速遗传公司的性控冻精第一个数字为 6)；品种前要求数字共 3 个，品种后要求数字共 5 个，不足 5 个用 0 补充。

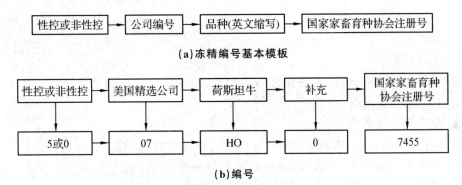

(a)冻精编号基本模板

(b)编号

图 1-50　冻精编号基本模板与编号案例

(三)深入企业，掌握最前沿的动物繁殖技术，推陈出新，强化企业科技创新主体地位

引入企业繁育 SOP 冻精使用操作流程(见表 1-4)。

表 1-4　繁育 SOP 冻精使用操作流程

1. 性控冻精适用于育成牛第 1—4 配次、经产牛(1—3 胎)第 1—2 配次；其它配次使用普精。
2. 冻精出库入库前进行显微镜检测，精子活力符合标准方可使用。每次做好记录，液氮每周一添加 1 次，并记录。
3. 现场解冻：温度 38.5℃，时间 40s。

任务三　输精

【案例】

在某牛场，有一头经产的奶牛在 2017 年 1 月 1 日上午 7 点出现了发情的症状，确定输精时间及为该牛输精。

一、输精时间的确定

根据牛的发情鉴定要点及长期的经验总结：经产的奶牛一般发情比较有规律，一般在发现母牛发情后 10～12 h 进行第一次输精，隔 8～12 h 第二次输精；初产的奶牛一般在发现母牛发情后 12～20 h 进行第一次输精，隔 8～12 h 第二次输精。但在第二次输精时一定要检查卵泡的发育程度。

所以输精时间是：2017 年 1 月 1 日 17：00—19：00 第一次输精，次日早 4：00—7：00时可第二次输精。

二、准备工作

(一)母牛的准备

经发情鉴定确到输精时间，将发情母牛牵入保定栏内保定，尾巴拉向一侧，清洗消毒外阴。

(二)器械准备

准备足够数量的输精器，并且在输精前进行彻底的消毒。玻璃输精器适合于鲜精输精，用稀释液冲洗后才能使用；卡苏式输精枪适合于冷冻精液细管冻精；输精枪外套；细管剪子；温水(35～40℃)；镊子；烧杯；毛巾；肥皂。

(三)精液准备

牛一般使用的是冷冻精液。预先要知道提取的冻精号；从罐里提取冻精时，提筒的顶端要低于罐口 10 cm；取出冻精后甩一下，甩掉在细管上的液氮防止爆裂；5 s 没有取出冻精的，要先将冻精放入液氮中 30 s 后重试；解冻时间要求 45 s；解冻后活力应在 0.3 以上，方可用于输精。

(四)术者准备

输精人员应穿好工作服，指甲必须剪短磨光，衣袖挽起，手臂清洗消毒，并涂以稀释液等润滑剂，动作应熟练。

(五)细管装入输精枪

如果温度低于 26℃，则需要给输精枪加热，同时利用卫生纸包住枪头保持温度；取出解冻好的精液擦净细管上的水，再次校对公牛号及冻精号；用专用剪刀剪开细管的封闭端，装入输精枪，最后将一次性输精外套装在输精枪上即可。

三、输精操作

(一)直肠把握法

1. 具体操作

左手戴长臂手套，呈锥形伸入直肠内，排净宿粪，把握住子宫颈后端(拇指在上，四指在下或者拇指、四指横跨子宫颈)。右手持输精枪，先斜上方伸入阴道内 5～10 cm，后平直插入子宫颈口，两手配合，把输精枪伸入子宫颈 3～5 个皱褶处或子宫体内，慢慢注入精液(见图 1-51)。

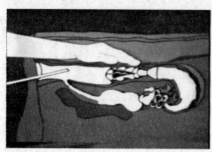

图 1-51 母牛直肠把握法输精操作

2. 注意事项

(1)输精前要查看上次输精记录和繁殖状态，输精6次以上的或流产后子宫未恢复的不能输精，没有其他情况的不能耽误输精。

(2)输精时的原则是轻插、适深、缓注、慢出，防止精液倒流；输精过程中需要注意子宫颈的把握是否正确(见图1-52)和输精部位的深度是否合适（见图1-53）。

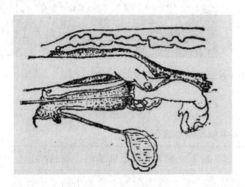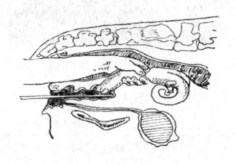

图 1-52 左：正确把握子宫颈的方法；右：不正确把握子宫颈的方法

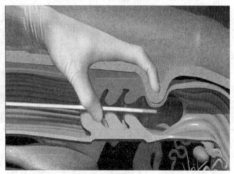

图 1-53 左：输精部位太深；右：最合适的输精部位

(3)输精枪在穿过子宫颈皱褶时，可用改变输精枪前进的方向，回抽、滚动等操作技巧配合子宫颈的摆动，使输精枪前端顺利通过子宫颈，禁止用输精枪硬戳的方法进入。

(4)输精外套不可重复使用。

(5)输精后将输精枪进行清洗、消毒干燥。

(6)输精后将输精日期、牛号、精液编号、输精人员等信息记录报给信息部门录入电脑，同时在奶牛的臀中部位用蜡笔涂上或喷漆喷上"S"字母，表示已输精。

(7)做好每日输精所需物品的领取、登记、保管和使用记录。

(8)做好每日事件报告单的填写和审核工作。

3. 输精操作时容易发生的错误(见图1-54)。

(二)阴道开膣器输精法

清洗外阴，开膣器消毒，用50℃热水热一下，并涂以少量的润滑剂；解冻冻精，装到输精枪上，外套；滴一滴检查活力；手持开膣器，打开母牛阴道，借助光源找到子宫颈外口，右手握输精枪，伸入子宫颈1～2个皱褶处(2～3 cm)，慢慢注入精液。

(三)深入企业，掌握最前沿的动物繁殖技术，推陈出新，强化企业科技创新主体地位

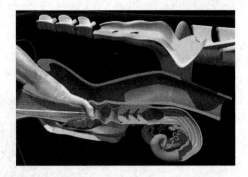

图 1-54 输精过程中容易发生的错误

引入企业繁育 SOP 母牛输精操作流程(见表 1-5)。

表 1-5 繁育 SOP 母牛输精操作流程

输精操作	1. 配种所需物品(石腊油、一次性长臂手套、纸巾、剪刀、镊子、蜡笔、输精枪、外套)。
	2. 操作如下：输精 10—12h 后仍在发情状态的牛只，再次用同一头公牛精液进行输精(补配、48h 内不计配种次数)。
	3. 配种结束后用蜡笔进行标记，左侧标记"S"，右侧标记"日期"。
	4. 确定发情牛只、禁止用手去检查卵泡的发育情况。
	5. 每班次结束后对配种器具进行彻底消毒，并做记录。

四、输精过程中容易发生的问题及其解决措施(见表 1-6)

表 1-6 输精过程中容易发生的问题及解决措施

问题	原因	解决措施
左手不能伸入直肠	母牛特别暴躁	助手一只手掐住鼻中隔，另一只手保定头部
	母牛抵抗	用右手提尾根向上抬起
	直肠努责	手指拢成锥形，助手紧捏牛腰部，稍停，让努责消失
输精器不能顺利插入阴道	排粪污染	排粪时以左手遮掩，不让粪便流落外阴部
	阴门闭合	用直肠内的左肘下压会阴，使阴门张开
	插入方向不对	先由斜上方插入 10 cm 左右，再平向或向下插入，因老牛多向腹腔下沉
	受阴道弯曲阻碍	用直肠内左手向前拉直阴道，输精器转动前进
	误入尿道	重插，输精器前端沿阴道上壁前进，可以避免
找不到子宫颈	青年母牛	子宫颈往往细如小棍，可在直肠近处找
	老年母牛	宫颈粗大，往往随子宫下垂入腹腔

续表

问题	原因	解决措施
输精器对不上口	左手把握过前	左手把握宫颈进口处，否则颈口游离下垂
	有皱褶阻隔	把颈管往前推，以便拉直皱褶
	偏入子宫颈外围	退回输精器，用左手拇指定位引导
	被颈口内褶阻挡	用左手持宫颈上下扭转，捻转校对即可
	宫颈过粗难握	把宫颈压定在骨盆侧壁或下壁上
注不出精液	输精器口被阻	因输精器口紧贴黏膜，稍向后同时注入精液
	输精器不严	输精后须查看是否仍有精液残留，必要时重输

操作训练

1. 如何检查、评定精子活力和密度？
2. 利用冷冻仪对精液进行冷冻保存，并做好记录。
3. 结合现场对发情母牛进行适时输精。

●●●●● 相关知识

种公牛的管理

1. 加强运动管理

为了防止种公牛攻击陌生人，要将其进行牢固的栓系。同时为了提高健康和精子活力，可采用强迫方式让种公牛进行运动，要求每天运动 2 次，每次运动 1.5～2 h，行走 4～5 km。对烈性强和有恶癖的种公牛，应先进行牵引训练，防止运动或采精时伤人。

2. 加强皮肤护理

为了保持种公牛机体的健康，应经常对皮肤进行护理。护理的方法有刷试、洗浴、护蹄。特别是蹄部的护理，有些种公牛因蹄病不能正常配种，平时要经常检查蹄趾有无异常，对蹄下的污物要及时清理，发现蹄病要及时进行矫正和治疗。

3. 做好睾丸的按摩

按摩能增加睾丸的血液流量，促进血液循环。改善睾丸营养条件，促进睾丸发育。同时还能增强性机能，改善精液品质。最好每天按摩 1 次，每次按摩 5～10 min。

项目三　妊娠诊断

【工作场景】

工作地点：实训基地。

动物：配种后的母牛。

仪器：兽用便携式 B 超仪。

材料：保定栏、保定绳、开腟器、手电筒、长臂手套、盆、肥皂、毛巾、药匙、试管夹、小试管、酒精灯、75％的酒精、蒸馏水、温水等。

【工作过程】

任务一 直肠检查法

检查人员戴好长臂手套，将手臂伸入母牛直肠内，隔着直肠壁检查母牛卵巢、子宫及孕体状况，从而可诊断出母牛是否妊娠和妊娠所处的阶段。这种方法在母牛妊娠的各阶段都可应用，诊断结果准确，并可推断出大致的妊娠时间。

一、准备工作

1. 母牛站立保定，将尾巴拉向一侧，排出宿粪，清洗外阴。

2. 检查人员将指甲剪短磨光，穿好工作服，戴上长臂手套，清洗并涂抹润滑剂。

二、检查方法

1. 检查人员站于母牛正后方，五指并拢呈锥形，旋转伸入直肠。

2. 手伸入直肠后，如有宿粪可用手暂时轻轻堵住，使粪便蓄积，刺激直肠收缩。当粪便达到一定量时，手臂在直肠内向上抬起，使空气进入直肠，促进宿粪排尽。

3. 手伸入直肠达骨盆腔中部，手掌展平，掌心向下压肠壁，触摸生殖器官或孕体状况。

三、结果判断

1. 妊娠 18～25 d，子宫角变化不明显，一侧卵巢上有黄体存在。

2. 妊娠 30 d，两侧子宫角不对称，孕角比空角略粗大、松软，有波动感，收缩反应不敏感，空角较有弹性。

3. 妊娠 45～60 d，子宫角和卵巢垂入腹腔，孕角比空角约大 2 倍，孕角有波动感（见图 1-55）。

4. 妊娠 90 d，孕角大如婴儿头，波动明显，空角比平时增大 1 倍，角间沟已不清楚（见图 1-56）。

5. 妊娠 120 d，子宫沉入腹底，只能触摸到子宫后部及子宫壁上的子叶，子叶直径 2～5 cm。子宫颈沉移耻骨前缘下方，不易摸到胎儿。子宫中动脉逐渐变粗如手指，并出现明显的妊娠脉搏。

6. 妊娠 180 d，直检可触到明显的胎动。自此之后直到分娩，随着胎儿增大，子宫逐渐增大。子宫动脉加粗，开始表现清晰的妊娠脉搏（见图 1-57）。

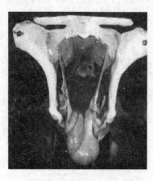 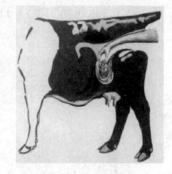 

图 1-55　妊娠 60 d　　　　图 1-56　妊娠 90 d　　　　图 1-57　妊娠 180 d

四、注意事项

在直肠检查过程中，检查人员应小心谨慎，避免粗暴。如遇母牛努责时，应暂时停止操作，等待直肠收缩缓解时再进行检查。

任务二　超声波诊断法

应用高分辨率的便携式兽用 B 超仪（见图 1-58），可以快速准确地诊断出母牛的妊娠情况，并推断出妊娠时间。现行 B 超仪诊断法有将防水探头插入直肠检查和通过腹壁探测胎儿心脏两种方式，现以直肠内检查方式完成本训练任务。

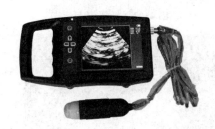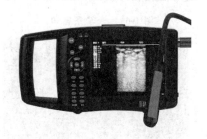

图 1-58　便捷式兽用 B 超诊断仪

左：凸阵探头；右：线阵探头

一、准备工作

1. 母牛牵入保定栏站立保定，将尾巴拉向一侧，清洗外阴。

2. 检查人员将指甲剪短磨光，穿好工作服，戴上长臂手套，清洗并涂抹滑润剂。

3. 将防水探头连接到 B 超仪上，打开主机。

4. 将 B 超仪挎戴到手臂上。

二、检查方法

1. 检查人员站于母牛正后方，五指并拢呈锥形，旋转缓慢伸入直肠，排尽宿粪。宿粪尽可能的清理干净，否则宿粪会影响探头与直肠壁的耦合而导致探测回声模糊不清。其次，清理宿粪的同时应该感觉到子宫角的大致变化和在盆腔内的位置，以便探头顺利地找到子宫角进行扫查。

2. 手持探头进入母牛直肠，探测生殖器官（见图 1-59、图 1-60），当出现清晰图像时，按冻结键，即可观察图像。

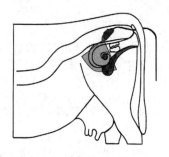

图 1-59　探头与直肠壁接触　　**图 1-60　利用 B 超探测母牛生殖器官**

3. 根据图像判断是否妊娠。

4. 如已妊娠，测量胎儿体长或头径，判断妊娠时间。

三、结果判断(见图 1-61～图 1-64)

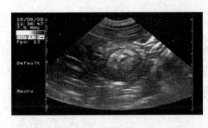
图 1-61　未孕子宫角

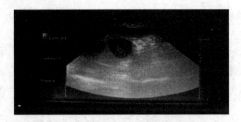
图 1-62　妊娠 30 d

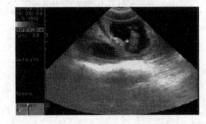
图 1-63　妊娠 45 d

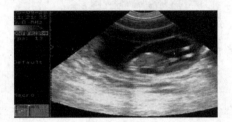
图 1-64　妊娠 66 d

四、奶牛场 B 超妊检初报表(见表 1-7)。

表 1-7　奶牛场 B 超妊检初报表

牛号	产犊日	配种日	B超检查日	结　果	空怀原因	治疗纪录	检查人	备　注

任务三　实验室诊断法

一、子宫颈黏液煮沸法

(一)准备工作

1. 保定

在六柱栏内利用保定绳，保定母牛，将尾巴拉向一侧。

2. 外阴部的洗涤和清毒

先用温肥皂水洗净外阴部，然后用 1% 的煤酚皂溶液进行消毒，最后用消毒纱布或酒精棉球擦干。在清洗或消毒时，应先由阴门裂开始，逐渐向外扩大。

3. 器材准备

开膣器可用 75% 的酒精棉球擦拭内外面，或用火焰消毒，也可用消毒液浸泡消毒，最后用 40℃ 的生理盐水冲去药液并在其湿润时使用。

准备一长柄药匙，用 75% 的酒精棉球擦拭消毒后，用生理盐水冲净。另准备 10 mL 小试管一支，试管夹一支，酒精灯一盏，蒸馏水 5 mL。

（二）检查方法

1. 取黏液

首先用开膛器扩张阴道，然后将长柄药匙伸入母牛阴道内，在子宫颈外口刮取一块玉米粒大小的黏液。

2. 将子宫颈黏液置于小试管中，加入蒸馏水 5 mL，在酒精灯上煮沸 1 min，观察黏液变化。

（三）结果判定

1. 如黏液呈白色絮状并悬浮于无色透明液中，为妊娠。

2. 如黏液溶解于透明液中，为未妊娠。

3. 如黏液凝结成块状，液体混浊，则母牛患有阴道炎。

（四）注意事项

检查时，开膛器一定要彻底清洗和消毒，以防感染；插入开膛器时，要小心谨慎，以免损伤阴道黏膜。

二、促性腺激素释放激素探试法

在母牛配种后 6～8 d，肌内注射促排三号 12.5 μg，35 d 内如不发情，则可确诊该牛已妊娠。

三、鲜乳加硫酸铜检测法

（一）检查方法

在配种后 16～50 d，取末把乳 1 mL 置于平皿中，滴 1～3 滴 3% 硫酸铜溶液，迅速混匀，观察凝集情况。

（二）结果判定

1. 如出现云雾状凝集，即明显的凝集颗粒，为妊娠。

2. 如出现不明显的云雾凝集，即颗粒微细散在，为可疑。

3. 如不出现反应为未妊娠。

另外，还可以利用外部观察法判断母牛是否妊娠。母牛妊娠后，表现为发情周期停止，食欲增强，膘情好转，被毛光亮。性情变温顺，行动谨慎安稳，易离群，怕拥挤。在妊娠初期，其外阴收缩紧闭，有皱纹。到妊娠中后期，母牛右后腹部突出，有的会出现腹下和四肢水肿。

任务四 牛场母牛妊娠诊断孕检标准及流产母牛操作流程

通过学习、领会二十大精神，深入企业，掌握最前沿的动物繁殖技术，推陈出新，强化企业科技创新主体地位，发挥科技型骨干企业引领支撑作用。

牛场母牛妊娠诊断孕检标准及流产母牛操作流程（见表 1-8）。

表 1-8 牛场母牛妊娠诊断孕检标准及流产母牛操作流程

孕检标准	1. 每周对配后 28＋6d 的未发情牛只使用 B 超进行初检。
	2. 每周对配后 60＋6d 的牛进行复检（定胎），120＋6d 时再次复检。
	3. 干奶前进行检查，确认怀孕并进行正常干奶。
	4. 育成牛妊娠 240d 时最后妊检。
流产牛处理	对怀孕 210d 以上确认流产的成母牛，转入新产牛舍，按照新产牛进行护理。

操作训练

1. 利用直肠检查法对不同妊娠期的母牛进行妊娠诊断。
2. 利用B超对配种后45～100 d未发情的母牛进行妊娠诊断，做好记录。
3. 结合现场快速推算母牛的妊娠期。

●●●●● 相关知识

一、妊娠的概念

妊娠是由卵母细胞受精开始，经过受精卵卵裂、胚胎的发育、胎儿阶段直到分娩终止的生理过程。

二、胚胎的早期发育和附植

（一）胚胎的早期发育

受精完成，受精卵即开始分裂。胚胎在早期发育阶段，一是 DNA 的复制非常迅速，二是细胞数目增加，但体积没有增加，即原生质的总量没有增加，牛的胚胎最多可减少20％。早期胚胎的发育根据其发育特点可分为桑葚期、囊胚期和原肠期。

1. 桑葚期

早期胚胎在透明带内的分裂称为卵裂。第一次卵裂，合子一分为二，形成两个卵裂球的胚胎。之后，胚胎继续卵裂，但每个卵裂球并不一定同时进行分裂，故可能出现 3、5 甚至 7 个细胞的时期。当卵裂球达 16～32 个细胞时，由于透明带的限制，卵裂球在透明带内形成致密的一团，形似桑葚，故称桑葚胚。这一时期主要在输卵管内，个别时也进入子宫。

2. 囊胚期

桑葚胚形成后，逐渐在细胞团中出现充满液体的小腔，称囊胚腔。出现囊胚腔的胚胎称为囊胚。随着细胞的分裂，囊胚腔不断扩大，最终一些细胞被挤在腔的一端，称为内细胞团，而另一些细胞构成囊胚腔的壁，称为滋养层。内细胞团将来发育为胎儿，滋养层以后发育为胎膜和胎盘。囊胚发育至后期，胚胎从透明带脱出，称为脱出囊胚。

3. 原肠胚

囊胚继续发育，出现了内、外两个胚层，此时的胚胎称为原肠胚。原肠胚形成后，在内胚层和滋养层之间出现了中胚层，此后，中胚层又逐渐分化为体中胚层和脏中胚层。

（二）胚泡的附植

胚泡在子宫内游离一段时间后，体积越来越大，其活动逐渐受限制，位置逐渐固定下来，胚胎的滋养层和子宫内层膜逐渐建立起组织和生理上的联系，这一过程称为附植。

1. 附植的时间

牛胚胎的附植是一个逐渐发生的过程，随着研究的深入，发现开始附植的时间也较以前认识的变短。现一般认为牛的早期胚泡在受精后 22～27 d 即开始附植了。

2. 附植部位

胚泡在子宫内附植时，基本是寻找最有利于胚胎发育即子宫血管稠密的地方，如有两个以上的胚胎附植，其距离均等。牛当排出一个卵子受胎时，胚泡常在排卵侧子宫角的基部附植。当排两个卵子且全部受胎时，两个胚泡分别附植在左、右两侧子宫角的基部。

三、母牛的妊娠期和预产期推算

（一）母牛的妊娠期

从母牛配种受胎至成熟胎儿产出的这段时间称为妊娠期。母牛妊娠期一般为 275～285 d，平均为 282 d。妊娠期的长短，依品种、年龄、季节、饲养管理和胎儿性别等因素不同而有所差异。早熟品种的妊娠期短，乳牛比肉牛短，怀母犊约比怀公犊短 1 d，青年母牛比成年母牛约短 1 d，怀双胎比怀单胎短 3～6 d，冬春分娩比夏秋季分娩长 2～3 d，饲养管理条件差的母牛妊娠期长。

（二）母牛预产期的推算方法

收集母牛配种日期资料，准备预装 Excel、牛场管理软件或其他数据处理软件的计算机。

1. 快速推算法

母牛的妊娠期平均是 282 d，因此其预产期可用"配种月份减 3，配种日数加 6"来推算，如一头母牛于 6 月 14 日配种并受孕，其预产期就是次年的 3 月 20 日。

2. 利用数据处理软件

以 Excel 为例，推算见图 1-65、图 1-66。

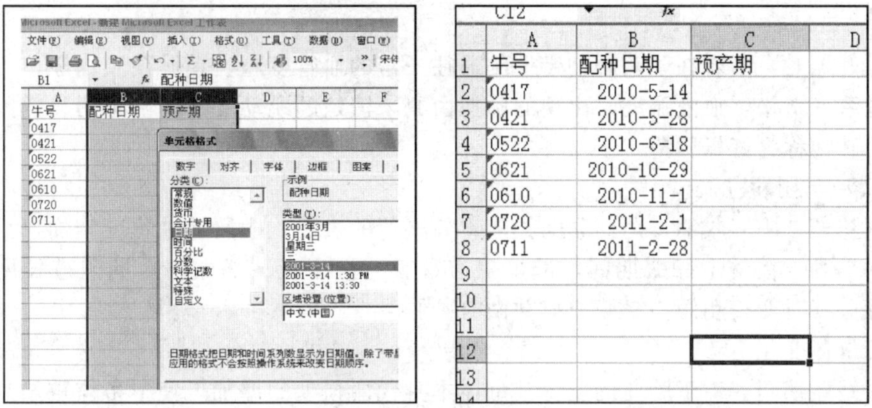

图 1-65　左：将配种日期列（B）和预产期列（C）设置为日期格式；
右：将配种日期录入 B 列

图 1-66　左：于"C2"单元格编写公式"＝B2＋282"；
右：回车，拖动"C2"单元格，计算出其他牛只的预产期

四、妊娠母牛的生理变化

母牛妊娠期间，由于胎儿和胎盘的存在，内分泌系统出现明显的变化，大量的孕激素与相对少量的雌激素的协调平衡是维持妊娠的前提条件。由于胎儿的逐渐发育和激素的相互作用，使母牛在妊娠期间的生殖器官和整个机体都出现了特殊变化。

（一）生殖器官的变化

1. 卵巢

母牛妊娠后，卵巢上有妊娠黄体存在，其体积比周期黄体略大，质地较硬。妊娠黄体分泌孕酮，维持妊娠。妊娠黄体在分娩前消退。

2. 子宫

随着妊娠的进展，胎儿逐渐增大，子宫也日益膨大。这种增长主要体现在孕角和子宫体。妊娠的前半期，子宫体积的增大主要是子宫肌纤维的增长，后半期由于胎儿的增大使子宫扩张，子宫壁变薄。妊娠末期，扩大的子宫占据腹腔的右半部，致使右侧腹壁在妊娠末期明显突出。

子宫颈在妊娠期间收缩紧闭，几乎没有缝隙。子宫颈内腺体数目增加，分泌的黏液浓稠，充塞在颈管内形成栓塞，称子宫栓。子宫栓可以防止外界的异物和微生物进入子宫，有保胎作用。牛的子宫栓一般每月更换一次，黏液排出时常附着在阴门和尾根处。

3. 子宫动脉

母牛妊娠时，附着在子宫阔韧带上的通往子宫的血管变粗，动脉内膜增厚，且与动脉的肌层联系变疏松，血液流动时出现的脉搏由原来清楚的跳动变为间隔不明显的颤动，这种颤动的脉搏称为妊娠脉搏。

4. 阴道与阴唇

妊娠初期，阴唇收缩，阴门紧闭。随着妊娠期的进展，阴唇消肿程度增加，后期表现出明显的消肿。在整个妊娠期间，母牛阴道黏膜苍白干涩。妊娠中后期阴道长度有所增加，临近分娩时变得粗短，黏膜充血并微有肿胀。

（二）母体变化

母牛妊娠期间，由于胎儿的发育及母体本身代谢强度的增加，使孕畜体重增加，被毛光亮，性情温驯，行动谨慎、安稳。妊娠中后期，由于胎儿增长迅速，需要大量的营养物质，此时尽管食欲增强，但仍入不抵出，使母牛膘情常有所下降。妊娠末期，母牛血液流量明显增加，心脏负担加重，同时由于腹压增大，致使静脉血回流不畅，常出现四肢下部及腹下水肿。

●●●●● 扩展知识

一、受精

（一）卵子的形态结构

家畜的卵子为圆球形，直径为 $120\sim180\ \mu g$。卵子由外向内依次为放射冠、透明带、卵黄膜、卵黄和核。受精时，在透明带和卵黄膜之间出现卵黄周隙，其内含有极体。

1. 放射冠

放射冠由放射状排列的卵泡细胞构成，放射冠细胞对卵子具有营养作用。

2. 透明带

透明带是一层匀质的半透膜，对卵子具有保护作用，能调节卵子的渗透压，在受精过程中发生透明带反应，阻止多精入卵，还能维持受精卵的卵裂。

3. 卵黄膜

卵黄膜位于透明带内，是包围卵黄的一层原生质膜，它能保护卵子完成受精过程，并选择精子种类，限制多精子受精，选择性吸收营养物质。

4. 卵黄

卵黄主要由卵黄质组成，是受精卵进行早期发育的营养物质。

5. 卵核

卵核由核膜、核质组成，核内有单倍体的遗传物质。

(二)配子的运行

1. 精子的运行

由于牛子宫颈的特殊结构，母牛配种或输精后，多数精子在子宫颈腺窝暂时匿存起来，而死精子则被拥入阴道排出或被白细胞吞噬。子宫颈是精子到达受精部位的第一道栅栏。母牛在发情期间，特别是交配时，子宫收缩增强。这是精子运行的主要动力。子宫收缩波由子宫传到输卵管，从而带动精子到达宫管连接部。

精子由子宫进入输卵管，在宫管连接部停留一段时间，而后进入输卵管峡部。宫管连接部是精子到达受精部位的第二道栅栏。精子在输卵管内运行的主要动力是输卵管的蠕动，另外，在充满分泌液的输卵管中，纤毛的颤动也能帮助精子运行。

输卵管的壶峡连接部是精子运行过程中的第三道栅栏，可以限制过多精子同时进入壶腹部，防止发生多精子受精。

牛精子到达受精部位的时间为 2～13 min。精子在母牛生殖道内存活时间 15～56 h。

2. 卵子的运行

卵子本身并没有运动能力，卵子排出后，被输卵管伞所接纳，借纤毛的摆动进入输卵管壶腹部。由于输卵管平滑肌的收缩及管内纤毛向子宫方向的颤动，卵子较快地通过壶腹部。如卵子未受精，在壶腹部停留一段时间后，进入子宫被吸收。牛的卵子在子宫内运行的时间大约为 90 h。卵子排出后维持受精能力的时间一般为 8～12 h。

(三)受精前配子的准备

1. 精子获能

刚排出的精子不能立即和卵子结合，必须经历一定时间，发生一些形态和生理生化准备之后，才具有受精能力。精子进行这些受精前的生理生化准备的过程称为精子获能。

在公牛刚排出的精液中，有一些抗受精的生物活性物质，叫去能因子，主要是氨基葡聚糖和胆固醇等。精子获能的过程即是使其表面的去能因子失去活性的过程。经过获能的精子，如放回精清中，又会失去受精能力，称为去能。经过去能的精子，在子宫和输卵管内孵育后，又可获能，这一过程称为再获能。精子获能首先在子宫内进行，最后在输卵管内完成，还能在异种雌性动物生殖道内完成，也可在人工培养液中完成。

在一般情况下，输精或配种发生在排卵前几小时，精子在运行过程中即发生获能。牛精子获能的时间报道很不一致，一般认为 1.5～6 h，也有认为长在 20 h 的。

2. 顶体反应

精子在获能之后，在穿越透明带前后，在很短的时间内，顶体帽膨大，精子的质膜和顶体外膜融合并形成许多泡状结构，透明质酸酶、放射冠穿透酶、顶体酶等从泡状结构的间隙释放出来，这一过程称为顶体反应。

3. 卵子的准备

卵子在受精前也有类似精子获能的成熟过程，具体变化尚不清楚。当前发现在此期，卵子由第一次成熟分裂结束，继续变化至成熟分裂的中期；卵子排出后继续增加皮质颗粒的数量，并向卵周围移动；卵子进入输卵管后，卵黄膜的亚微结构发生变化，暴露出和精子结合的受体。

（四）受精的过程

精子和卵子经一系列准备之后相遇，就会发生受精作用，精子依次穿过放射冠、透明带和卵黄膜，精卵的细胞核各自形成原核并相互融合，完成受精过程。

1. 精子穿过放射冠

卵子最外层的放射冠细胞以胶样基质粘连，顶体反应后，释放出透明质酸酶，使胶样基质溶解，精子穿过放射冠，靠近透明带。

2. 精子穿过透明带

当精子与透明带接触后，有一短时的与透明带结合的过程，在附着期间可能发生了前顶体素变为顶体酶的过程，经短时的附着后，精子就牢固的结合于透明带上，结合的特异部位为精子受体。之后，顶体素将透明带溶出一条通道，精子借自身的运动穿过透明带。一旦有精子钻入透明带并触及卵黄膜时，卵子即由休眠状态苏醒过来，使透明带发生变化，使后来的精子不能进入透明带内，这一过程称为透明带反应。

3. 精子进入卵黄膜

穿过透明带的精子，头部接触卵黄膜而附着其上，卵黄膜的绒毛先抓住精子头部，精子的质膜和卵黄膜相融并包在精子的外面，依靠精子自身的运动，精子进入卵黄膜。在发生透明带反应的同时，卵黄膜发生收缩，卵黄释放某种物质，传布到全卵表面，扩散到卵黄周隙，使后来的精子不能再进入卵黄，称为多精子入卵阻滞。

4. 原核的形成

精子进入卵细胞后，头部变大，尾部脱落，发育为雄原核。同时卵子经第二次成熟分裂排出第二极体，细胞核清晰变大，发育为雌原核。经发育的雄原核比雌原核大许多。

5. 配子配合

雄、雌原核在发育过程中相互靠近，最后接触、合并，核膜和核仁消失、两组染色体组合到一起，形成一个新细胞，即受精卵。

二、胎膜和胎盘

（一）胎膜（见图 1-67）

胎膜是指胎儿和母体之间的一些附属膜，包括卵黄囊、羊膜、尿膜、绒毛膜和脐带。胎膜是胎儿和子宫黏膜之间交换气体、养分和代谢产物的临时性器官，对胚胎和胎儿发育极为重要。

1. 卵黄囊

卵黄囊在胚胎发育的初期即开始发育，是早期胚胎重要的营养器官，是胚胎发育初期与子宫进行物质交换的原始胎盘。卵黄囊随着尿囊的发育逐渐萎缩退化，最后在脐带中留下一残迹。

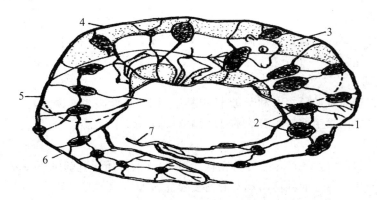

图 1-67　牛胎膜和胎囊

1.尿囊腔　2.子叶　3.羊膜腔　4.羊膜绒毛膜　5.绒毛膜　6.尿膜绒毛膜　7.绒毛膜坏死端

2.羊膜

羊膜是包围在胎儿外面的一层透明薄膜，在胎儿脐孔处和胎儿皮肤相连。羊膜闭合为羊膜腔，其内含有羊水，胎儿即浮在羊水内。羊膜上分布有来自尿膜内层的小血管，随着尿囊的发育逐渐萎缩退化。

3.尿膜

尿膜闭合为尿囊，尿囊通过脐带中脐尿管与胎儿膀胱相连，内含尿水。尿膜分为内外两层，内层与羊膜粘连在一起，称为尿膜羊膜。外层与绒毛膜粘连在一起，称为尿膜绒毛膜。尿膜上分布有大量来自脐动脉、脐静脉的血管。牛的尿囊在胎儿腹侧和两侧包围着羊膜囊。

4.绒毛膜

绒毛膜是包围整个孕体的最外一层膜，它包围着尿囊和羊膜囊。牛的胎膜绒毛膜表面分布着成丛的绒毛，绒毛与子宫内膜结合为子叶。

5.脐带

脐带是连接胎儿腹部和胎膜之间的一条带状物。脐带内含脐动脉、脐静脉、脐尿管、卵黄囊残迹和肉冻样物质。

(二)胎盘

胎盘是由胎膜绒毛膜和妊娠子宫黏膜结合在一起的组织。胎盘中的绒毛膜部分称胎儿胎盘，与其相应的子宫黏膜部分称母体胎盘。胎盘是母体和胎儿相连接的纽带，是母体和胎儿间进行气体、营养、代谢产物交换的接口，胎盘还具有内分泌和免疫功能。

牛的胎盘属于子叶型胎盘，胎盘绒毛膜上的绒毛呈丛状分布，称胎儿子叶。与胎儿子叶相对应的母体子宫黏膜上形成子宫阜，称为母体子叶。胎儿子叶上的绒毛以其侵蚀性，伸入子宫阜的陷窝中，并与母体子叶的结缔组织相接触。这种类的胎盘，胎儿胎盘和母体胎盘结合得紧密，分娩时不易分离，且出现母体胎盘的损伤。

●●●●● **知识链接**

干奶期的管理

1.做好保胎工作

不要随意驱赶，以免相互拥挤、碰撞、摔倒而造成流产。

2. 加强卫生护理

每天应加强刷拭，以促进血液循环，使母牛养成温驯的习性，保持圈舍清洁卫生，并定期进行消毒。

3. 加强运动

运动可以促进血液循环，有利于母牛的健康，同时还能减少肢蹄或难产的发生。驱赶运动时防止母牛之间发生拥挤，分娩前2～3 d要停止运动。

4. 按摩乳房

为了促进乳腺发育，经产母牛在称彻底干乳10 d后开始对乳房进行按摩，每天按摩1次，需要注意的是，临产前乳房出现水肿时要停止按摩。

项目四　分娩与助产

【工作场景】

工作地点：实训基地。

动物：待产母牛。

材料：工作服、酒精、碘酒、高锰酸钾、剪刀、助产链、助产绳、产科器械、纱布、毛巾、肥皂、水盆、注射器、镊子等。

【工作过程】

任务一　正常分娩的助产

一、产前准备

(一)产房的准备

1. 产房条件

产房应选择僻静的地点，要与其他圈舍隔开。产房的地面、墙壁等要进行彻底消毒。产房要注意冬暖夏凉、光线充足、通风良好且无贼风。将待产母牛栓系固定为宜。并准备好清洁、柔软的干净垫草。

2. 转入产房

根据配种记录，计算出母牛分娩的预定时间，在预产期前的1～2周将待产母牛转入产房饲养。

(二)器械及物品的准备

在母牛分娩前1周，要将接产时使用的器械及物品准备好。工作服、70％～75％酒精、碘酒、高锰酸钾或新洁尔灭溶液、剪刀、毛巾、水盆、肥皂、纱布、注射器、助产绳及一套产科器械等。

(三)助产人员的准备

助产人员应具有一定的助产经验，除要熟悉母牛的分娩预兆和分娩规律还要能够识别难产的征兆。随时观察和检查母牛的健康状况，发现有异常情况要及时通知兽医前来处理，严格遵守接产操作程序。另外，由于母牛大多会在夜间分娩，还要做好晚间的值班工作。接产前助产人员要将手臂彻底清洗并用75％的酒精棉球消毒。

(四)分娩母牛的准备

1. 将母牛的尾巴用绷带缠包于一侧。

2. 临产前的母牛，用温洗衣粉水彻底清洗其外阴及肛门周围，再用来苏儿液或0.1%～0.2%的高锰酸钾溶液消毒外阴并将其擦干。

二、分娩与助产

(一)分娩预兆

1. 乳房的变化

母牛在产前约半个月时乳房开始迅速膨大，有的乳房还会出现浮肿。初产牛在妊娠4个月乳房开始发育，在妊娠后期，乳房发育很快。产前2d左右乳头充满初乳，当出现漏乳现象后，说明即将分娩。

2. 骨盆韧带的变化

骨盆部韧带在母牛临近分娩的数天内，变得松软，特别明显的是位于尾根两侧的荐坐韧带后缘由硬变得松弛、柔软，因此，荐骨的活动性增大，当用手握住尾根上下活动时，能够明显感觉到荐骨后端容易上下移动。由于骨盆部韧带的松弛，臀部肌肉出现明显塌陷。

3. 外阴部的变化

母牛在临近分娩前，阴唇变的松软、肿胀，体积增大，阴唇皮肤上的皱襞展平，并充血稍变红，阴道流出的黏液由黏稠变为稀薄。子宫栓松软变成透明的黏稠状液体从阴门流出。

4. 行为变化

分娩前母牛有非常明显的精神状况的变化。表现食欲不振，精神抑郁不安，来回走动，时起时卧，回顾腹部，尾巴举起，做排尿姿势等。

5. 体温的变化

母牛在产前1～2个月，体温逐渐开始升高到39～39.5℃。在母牛产前12 h左右，体温会下降0.4～1.2℃。分娩后又逐渐恢复到产前正常体温。

(二)正常分娩的助产

1. 当母牛开始分娩时，要密切注意观察其努责的频率、强度、时间及母牛的姿态。其次要检查母牛的脉搏、呼吸，有时还需测量体温，并做好分娩开始时间的记录。

2. 尽量利用母牛自然分娩的力量，依靠母牛自身的阵缩和努责力量把胎儿排出体外。必要时可进行人工牵引。

3. 母牛的胎囊露出阴门或排出胎水后，助产人员可将手臂消毒后伸入产道，检查胎儿的前置部位，以判断胎向、胎位和胎势是否正常，以便对胎儿的反常姿势及时进行判断，尽早采取措施进行处理。还要注意是正生还是倒生，正生(见图1-68)是可以摸到眼、牙、头、耳、前蹄；倒生(见图1-69)是可以摸到后蹄、尾、肛门。同时要判断胎儿的死活。检查时勿撕破胎膜，以防止胎水流失过早。如果胎位、胎向和胎势都正常，则可等待其自然分娩。

4. 奶牛经常需要人工帮助将胎儿拉出，须判断清楚后方可采取行动。牛在分娩时，一般是先露出羊膜囊，也有时先露出尿囊。当胎儿的嘴露出阴门后，要注意胎儿头部和前肢的关系。为了防止胎儿发生窒息死亡，当胎儿头部露出阴门时，如胎膜未破，胎水未流出，说明胎儿仍在羊膜囊内，这时助产人员可将胎膜撕破，再擦干胎儿鼻腔周围的黏液，以利于胎儿正常呼吸。假如头部还没有露出，千万不要过早的撕破羊膜，否则会使胎儿吸入羊水造成窒息，从而影响胎儿的顺利产出。

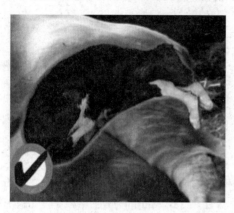

图 1-68　犊牛正生　　　　　　　　　　　图 1-69　犊牛倒生

5. 拉出胎儿时，要注意保护好会阴部，当胎儿已经露出阴门时，母牛的阵缩和努责已无力量。此时，如果是正生，助产人员可及时把羊膜撕破，然后用手握住胎儿的两前肢，另一手握住下颌，配合母牛的努责和阵缩，将胎儿从产道拉出。如果发现胎头较大难以通过阴门时，应将胎膜撕破。助产人员用两条助产链固定犊牛已经进入软产道的两前肢，助产链先拴住犊牛的关节部（见图 1-70），然后用平套结的方式拴在球关节以上以防止打滑。由助产人员按住下颌，一两名助手牵引助产链，配合母牛的努责，顺势拉出胎儿。拉出时要注意，牵引方向应与母牛骨盆轴的方向保持一致。用力不可过猛以防止子宫外翻及会阴部的损伤。如果是倒生，要防止脐带被压在骨盆底部而造成胎儿窒息（见图 1-71），必要时应及时撕破胎膜把胎儿从产道中拉出。

图 1-70　助产链捆绑
左：正确；右：不正确

6. 当胎儿腹部通过阴门时，应伸手到胎儿的腹下握住脐带根部和胎儿一起拉出，以免脐血管断在脐孔中。当胎儿排出后，在母牛站起而撕断脐带前，用手将脐带内的血液尽量捋向胎儿，待脐动脉停止搏动后，用碘酒消毒，结扎后再行断脐。对自行断脐的牛犊脐带也要用碘酒消毒。

7. 母牛分娩时大多采取侧卧姿势，但也常有站立姿势分娩的现象。母牛站立分娩排出胎儿时，助产人员必须用手接住新生犊牛，防止其发生摔伤。

8. 母牛分娩后要把胎衣收集在一起，观察其是否完整和正常，以便确定是否有部分胎衣没有排出和子宫内是否有病理变化。排出的胎膜要及时从产房清理干净，防止母牛吞食自己的胎膜。

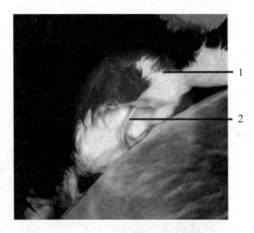

图 1-71　压在骨盆下的脐带
1. 犊牛　2. 脐带

三、产后护理

(一)新生犊牛的护理

1. 擦干羊水，注意保温

新生犊牛的口腔、鼻腔周围通常都存留一定的羊水或黏液，为了使犊牛呼吸通畅，助产人员应及时用洁净的毛巾将黏液擦干；或者让母牛舔干犊牛身上的羊水；新生犊牛体温调节中枢未发育完全，皮肤调节温度的机能又很差，而外界温度又比母体低很多，特别在冬季和早春较寒冷的季节里，若不注意保温，很容易将犊牛冻死，所以在分娩的前几天一定要注意保温。

2. 脐带处理

在犊牛脐带根部充分涂抹碘酊，然后用手捋住脐带在距基部 5 cm 的地方，将脐带撕断，或于该处结扎，在结扎下方 1～2 cm 处剪断，并在断端涂抹碘酊。

3. 吃初乳

一定让新生犊牛尽早吃到初乳。新生犊牛吸吮初乳的时间为产后 30～50 min。正常的吮乳次数为 3～6 次/d，吮乳间隔的时间随日龄的增大而减少。

4. 对于因某些原因而失乳的犊牛应进行人工哺乳或寄养，要做到定时、定量、定温。

(二)产后母牛的护理

1. 清洗与消毒

对产后母牛的乳房、外阴和臀部要使用来苏儿溶液或高锰酸钾液进行清洗和消毒，勤换洁净的垫草。

2. 防贼风

冬季和春季应防止产房有贼风侵袭。

3. 产后母牛的饲喂

产后 1～2 h 后，应以温开水加麸皮再加少量盐的麸皮汤喂食母牛。一般在 1～2 周后即可转为常规饲料。冬季不能喂冷水或冰水。

4. 防止感染

为了防止感染，根据情况，注射一定量的抗生素。

5. 役用母牛

应该在产后 15～20 d 内停止使疫。

6. 产后观察

仔细观察产后母牛的行为和状态，发现异常应及时采取措施进行处理。

任务二　难产的救助

一、检查

1. 检查产道

主要检查是否干燥、有无损伤、水肿或狭窄，子宫颈开张程度，硬产道有无畸形、肿瘤，并注意从阴门流出液体的颜色和气味。

2. 检查胎儿

了解胎儿进入产道的程度、正生或倒生以及姿势、胎位、胎向的变化，还要及时判断胎儿是否还活着。判断正生还是倒生的要领是：正生时，助产人员将手伸入胎儿口腔，或轻拉舌头或按压眼球或牵拉刺激前肢，注意犊牛有无生理反应，如用口吮吸手指、舌头收缩、眼球转动、前肢伸缩等，也可触诊颌下动脉或心区，有无搏动；倒生时，最好触到脐带并查明有无搏动，或将手指伸入肛门，或牵拉后肢，注意有无收缩或反应。如确定胎儿已经死亡，助产时可不用考虑胎儿的损伤。

二、救助方法

救助难产的方法很多，用于胎儿的手术有牵引术、矫正术和截胎术等。

1. 牵引术

利用外力将胎儿拉出母体产道的一种方法，是救助难产的一种常用的助产术。

（1）应用范围

胎位、胎向、胎势均正常的情况下，产道松弛开张，但因母牛产力不足而无法自行将胎儿排出时，或由于胎儿相应过大而造成产出困难时。

（2）具体操作方法

①正生时，在胎儿的两前肢球节上拴上助产链，由助手拉绳子，助产人员拇指伸入胎儿下颌，先拉一只腿再拉另一只腿，交替进行拉出，或拉成斜的之后，再同时拉两腿，这样可有效的缩小肩宽而使胎儿更容易通过骨盆腔。当胎儿头部通过阴门时，拉的方向应该略向下方，并由一人用双手保护好母牛阴唇的上部和两侧壁，以免造成损伤。另一人用手将阴唇从胎儿头部前面向后推挤，帮助胎儿通过。

②倒生时，也可在两后肢球节上拴上助产链，交替拉出两后腿，以便两髋可以稍斜着通过骨盆。如果胎儿臀部通过母牛骨盆入口受到侧壁的阻碍时，扭转胎儿的后腿，使其臀部成为侧位，以便胎儿产出。

（3）注意事项

牵引术必须在母牛生殖道完全张开的情况下应用，胎位、胎向、胎势均正常或已矫正为正常的情况下实施；拉出时，应配合母牛，并沿着骨盆轴大方向缓慢牵引，严禁粗暴强行直接拉出，以免引起胎儿、产道的损伤；施行牵引时，须向产道内灌注大量的润滑剂。

2. 矫正术

矫正是通过助产人员推、拉、翻转、矫正或推拉胎儿四肢的方法，将异常的胎位、胎向、胎势矫正为正常状态的方法。

（1）应用范围

临产胎儿的胎向、胎位、胎势等异常而引起的难产救助。

（2）具体操作方法

①胎儿姿势异常的矫正：a. 胎儿头部不正，可将胎儿推回腹腔，腾出空间，予以矫正后待其产出（见图1-72）。助产人员将绳套套在胎儿下颌骨并收紧，然后用拇指和中指掐住两眼眶或抉嘴部向对侧压迫胎儿头部，使颈侧弯矫正，助手拉绳即可将胎儿头部拉正（见图1-73）。头颈下弯时，助产人员用手抉下颌部，以拇指按压鼻梁，将头部边向上抬，边向前推压，即可拉正胎儿头部（见图1-74）；b. 胎儿四肢弯曲：主要有正生时的前肢腕关节弯曲、肩关节弯曲以及倒生时的跗关节弯曲和髋关节弯曲。腕关节弯曲矫正时，将胎儿推回子宫，助产人员一

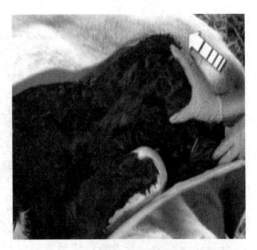

图1-72　将胎儿推回腹腔

边往上抬，趁势将手下滑抉蹄部，同时尽力向上抬且向外拉，即可将胎儿弯曲腕关节拉直（见图1-75）。肩关节弯曲时，将胎儿推回子宫的同时，用手抉腕部向上、向外拉，使其腕关节成屈曲状，然后按照腕关节屈曲整复的方法整复。跗关节弯曲和髋关节弯曲的矫正基本同前肢腕关节弯曲、肩关节弯曲矫正。

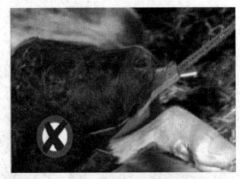

图1-73　助产绳绳套系法

图1-74　头部弯曲的矫正

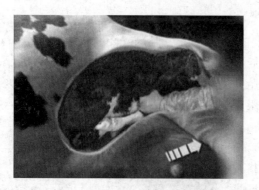

图 1-75　胎儿四肢弯曲的矫正

②胎儿位置异常的矫正：胎儿正常的位置为上位，即胎儿的背部朝向母体的背部，胎儿伏卧于子宫内。异常胎位主要有侧位和下位。矫正时（见图 1-76～图 1-77）先将胎儿从骨盆推回到腹腔内。如果是侧位，助产人员在产道内翻转胎儿，向后、向下牵引，即可矫正轻度的侧位。如果胎儿是正生下位时，在两前肢腕关节处拴上绳子由两助手交叉牵引，在牵引前先依胎儿所处下位的程度决定向哪一侧翻转，再将一侧前腿先往上拉，然后水平向左或向右拉；另一条腿则先拉到前一条腿的下方，然后斜向右或向左拉，术者的手臂在胎儿的鬐甲或在身体之下，以骨盆为支撑点，将胎儿抬高到接近耻骨前缘的高度，向左或向右斜着推胎儿，这样随着牵引即可矫正成上位或轻度侧位。倒生的翻转方法与之基本相同。

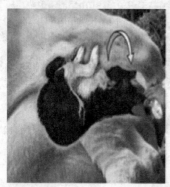

图 1-76　胎位不正的矫正

（3）注意事项

①矫正术必须在子宫内进行，在松弛的情况下较容易操作。为了抑制母牛努责，便于矫正，可肌内注射静松灵，使子宫松弛，以免子宫紧裹妨碍操作。

②矫正时向子宫内灌注大量的润滑剂，使胎儿润滑，以便进行转动，同时还能减少对产道的刺激。

3. 截胎术

为了缩小胎儿体积而肢解或除去胎儿躯体某个部分，便于取出胎儿的手术。一般对于出现以下情况施行截胎术，胎儿已死亡且过大。包括畸形怪胎，无法拉出；胎儿的胎势、胎向、胎位严重异常，无法矫正拉出。

（1）操作方法

①头颈部截除术。主要适用于头颈严重侧弯、下弯、后仰。截除时可用绕上法，即把线锯套在头颈部，锯管的前端抵于颈基部，最好位于肩关节与颈部之间，将颈部截断，然后用产科钩住断端先拉出头部，再拉出胎体。

②前肢腕截除术。截除时，将锯条绕过腕关节，锯管前端抵在腕部上，将线锯装好后从蹄尖套到腕部，锯管前端在其屈曲面上，锯断腕关节。

（2）注意事项

截胎术是重要的助产手术，胎儿反常都可用截胎术顺利解决。为了使手术获得良好的效果，应注意以下几点：

①如果矫正术遇到困难很大，而且胎儿已经死亡，就需及时考虑截胎，以免继续矫正刺激阴道水肿和子宫进一步缩小，妨碍以后的操作，并加重子宫及阴道的炎症。坚持矫正还会使术者消耗体力，不能完成比较复杂的截胎手术。

②截胎术应尽可能在母牛站立的情况下进行，以便操作。如母牛不能站立分娩，应尽可能使其后躯垫高而便于操作。

③操作时需随时防止损伤子宫及阴道，并注意严格消毒。

④截出胎儿时，靠近躯体部分的骨质断端应尽可能短一些，而且在拉出胎儿时，对骨骼断端需用其皮肤、大块纱布或手护住。

三、救助原则

1. 助产时，尽量避免产道感染和损伤，注意器械的消毒与使用。

2. 母牛横卧分娩时，尽量将胎儿的异常部分向上，便于操作。

3. 为了便于推回或拉出胎儿，尤其是产道干燥时，应向产道内灌注肥皂水或油类等润滑剂。

4. 矫正胎儿反常姿势时，应尽量将胎儿推回子宫内，否则产道容积有限不易操作，要掌握好推回的时机，应选择在阵缩的间歇期进行。前置部分最好栓上产科链。

5. 拉出胎儿时，应随着母牛的努责而用力，助产人员协调统一试探进行。另外在拉出胎儿时，要注意保护母牛的会阴，特别是初产母牛胎头通过阴门时，会阴容易发生撕裂。

四、深入企业，掌握最前沿的动物繁殖技术，推陈出新，强化企业科技创新主体地位

引入牛场难产母牛的救助操作流程（见表1-9）。

表1-9　牛场难产母牛的救助操作流程

难产时，产出期开始观察母牛的体质情况、母牛胎膜漏出至排出羊水这一段时间，主要有以下几个表现。	
如果前腿已经露出很长而不见唇部。	
唇部已经露出而看不见一或两腿。	发生以上任何一种难产表现，需及时找兽医处理，接产员协助。
只见尾巴，而不见一或两后腿。	
产道狭窄，犊牛特大。	
倒生（包括仰卧倒生）或仰卧顺产。	
母牛的产力不足（母牛患病）。	

操作训练

1. 结合现场为母牛接产。
2. 为产后母牛及犊牛做好护理工作。

●●●●● 相关知识

一、影响分娩的因素

1. 母体因素

(1)机械因素

由于胎膜的增长、胎儿的发育使子宫体积扩大，重量增加，特别是妊娠后期，胎儿的迅速发育、成熟，对子宫的压力超出其承受能力，就会引起子宫反射性的收缩，引起分娩。

(2)激素

①孕酮。血浆孕酮和雌激素浓度的变化是引起分娩发动的主要动因之一。妊娠母牛在分娩前孕酮含量明显下降。而雌激素的含量却明显升高。在妊娠期，孕酮一直处在一个较高且稳定的水平上，以维持子宫相对安静而稳定的状态。在分娩前，孕酮和雌激素的含量的比值迅速降低，从而导致子宫失去稳定性。

②雌激素。随着妊娠时间的增长，牛胎盘产生的雌激素逐渐增加，且迅速达到峰值，一般发生在分娩前 16~24 h。分娩前，高水平的雌激素还可克服孕激素对子宫肌的抑制作用，并提高子宫肌对催产素的敏感性，也有助于前列腺素的释放，从而触发分娩。雌激素可刺激子宫肌的生长和肌球蛋白的合成，特别是在分娩时对提高子宫肌的规律性收缩具有重要作用。

③前列腺素。对分娩发动起主要作用的是前列腺素，它具有溶解黄体和促进子宫肌收缩的作用。

④催产素。在分娩时催产素有着非常重要的作用。分娩时，孕激素和雌激素比值的降低，可促进催产素的释放；胎儿及胎囊对产道的压迫和刺激，也可以反射性地引起催产素的释放。

⑤松弛素。牛的松弛素主要来自黄体，它可使经雌激素致敏的骨盆韧带松弛、骨盆开张、子宫颈松软、弹性增加。

总之，在近分娩时，发育即将成熟的胎儿垂体前叶分泌的促肾上腺皮质激素(ACTH)浓度明显上升，刺激胎儿肾上腺，使分泌大量糖皮质类固醇，从而刺激胎儿胎盘，分泌大量雌激素。雌激素又刺激胎膜和子宫肌分泌大量前列腺素，同时刺激子宫催产素受体的发育。前列腺素促使黄体退化，并抑制胎盘分泌孕酮，还降低催产素释放的阈值。

在孕酮浓度下降时，雌激素刺激子宫平滑肌的收缩。同时由于胎膜和胎儿对子宫颈及阴道机械性的刺激，使母体垂体后叶急剧释放催产素。在催产素和前列腺素的共同作用下，子宫肌发生有节律性的强烈收缩，同时卵巢上的黄体分泌松弛素，最后将胎儿排出。

(3)神经系统

神经系统对分娩并不是完全必需的，但对分娩过程具有调节作用。如胎儿的前置部分对子宫颈及阴道产生刺激，通过神经传导使垂体后叶释放催产素。多数母牛在夜间分娩，可能是由于此时外界的光线及干扰减少，中枢神经容易接受从子宫传来的冲动信号。另外，由于应激、不安、惊恐，通过释放肾上腺素而降低子宫的收缩，结果使分娩推迟。

2. 胎儿因素

成熟胎儿的下丘脑—垂体—肾上腺轴，对分娩发动具有重要的、决定性作用。如果缺乏或异常则会阻止母牛分娩，从而导致妊娠期延长。

3. 免疫学因素

妊娠末期，胎儿发育成熟时，由于胎盘发生脂肪变性，使妊娠期的胎盘屏障遭到破坏，胎儿被母体免疫系统识别为"异物"，从而引起免疫学反应，即母体与胎儿间发生免疫排斥，母体将胎儿排出体外。

二、正常分娩的条件

分娩过程的完成取决于产力、产道和胎儿的姿势三个条件。如果这三个条件能够协调，分娩就能顺利完成，否则可能会发生难产。

1. 产力

将胎儿从子宫中排出体外的力量，称为产力。产力来自阵缩和努责两个方面的力量。阵缩是子宫肌的收缩；努责则是腹肌和膈肌的收缩。

（1）阵缩

在分娩时，由于催产素的作用，使子宫肌出现不随意的收缩，母体同时伴有痛觉。阵缩具有以下特点。

①节律性。这种节律性一般都是由子宫角尖端开始向子宫颈方向发展的，起初收缩的时间短，力量弱，两次收缩之间的间隔时间长，以后发展为收缩持续时间变长，力量增强，而间隔的时间会缩短。

②不可逆性。每次阵缩子宫肌纤维缩短1次，在阵缩间歇期中，子宫肌并不恢复到原有伸展状态。随着阵缩次数的增加，使子宫肌纤维持续变短，从而子宫壁变厚，子宫腔缩小。

③使子宫颈扩张。阵缩作用压迫胎膜及胎儿向阻力相对较小的宫颈方向移动，使已经处于松软的宫颈逐渐扩张。

④使胎儿活动增强。阵缩时，子宫肌纤维间的血管被挤压，血液循环暂时受阻，使胎儿体内血液中的 CO_2 浓度升高，从而刺激胎儿活动增强，并向子宫颈方向移动和伸展。当阵缩暂停时，血液循环恢复，继续供应胎儿氧气。如果没有间歇，胎儿就可能因缺氧而致死。因此间歇性阵缩具有重要的生理意义。

⑤子宫阔韧带收缩。阵缩时，子宫阔韧带的平滑肌也随之收缩，二者力量相结合，将胎儿向后方移动。

阵缩发生于分娩开口期，经过产出期至胎衣排出期结束，即贯穿于整个分娩过程。

（2）努责

当子宫颈口完全开张，胎儿通过子宫颈而进入阴道时，刺激骨盆神经，引起腹肌和膈肌的收缩，是随意性的收缩，而且是伴随阵缩同时进行的，迫使胎儿向后移动。努责比阵缩出现晚，停止早，主要出现在胎儿产出期。

2. 产道

产道是胎儿由子宫排出体外的必经通道，可分为产软道和硬产道两部分。

（1）软产道

软产道包括子宫颈、阴道、前庭及阴门。妊娠末期到临产前，在松弛素和雌激素的作用下，软产道各部变成松软。分娩时，阵缩将胎儿向后方挤压，子宫颈、阴道、前庭及阴门也随之都被撑开扩大。初产的母牛分娩时，软产道往往扩张不充分，而影响分娩过程。

（2）硬产道

硬产道就是骨盆。由荐骨、前三个尾椎、髋骨（耻骨、荐骨和髂骨）及荐坐韧带所构成。骨盆可分为四个部分。

①骨盆入口。即骨盆的腹腔面，由上方荐骨基部、两侧的髂骨、下方由耻骨前缘围成。骨盆入口斜向下方，髂骨和骨盆底所构成的角度称为入口的倾斜度。骨盆入口的形状大小和倾斜度对分娩时胎儿通过的难易有很大关系。

②骨盆出口。即骨盆腔向臀部的开口。上方为第1~3尾椎，两侧荐坐韧带后缘，下方坐骨弓所围成。

③骨盆腔。界于骨盆入口和出口之间的空腔。

④骨盆轴。为通过骨盆腔中心的一条假设轴线，代表胎儿通过骨盆腔的路线。骨盆轴越短越直，胎儿通过越容易。牛骨盆的特点：骨盆入口呈竖椭圆形，倾斜度小，骨盆底下凹，荐骨突出于骨盆腔内，骨盆侧壁的坐骨上棘很高且斜向骨盆腔。因此，横径小、荐坐韧带窄、坐骨粗隆很大，妨碍胎儿通过。牛的骨盆轴是先向上再水平，然后又向上，形成一条曲折的弧线。因此，胎儿通过较为困难。

3. 胎儿的姿势

分娩时，胎儿和母体产道的相互关系，对胎儿的产出有很大的影响。此外，胎儿的大小和是否畸形也影响胎儿能否顺利产出。

（1）胎向

胎向是胎儿纵轴与母体纵轴的关系。

①纵向。胎儿的纵轴和母体的纵轴平行，胎儿头部朝向产道为正生，臀部朝向产道为倒生。

②竖向。胎儿的纵轴和母体纵轴呈上、下垂直，胎儿的背部或腹部朝向产道。

③横向。胎儿的纵轴和母体的纵轴呈水平垂直。

正常的胎向为纵向，竖向或横向都会造成难产。

（2）胎位

胎位是胎儿的背部和母体背部之间的关系。

①下位。胎儿的背部朝向母体下腹部，即胎儿仰卧在子宫内。

②上位。胎儿的背部朝向母体背部，伏卧在子宫内。

③侧位。胎儿的背部朝向母体的侧壁，可分为右侧位和左侧位。

正常分娩的胎位是上位或轻度的侧位，其他胎位都属于异常胎位，会造成难产。

（3）胎势

胎势是胎儿自体各部分之间的相互关系。

正常的胎势应为两前肢伸直，头颈俯于前肢上，呈上位姿势进入产道。如倒生时，两后肢伸直进入产道。如果胎儿颈部弯曲，四肢屈曲，则扩大了胎儿产出时的横径，会造成难产。

（4）前置

分娩时胎儿身体最先进入产道的部分称为前置。如果正生时，前躯前置，倒生时后躯前置。常用前置说明胎儿的反常情况，如前腿的腕部是屈曲的，腕部朝向产道，叫腕部前置。

4. 胎儿姿势的变化（见图 1-78）

（1）临产前胎儿在子宫内的姿势

妊娠期间，子宫随胎儿的发育而逐渐扩大，使胎儿与子宫形状相互适应。妊娠子宫呈一椭圆形囊状，胎儿在子宫内呈蜷缩姿势，头颈朝向腹部弯曲，四肢收拢屈曲于腹下，呈椭圆形。

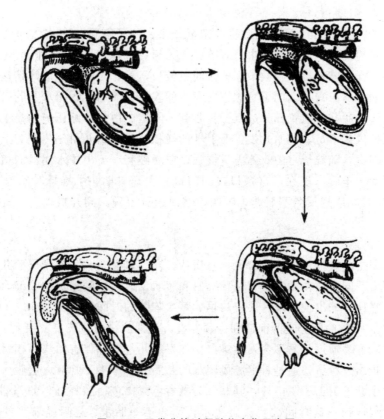

图 1-78　正常分娩过程胎位变化示意图

（2）分娩时胎儿与母体相互关系的变化

如果胎儿保持屈曲的侧卧或仰卧姿势，将不利于分娩。因此，阵缩时胎儿姿势要发生改变，即胎儿发生旋转，改变成背部向上的上位，头颈和四肢伸展，使整个身体呈细长姿势，有利于通过产道。

（3）胎儿身体各部分宽度与分娩的关系

胎儿在分娩时如呈伸展姿势，最不容易通过产道的是头、肩和臀部三个部位。

（4）分娩时胎儿姿势改变的原因

①子宫收缩使胎盘血液循环受阻，胎儿体内的 CO_2 增多，刺激了胎儿发生反射性的活动。

②子宫收缩压迫胎儿的机械性刺激，引起胎儿反射性活动。

③子宫斜行肌的收缩促使胎位转变。

④骨盆腔、髂骨呈斜面状态，促使通过此处的胎儿由下位或侧位转换为上位。

牛分娩时，胎儿多为纵向，头部前置可达 95%，牛产双胎时，通常一个正生，一个倒生。

三、正常分娩和助产

1. 分娩过程

分娩是一个有机联系的完整过程，从子宫和腹肌开始收缩到胎儿及附属物排出为止，通常分为子宫颈开口期、胎儿产出期和胎衣排出期三个阶段。

(1)子宫颈开口期

从子宫开始间歇性的收缩至子宫颈口完全开张，使子宫颈与阴道之间的界线消失为止，这一时期称为开口期。这时母牛只有阵缩而无努责，阵缩是指子宫间歇性的收缩。

在开口期，开始阵缩比较轻微，间歇时间也较长，随着时间的进展阵缩逐渐增强，间歇期变短。阵缩是从子宫角端向子宫颈方向发生的收缩，使胎儿、胎水及胎膜向子宫颈方向移动，并逐渐使胎儿的前置部分进入子宫颈管和阴道。由于阵缩压迫胎盘上的血管，胎儿出现暂时性的供氧不足，使胎儿发生反射性的挣扎。此时胎儿由侧位变为上位，头及肢体由屈曲变为伸直。随着子宫的收缩力量增强，尿囊破裂，流出尿水润滑产道，然后呈白色半透明水囊状的羊膜出现在子宫颈口或阴门口。在开口期，牛维持时间为 0.5～24 h，平均可达 6 h，最初表现反刍不规律，哞叫，继而起卧不安，到开口末期，有时胎膜囊已露出阴门外。

(2)胎儿产出期

胎儿排出期是分娩过程的第二阶段。是指从子宫颈口完全开张到排出胎儿为止。此阶段由阵缩和努责共同发挥作用，努责是指膈肌和腹肌反射性和随意性的收缩，是排出胎儿的主要力量，它比阵缩出现的晚，停止的早。每次阵缩的时间是 2～5 min，而间歇期为 1～3 s。正生时，正常的胎势是两前肢和头颈伸直，头部放在两前肢上。倒生时，两后肢伸直，这种姿势较容易通过骨盆不会发生难产。如果胎儿过大并伴有胎势不正常，则易引起难产。在胎儿排出过程中，通过骨盆腔最困难的是胎头。母牛分娩时，胎膜多数是尿膜绒毛膜先形成一个囊，突出于阴门外，其颜色为微黄色或褐色，随着母牛的阵缩和努责，囊状突起逐渐增大，到一定时间破裂流出尿水，称为第一胎水。之后随着牛的努责频率增大，将羊膜绒毛膜推向阴门口，由于不断努责，羊膜囊在阴门口的体积逐渐增大，在此过程中，犊牛的蹄子在羊膜囊内明显可见，努责一次囊状的突起就增大一点，犊牛蹄子显露的就更加明显一点，经多次努责，羊膜囊终于破裂，流出白色浑浊的羊水称其为第二胎水。这时牛的努责强度增大，胎儿随努责或人工助产被排出体外。

由于牛的胎盘是子叶型胎盘，胎儿产出时胎盘与母体子叶继续结合供氧，犊牛不会发生窒息。

(3)胎衣排出期

胎衣排出期是指从胎儿排出后到胎衣完全排出为止。胎儿排出后，母牛稍加安静，数分钟后，子宫恢复阵缩，但收缩频率和强度都比较弱；有时伴有轻微的努责将胎衣排出。牛的胎盘是子叶型胎盘，母子胎盘结合较紧密，组织结构是上皮绒毛膜与结缔组织绒毛膜混合型，牛的子叶呈半球状，子宫肌收缩时不容易影响腺窝，只有当母体胎盘组织张力减弱时，胎儿胎盘的绒毛膜才会脱离下来，所以胎衣排出时间较其他动物长。牛的胎衣排出时间为 2～8 h，长的可达 12 h。如果超过 8～12 h 还未排出，即为胎衣不下。

2. 助产

原则上，对能正常分娩的母牛无须助产。助产人员的主要职责是注意密切观察母牛的分娩情况，发现问题要及时给母牛必要的辅助和对犊牛的及时护理。

（1）当胎儿头部露出阴门外，而此时羊膜还没有破裂时，应立即撕破羊膜，使胎儿的口、鼻露出，防止胎儿发生窒息。

（2）遇到羊水流失，胎儿未排出时，可抓住胎儿头部和前肢，随母牛努责，沿骨盆轴的方向顺势拉出胎儿，拉出过程中，要注意保护阴门。

（3）胎儿产出后，要立即擦干口腔和鼻腔周围的黏液，防止将黏液等异物吸入肺内引起异物性肺炎。

（4）注意初生犊牛的断脐和对脐带的消毒，防止感染化脓。

四、难产

难产在生产中经常发生，引起难产的原因很多，需在日常做好相应的预防工作。防止难产的发生。

1. 难产的分类

（1）产力性难产

阵缩、努责均无力或者是阵缩、努责过强都易引起难产。

（2）产道性难产

如子宫扭转、阴道及子宫颈狭窄等都会造成产道狭窄不通畅引起难产。

（3）胎儿性难产

如胎儿过大、畸形，胎儿在子宫里的姿势异常，如头颈弯曲、前肢扭曲、倒生姿势不正等也易引起难产。

2. 难产的原因

（1）妊娠期间营养过剩，特别是妊娠后期，造成胎儿过大。

（2）精液来自个体过大的公牛。

（3）母牛配种过早。

（4）环境污染，造成胎儿畸形。

（5）缺乏足够的运动。

五、产后生理

分娩后，母牛生殖器官在解剖和生理上恢复到怀孕前状态的一段时间，称为产后期。

1. 子宫复旧

分娩后，子宫恢复到妊娠前的大小，称为子宫复旧。胎儿及胎膜排出后，子宫仍会发生阵缩，呈现较强的收缩和蠕动。2～3 h 后，子宫即明显收缩，到产后第 3～4 d，这种收缩逐渐减弱。由于子宫收缩，子宫壁肥厚，组织变得致密。产后 2 周，牛的子宫肉阜开始急剧萎缩，并发生脂肪变性。随后，子宫壁重又变薄。在子宫变小变薄的同时，子宫黏膜腺上皮增生，开始形成新的子宫黏膜上皮。由于犊牛的吮乳或挤奶，刺激子宫发生反射性的收缩，使子宫位置由腹腔向骨盆腔回缩。最后子宫颈收缩封闭，子宫恢复到接近怀孕前的状态，牛需要 40～50 d。空角几乎能恢复到原来的形状，而孕角侧子宫角及子宫颈的容积要比原来大些。子宫复旧时间的长短，与个体年龄、分娩季节等有一定的关系。

2. 恶露排出

产后期从生殖道中排泄出来的黏液为恶露。其中含有变性脱落的母体胎盘、黏膜组织、残留胎水、血液和子宫腺分泌物等。最初量多呈暗红色、浓稠而带有絮状物，随后变为黄褐色，最后呈稀薄的透明液，数量亦随之减少，到完全排尽为止。牛恶露排尽的时间为 10～12 d。如果恶露排尽时间过长，说明子宫有炎症。

3. 卵巢复原

由于母牛产后垂体分泌促性腺激素的量较少，卵巢呈相对静止状态，因此产后第一次发情出现较晚，且往往会出现安静发情。如果母牛产后哺育犊牛或增加挤奶次数，发情周期所需要的时间就会延长；若将母牛与犊牛分开，发情周期恢复所需要的时间就会缩短。

●●●●● 扩展知识

难产预防

1. 切忌让母牛过早配种，否则容易因骨盆狭窄而导致难产。

2. 妊娠期间，对母牛进行合理饲养，给予完善营养。因为胎儿生长发育所需的营养物质要依靠母体来提供，即母体除了要维持自身的营养需求外，还要供给胎儿生长发育所需要的营养。

3. 安排适当的使役和运动。适当的运动，可以提高母牛全身和子宫的紧张性，使分娩时胎儿活力和子宫收缩力增强。减少难产、胎衣不下和产后子宫复位不全等情况的发生。

4. 做好临产检查，对分娩正常与否作出早期、正确的判断。母牛检查时间是从开始努责到胎膜露出或排出胎水时进行。牛胎头侧弯发生率较高。产出期，这种反常的头部侧弯，稍加调整，即可拉直。

项目五　胚胎生物工程

【工作场景】

工作地点：实训基地，实训室。

动物：供体母牛、受体母牛。

仪器：超净工作台、恒温水浴锅、干燥箱、冷冻仪、液氮罐、体视显微镜、CO_2 培养箱。

材料：阔宫棒、二路式或三路式多孔冲胚管、钢芯、尼龙滤网的集卵杯、平皿、量桶、一次性塑料手套、输精枪、细管剪子、移液器、一次性输精外套、1/4 细管、20G 针头注射器、2%利多卡因、PBS 液、胎牛血清、精液、子宫颈黏液、去除器、FSH、LH、PMSG、HCG、氯前列烯醇、青霉素、双氢链霉素、75%酒精、蒸馏水、水温计、大方盘等。

【工作过程】

任务一 牛胚胎移植技术

一、牛非手术法胚胎移植的技术程序（见图 1-79）

胚胎移植的技术程序包括供、受体母牛的准备，供体母牛的超数排卵处理，供体母牛的发情鉴定与配种，胚胎采集、胚胎的检查与鉴定、胚胎与保存、胚胎移植以及移植后供体和受体的处理与观察等环节。

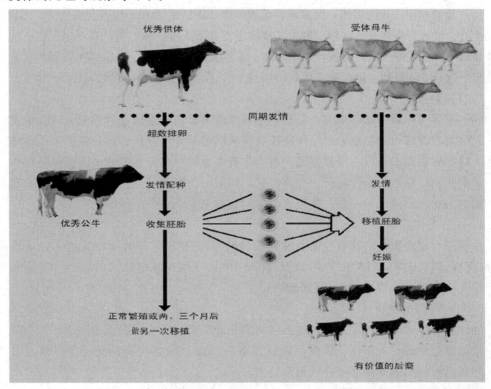

图 1-79 胚胎移植程序示意图

（一）供、受体母牛的准备

1. 供体母牛

供体应该选择良种母牛，具有较高的育种价值，旺盛的生殖机能，品质优良，谱系清楚，遗传性能稳定，对超数排卵反应良好。有良好的繁殖机能和健康状态，体况中上等，一般应有 2 个或 2 个以上正常的发情周期，无繁殖机能疾病和传染病。

2. 受体母牛

可选择非良种个体。要求体型较大，膘情适中，无疾病的健康母牛，并有正常发情周期，繁殖性能良好。一般应有 2 个或 2 个以上正常的发情周期，无繁殖机能疾病和传染病。

3. 供、受体的同期发情处理

受体母牛发情时间尽可能接近于供体母牛发情时间是最理想的。鲜胚移植时，必须对供、受体母牛发情进行同期化处理。目前用于同期发情的药物主要是前列腺素及其类似物，在注射 PGF_{2_a} 后 2h 配合注射 PMSG 或 FSH，可以显著提高同期发情效果。详细请参见项目一。

（二）供体母牛的超数排卵处理

对供体母牛进行超数排卵处理是胚胎移植技术程序中不可缺少的一个重要环节，在母牛发情周期的适当时期，利用外源促性腺激素对母牛进行处理，从而增进卵巢的生理活性，诱发许多卵泡同时发育成熟并排卵。详细内容请参见项目一。

（三）供体母牛的发情鉴定与配种

经过超数排卵处理的供体，大多数在超数排卵处理结束后 12～48 h 表现发情，发情后应确保适时、准确为供体母牛输精。母牛发情鉴定需要每天早、中、晚认真观察三次。为了得到较多的发育正常的胚胎，应该使用活力高、密度大的优质精液，且输精次数和每次输精的有效精子数至少要增加 1 倍，输精次数增加到 2～3 次，两次输精间隔时间为 8～10 h。

（四）胚胎采集

胚胎采集又称为冲卵、采胚，它是利用冲胚液将早期胚胎从母牛的子宫或输卵管中冲出，并收集在器皿中。牛常采用一种特殊装置从阴道插入子宫角直接冲洗的非手术法采集胚胎。这种方法简单易行，操作方便，对供体母牛及其生殖器官造成的伤害程度较小。

采集胚胎时应考虑配种时间、排卵时间、胚胎的位置和发育阶段等因素。只有这样才能顺利地完成胚胎的采集过程，且得到较高的胚胎采集率。

1. 冲胚液的准备

冲胚液有很多种，主要有杜氏磷酸盐缓冲液（D-PBSS），布林斯特氏液，合成输卵管液（SOF），惠屯氏液，HAMSF-10 以及 TCM-199，一般在其中都加上 1%～5%犊牛血清（FCS）或 0.3%～1%牛血清白蛋白（BSA）。

2. 冲胚器械的准备

冲胚时的主要器械有：二路式或三路式多孔冲胚管、子宫颈黏液去除器、阔宫棒、钢芯、带尼龙过滤网的集卵杯、体视显微镜及各种平皿、一些必备的药品等。值得注意的是，冲胚前所使用的器械都要进行无菌处理。

3. 供体母牛的检查与处理

供体牛在发情的第 5～6 d 通过直肠进行检查两侧卵巢上的黄体数，确定进行冲胚处理的母牛头数。母牛在冲胚前禁水、禁食 10～24 h，以减轻冲胚操作时腹压和瘤胃压力的影响。

将供体牛保定于保定架内，母牛在冲胚前 10 min，剪去荐椎和第一尾椎结合处或第一尾椎和第二尾椎结合处的被毛，用酒精消毒后注射 2%的利多卡因或普鲁卡因实施尾椎硬膜外麻醉。外阴部周围用温肥皂水清洗干净，再用 75%的酒精消毒，最后用消毒过的纸巾擦干。

4. 胚胎的收集

（1）胚胎收集的时间

冲胚时间要根据胚胎的发育阶段来确定。母牛采集胚胎的时间最好是在配种后的 6～8d 进行，即此时胚胎发育阶段是桑葚胚或早期囊胚。

（2）收集胚胎的方法

母牛常采用非手术法收集胚胎（见图 1-80）。

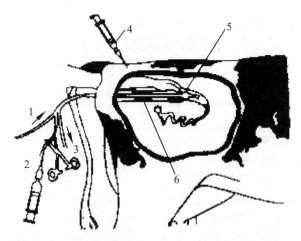

图 1-80　母牛的非手术法回收胚胎示意图

1. 冲卵液进液口　2. 注气口　3. 回收液出液口
4. 麻醉　5. 气囊　6. 子宫颈

母牛局部麻醉后将尾巴竖直绑于保定架上，清除直肠里的宿粪，用清水冲洗消毒外阴部，再用 0.1％的高锰酸钾溶液冲洗消毒并用灭菌的纸巾擦干，最后用 75％的酒精棉球消毒外阴部。采用直肠把握法非手术收集胚胎。通常用带钢芯的冲胚管插入一侧子宫角，通过充气孔充气 15～20 mL，使冲胚管前端的气囊膨胀借以固定冲胚管，以免冲卵液流入子宫体并沿子宫颈口流失，抽出钢芯。先注入 30～50 mL 的冲卵液，观察液体的回流情况，同时通过直肠轻轻按摩子宫角，这样反复多次直到用完 300～500 mL 冲卵液为止。冲卵液的导出应顺畅迅速，并尽可能将冲卵液全部收回。一侧子宫角冲完后将钢芯再插入冲胚管并放气，把冲胚管退回到子宫体，转向插入另一侧子宫角，重复以上的操作。

对于青年母牛或子宫颈通过困难的供体牛，在插管前可先用扩张棒扩开子宫颈，然后再插入冲胚管。另外，为了减少冲胚管将黏液带入子宫，可用子宫颈黏液去除器先把子宫颈黏液吸出，同时也起到疏通子宫颈的目的。冲胚后，为防止未冲出的胚胎造成不必要的妊娠，向子宫内灌注前列腺素。

（五）胚胎的检查与鉴定

主要是从回收液中将胚胎检出，并进行必要的净化处理，再对检出的胚胎通过形态学进行质量鉴定。然后对检出的胚胎进行质量鉴定。

1. 胚胎的检查

首先利用短期培养液 D-PBSS 液＋10％胎牛血清＋抗生素，准备多个平皿进行编号，同时向平皿内滴入 4～6 滴的短期培养液。用装有 20G 针头的注射器吸 20 mL 的冲卵液冲洗集卵杯的尼龙网，静止后吸去上层的泡沫，静置 10 min 即可。然后将装有回收液的平皿放在体视显微镜下进行检卵，将找到的胚胎放入装有短期培养液的平皿中，最后进行卵净化和质量鉴定。

净化处理是将检出的胚胎依次放入备好的培养液平皿中，逐步清洗，清除胚胎周围的黏液。

2. 胚胎的鉴定

鉴定胚胎的质量方法有形态学、体外培养、荧光法、测定代谢活性和胚胎的细胞计数等。形态学法是利用体视显微镜，通过观察胚胎形态、卵裂球大小与均匀度、色泽、细胞密度与透明带间隙以及细胞变性等情况，将胚胎进行质量等级划分。根据胚胎的形态特征将胚胎分为 A(优)、B(良)、C(中)、D(劣)四个等级。具体标准见表 1-10。

表 1-10　胚胎分级标准

级别	标　准
A 级	标准胚胎发育阶段与雌性动物发情时间相吻合；形态完整、外形匀称；卵裂球轮廓清晰，大小均匀，无水泡样卵裂球；结构紧凑，细胞密度大；色调和透明度适中，没有或只有少量游离的变性细胞，且变性细胞的比例不超过 10%
B 级	胚胎发育阶段与雌性动物发情时间基本吻合；形态完整，轮廓清晰；细胞结合略显松散，密度较大；色调和透明度适中；胚胎边缘突出少量变性细胞或水泡样细胞，且变性细胞比例为 10%~20%
C 级	发育阶段比下沉迟缓 1~2 d；轮廓不清楚，卵裂球大小不均匀；色泽太明或太暗，细胞密度小；游离细胞的比例可达 20%~50%，细胞联结松散；变性细胞的比例为 30%~40%
D 级	未受精卵或发育迟缓 2 d 以上，细胞团破碎，变性细胞比例超过 50%；死亡退化的胚胎

发育至不同阶段牛胚胎及形态异常胚胎(见图 1-81、图 1-82)。

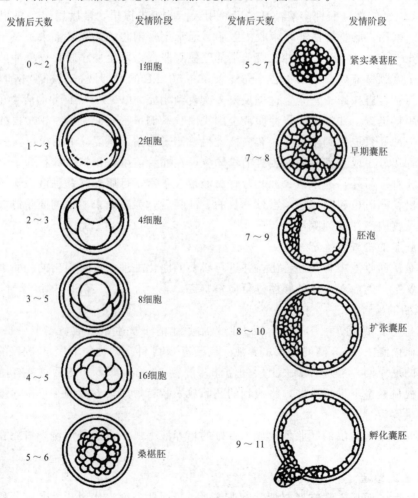

图 1-81　发育至不同阶段牛正常胚胎示意图

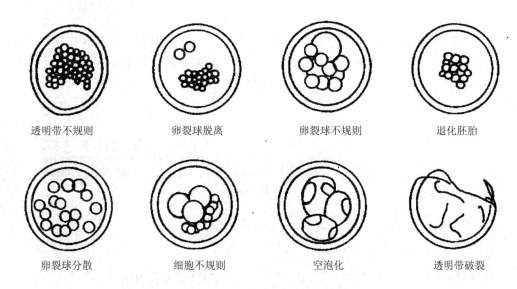

| 透明带不规则 | 卵裂球脱离 | 卵裂球不规则 | 退化胚胎 |

| 卵裂球分散 | 细胞不规则 | 空泡化 | 透明带破裂 |

图 1-82　牛异常胚胎示意图

（六）胚胎的保存

胚胎的保存包括常温保存、低温保存和超低温冷冻保存。

1. 常温保存

将胚胎置于 15～25℃的含犊牛血清的 D-PBSS 培养液中保存。可保存胚胎 24 h，随着时间的延长其活力也会下降，这种方法只能做短暂的保存和运输。

2. 低温保存

将胚胎置于 0～5℃的含犊牛血清的 D-PBSS 培养液中保存，此时，胚胎卵裂暂停，代谢速度显著减慢，但尚未停止。这种方法使细胞的某些成分特别是酶处于不稳定状态，保存时间较短。但低温保存操作简便，设备简单，适宜野外应用。

低温保存一般以 5～10℃较好，牛的胚胎适宜保存的温度为 0～6℃。用于胚胎低温保存的保存液种类很多，近年来，各种动物胚胎的低温保存广泛采用 Whittingham（1971）制的修正磷酸缓冲液（mPBS）。

3. 超低温保存

胚胎冷冻就是将胚胎置于超低温环境中（－196℃）保存，其新陈代谢及发育暂时完全停止，但仍具有活力，一旦解冻、移植即可产生后代。

胚胎冷冻的方法有很多，主要有缓慢降温法、快速冷冻法和玻璃化冷冻法三种。

（1）缓慢降温法

它的优点是解冻后胚胎存活率较高，适合在大规模胚胎生产中应用，但操作程序比较复杂，需要冷冻设备，且冷冻和解冻过程耗时太长。

（2）快速冷冻法

快速冷冻法需使用专门的冷冻仪，胚胎解冻后存活率及移植成功率较高。

①胚胎采集和洗涤。用手术法或非手术法采集胚胎后，选择形态正常的桑椹胚或囊胚在含 20％犊牛血清的 PBS 中洗涤两次。

②加入冷冻液。洗涤过的胚胎在室温条件下加入含 1.4M（或占容量的 10％）甘油的冷

冻液中平衡 20 min。

③装管和标记(见图 1-83)。将胚胎和冷冻液装入 0.25 mL 细管中,装管的顺序是:一段保存液,空气;一段保存液与胚胎,空气;最后一段保存液。每支细管可装 1 枚以上胚胎。装入细管后,用标签管插入封口。并在细管上标记供体号、胚胎数量、等级、冷冻日期等。

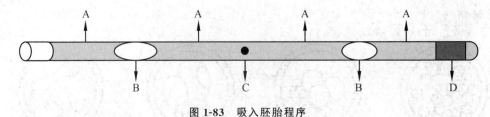

图 1-83 吸入胚胎程序
A. 保存液 B. 空气 C. 胚胎 D. 棉塞

④冷冻和诱发冰晶(植冰)。将装入细管中的胚胎放入冷冻仪中,在 0℃平衡 10 min,以 1 ℃/min 的速度降至 $-7 \sim -6$℃,在此温度下诱发冰晶的形成,并平衡 10 min。然后以 0.3 ℃/min 的速度降温至 $-38 \sim -35$℃,投入液氮中保存。

⑤解冻和脱除保护剂。从液氮中取出装胚胎的细管,立即投入 37℃的温水中,并轻轻摆动,1 min 后取出即完成解冻过程。然后用 0.2~0.5M 蔗糖 D-PBS 液分两步或一步法脱除冷冻保护剂使胚胎复水,最后移入 D-PBSS 培养液中准备移植。

(3)玻璃化冷冻法

它是将胚胎放入高浓度抗冻剂的冷冻保存液中,通过快速降温使胚胎内外溶液形成玻璃化状态,从而阻止胚胎内冰晶形成时造成的物理和化学操作。目前已研制出多种玻璃化溶液,不同的玻璃化溶液有不同的冷冻程序。这种方法的优点是操作简单,不需冷冻仪,适合胚胎的现场操作,也适合体外受精胚胎,缺点是每一步操作环节控制必须严格,否则冷冻效果的差异很大。

①胚胎一步法玻璃化冷冻保存。是利用乙二醇为主体的抗冻保护剂,添加高分子聚蔗糖和渗透压较高的蔗糖,配制成约 7.5 mol/L 浓度的玻璃化溶液(EFS40),在室温 20℃的条件下,可将胚胎直接装入含有玻璃化溶液的塑料细管中,经 2 min 平衡后投入液氮。玻璃化冷冻是否成功与处理的温度、时间、玻璃化溶液、动物品种以及胚胎发育阶段有很大的关系。

②胚胎二步法玻璃化冷冻保存。分别采用乙二醇或丙三醇和 DMSO 为主体抗冻保护剂,配制成 EFS、GFS、EDT 玻璃化溶液,在室温 20~25℃的条件下,先将胚胎在 10%乙二醇或丙三醇或 10%乙二醇+DMSO 溶液中预处理 5 min,然后再移入含有上述玻璃化溶液的细管中,平衡 30 s 后将细管封口,投入液氮中进行冷冻保存。二步法冷冻处理的优点在于,既能使抗冻保护剂向细胞内部充分渗透、又能避免高浓度玻璃化溶液的化学毒性的操作,同时又能很好地形成玻璃化状态,提高囊胚冷冻、解冻后的胚胎存活率。

3. 胚胎的解冻

解冻时要控制胚胎再次脱水。原则上,细胞快速冷冻必须快速解冻,慢速冷冻必须慢速解冻。防止再形成小冰晶对胚胎的伤害。

解冻时需注意,从液氮中垂直取出细管,不要摇动,在空气中停留 10 s,然后放入

35～37℃的温水中至完全溶化。拔掉封口塞或剪去封口端后，直接将细管装入胚胎移植枪，在 10 min 内给受体牛移植。

（七）胚胎移植

1. 器械准备

目前多采用不锈钢或塑料套管移植器，一般由无菌软外套、移植管及内芯组成，使用前需进行高压灭菌消毒处理。另外还有剪毛剪子、碘酒棉球、75％的酒精棉球、2％的利多卡因、注射器、无菌纸巾等。

2. 受体牛的筛选与黄体的确定

用鲜胚移植时，供、受体必须进行同期发情处理；用于冻胚移植时，选择与供体同期发情或冻胚胚龄一致的受体（前后相差不超过±1 d）作为待移植后备母牛。首先对受体牛进行直肠检查，主要检查子宫和卵巢的发育情况，开始检查时子宫紧张性小，随着检查的深入，紧张性会逐步增加。然后再检查两侧卵巢上黄体的发育情况，同时应注意卵巢的结构、黄体的位置和大小，只有黄体发育良好者才能成为待移植母牛，并做好详细记录，并在牛臀部标记黄体位于左右哪一侧。对于黄体发育不良的母牛最好不用做受体，以免影响受胎率。

3. 受体牛的保定与消毒

将待移植受体母牛站立保定于保定架内。尾巴由助手向前拉住，剪毛、消毒后，在第一、第二尾椎间注射 2％的利多卡因进行硬膜外麻醉，清除宿粪，用高锰酸钾液冲洗外阴部，再用纸巾擦干后用酒精棉球消毒。

4. 移植

移植前用利多卡因 2～5 mL 对受体母牛进行硬膜外鞘麻醉，同时通过直肠检查确定排卵侧黄体的发育情况，黄体的基部直径应大于 1.5 cm。然后把装有胚胎的细管从前端装入预温的移植枪杆内，再套上无菌的移植枪外套，并用环固定住，以确保细管的前端固定在外套的金属端，金属内芯轻轻插入细管的棉栓端内。最后在移植枪尖涂上消毒润滑剂。

术者用手扒开受体牛的阴唇，使阴户最大限度张开。把移植器插入阴道，至子宫颈外口，另一只手伸入直肠把握子宫颈，此时，术者用移植管顶开无菌软外套，双手协同配合将移植管小心送入子宫颈，同时缓慢地将移植管推进到与黄体同侧的子宫角大弯或大弯深处，在移卵管前留有一定的空间，并用在直肠的手托起子宫角内的移卵管，使其处于子宫角部，缓慢推入钢芯，然后轻轻抽出移卵管。移植时动作要迅速准确，避免对组织造成损伤，特别不要擦伤子宫黏膜（见图 1-84）。

图 1-84　牛胚胎子宫角移植

（八）移植后供体和受体的处理与观察

供体采集胚胎以后，为了将供体卵巢上的黄体溶解，要求在周期第 9 d 左右肌内注射氯前列烯醇，促进供体生殖官的恢复。观察其健康状况及是否发情，供体可在下一次发情时正常配种，或经过两三个月再重复做供体。移植后的受体也要注意观察其健康状况，如果受体移植后发情则说明未受胎，移植失败，应及时查找失败的原因；如果未发情则需进一步观察，在 60 d 后通过直肠检查进行妊娠诊断。如确已妊娠，则需对受体牛加强饲养管理，做好防流保胎工作。

> **操作训练**
>
> 1. 制定胚胎移植方案。
> 2. 供、受体母牛的准备。
> 3. 胚胎装入细管的程序。

●●●●● 相关知识

一、胚胎移植的概念

胚胎移植（ET）也称受精卵移植，俗称"借腹怀胎"。是将一头良种雌性动物的早期胚胎取出，移植到另一头或数头同种的、生理状况相同或相似的雌性动物生殖道的适当部位，使之继续发育成新个体的生物技术。其中，提供胚胎的雌性动物称为供体，接受胚胎的雌性动物称为受体。实际上胚胎移植是产生胚胎的供体和孕育胚胎的受体分工合作共同繁衍后代的过程。那么胚胎移植所产生的后代，供体决定其遗传特性，受体则影响其体质发育。

二、发展简况

1890 年剑桥大学 Walter Heape 从一只纯种安哥拉母兔取出 2 个 4 细胞胚胎，移植到一只纯种比利时母兔输卵管上端（用同种公兔交配后 3 h），结果生出了 4 只纯种比利时仔兔和 2 只纯种安哥拉仔兔。

这一结果说明早期发育的胚胎由供体的输卵管（子宫角）内更换发育场所到受体的输卵管（或子宫角）内，如果胚胎的发育阶段和所处的环境条件相适应，它完全可以继续正常发育，并成长为一个新个体。

家畜胚胎移植始于 20 世纪 30 年代。1934 年首先在绵羊上获得成功，随后又相继在山羊、猪、牛、马上取得成功。60 年代，世界各国在家畜胚胎的回收、保存、移植等技术环节上进行了大量的试验研究，取得了很大进展。70 年代后，胚胎移植技术开始步入实际应用阶段，其重要意义才开始为人们所认识和接受，以牛的胚胎移植技术发展尤为迅速。目前，美国、法国、德国、澳大利亚、加拿大、日本等国都已建立了牛胚胎移植的商业机构。

我国家畜胚胎移植的研究始于 20 世纪 70 年代，先后在绵羊、牛、马、山羊等家畜上获得成功，90 年代开始逐步在牛生产中推广应用。

三、胚胎移植的意义

1. 充分发挥优良雌性动物的繁殖潜力

利用胚胎移植技术可将优良雌性动物的早期胚胎移植到受体雌性动物的子宫（或输卵管）内完成胎儿的整个发育过程。从而使优良的供体雌性动物省去很长的妊娠期，从而大大地缩短了繁殖周期。更重要的是对供体雌性动物实施超数排卵处理，我们可以一次获得十多枚甚至数十枚优良胚胎。通过胚胎移植其繁殖力可提高几十倍甚至几百倍。以奶牛为例，在自然繁殖状态下，一头母牛平均每年只能获得一头犊牛。而通过胚胎移植技术，供体母牛每隔 3 个月就可进行一次超排处理，每次获得可用胚胎 4～5 枚，一头良种母牛每年能生产可用胚胎 25～30 枚，移植到受体内能获得 12～15 头犊牛。

2. 代替种畜的引进

种畜引进不仅价格高、运输不便、检疫和隔离程序复杂。胚胎移植与胚胎冷冻技术相结合后，冷冻胚胎可代替良种的引进，即降低了成本，又解决了检疫和隔离这些复杂的程序。而且后代对引种地生态环境适应性和抗病力得到提高。

3. 提高生产效率

在肉牛生产中，我们可以向已配种的雌性动物（排卵对侧的子宫角）移植一枚胚胎。或者将两枚胚胎移植给发情但未配种的雌性动物。从而诱发单胎动物产双胎。

4. 克服不孕

有些优良雌性动物容易发生习惯性流产或难产，或者由于其他原因不能承担妊娠过程的。也可以采用胚胎移植技术，将处于早期发育的胚胎取出，移植给其他雌性动物，使良种雌性动物仍然能够正常繁殖后代。

5. 利于防疫

在养猪业中，为了培育无特异病原体（SPF）猪群，向封闭猪群引进新个体时，为了控制疫病，常采取胚胎移植技术代替剖腹取仔的方法。

6. 保存品种资源

胚胎的冷冻保存，可以避免活畜保种因疾病、自然灾害而灭绝的风险。且费用远低于活畜的保存，并且它与冷冻精液可共同构成动物优良性状的基因库。

7. 提供研究手段

胚胎移植是研究受精作用、胚胎学和遗传学等基础理论问题的一种有效手段，也是其他胚胎工程技术实施的必不可少的环节。

四、胚胎移植的生理学基础

1. 雌性动物发情后生殖器官的孕向发育

雌性动物发情后，无论是否配种或者配种后是否受精，生殖器官都会发生一系列的变化，如卵巢上出现黄体，孕酮的分泌，子宫内膜组织的增生和腺体发育以及分泌机能的增强，子宫颈被黏稠分泌物封闭等，这些变化都为早期胚胎附植、发育创造了良好的条件。在正常情况下，发情、配种、受精和妊娠都是连续的、不间断的、有规律性的自然生殖现象。在生理机能上，妊娠与未孕并无区别，这就为胚胎的成功移植及在受体内正常发育提供了理论依据。在妊娠识别发生之前，同种动物胚胎只要其发育阶段与受体的生理状态相适应，移植到受体后的胚胎就可以继续发育成新个体。

2. 早期胚胎的游离状态

早期胚胎的发育是处于一种游离状态，这是胚胎移植技术能够实施的另一个重要的生理学依据。此时的胚胎尚未与母体建立实质性的联系，使其脱离活体而被取出成为可能，其发育所需的营养主要靠自身储存的养分。这样，将胚胎从母体内取出，在短时间内胚胎不至于死亡，将胚胎置入与母体相类似的环境中时，胚胎可以进一步发育成新个体。

3. 胚胎移植基本不存在免疫问题

受体雌性动物的子宫或输卵管对于具有外来抗原物质的胚胎、胎膜组织，在同一物种之间，一般不发生排斥反应。还与子宫内膜建立紧密的组织联系，从而保证了胎儿的正常发育。

4. 胚胎遗传物质的稳定性

胚胎移植后代的遗传性状来源于供体雌性动物以及与其配种的雄性动物，胚胎遗传信息在受精时就已确定，受体雌性动物对胚胎并不产生遗传上的影响，不会改变新生个体的遗传特性，更不会减弱其优良性状在出生后的表现程度。

五、胚胎移植的基本原则

1. 胚胎前后所处环境的同一性

胚胎前后所处环境的同一性指胚胎的发育阶段与移植后的生活环境相适应。

(1) 供体与受体在分类学上的相同属性，即二者属于同一物种

一般来说，在分类学上亲缘关系较远的物种，由于胚胎的生物学特性、发育所需的环境、胚胎发育的速度与子宫环境的差异太大，胚胎与子宫间无法完成妊娠识别和胚胎附植。但多数哺乳动物的胚胎在异种雌性动物输卵管内能发育到妊娠识别阶段，如将牛的早期胚胎移植到兔的输卵管内，仅可存活数日。胚胎日龄的增加更降低了异种动物之间胚胎移植成功的可能性。

(2) 动物生理上的一致性

即受体雌性动物和供体雌性动物在发情时间上的同期性。一般相差不超过 24 h，否则胚胎移植的成功率会显著下降。

(3) 动物解剖部位的一致性

移植后的胚胎与移植前胚胎所处的空间环境的相似性。即从供体输卵管内采集的胚胎应移植到受体的输卵管内，从供体子宫内采集的胚胎应移植到受体的子宫内。

胚胎移植之所以要遵循上述同一性原则，是因为发育中的胚胎对于母体子宫环境的变化比较敏感，后者在卵巢类固醇激素的作用下，处于时刻变化的动态中。在一般情况下，受精和黄体的形成几乎是在排卵后相同时间开始的，受精后胚胎和子宫内膜的发育也是同步进行的。胚胎在生殖道内的位置随胚胎发育而移动，胚胎发育的各个阶段需要相应的特异性生理环境和生存条件。生殖道的不同部位(输卵管和子宫)具有不同的生理生化特点，与胚胎的发育需求相一致。了解了上述胚胎发育与母体生理变化的原理，就不难理解受体雌性动物与供体雌性动物生理状况的变化发生脱节或紊乱，这将意味着彼此之间的关系遭到破坏，其结果将会导致胚胎死亡或流产。

2. 胚胎发育的期限

从生理学角度讲，胚胎采集和移植的期限不能超过周期黄体的寿命，最迟要在周期黄体退化之前数日进行胚胎附植。通常胚胎采集多在发情配种后的 3～8 d 内进行，受体同时接受移植的胚胎。

3. 胚胎的质量

在胚胎移植的操作过程中，胚胎不应受到任何不良因素(物理、化学、微生物)的影响而危及生命力，移植的胚胎必须经过鉴定确认是发育正常的胚胎。

4. 供、受体的状况

供体的生产性能、经济价值均应高于受体；两者都应健康无病。值得强调的是胚胎移植只是把胚胎生存的空间位置发生了变化，而生理环境并没有改变。因此，将胚胎从供体

雌性动物的子宫或输卵管内移植到受体雌性动物的子宫或输卵管内，仍可以存活并正常发育直到分娩。

六、胚胎移植目前存在的主要问题

从理论上看，胚胎移植技术的应用可使雌性动物的繁殖力比自然状况下提高很多倍，但从目前的技术水平和所取得的成绩上分析，胚胎移植的效果比理论上的预期值低很多。比如每头供体牛一次超排处理获得 6～8 枚可用胚胎，移植后一般最后产犊的只有 2～5 头。胚胎移植目前存在的主要问题有以下几个方面。

1. 超数排卵结果无法预测

利用外源性促性腺激素刺激多排卵并不能每次都得到预期效果，不同的个体和年龄对超排处理的反应差异极大，排卵率很不稳定，有的个体超排处理后卵巢上虽然有大量卵泡发育，但无排卵发生。

2. 移植成功率有待提高

胚胎移植成功率受一系列因素的影响，如胚胎的来源与质量、术者的正确操作与熟练程度、受体与供体发情同期化的程度以及饲养管理水平等。此外，母牛生殖系统的健康状态也对胚胎的存活有很大的影响。目前，世界范围内胚胎移植技术的成功率大多在 50%～60%，国内的结果差异较大，成功率在 40%～60%。

3. 胚胎回收率较低

位于输卵管或子宫角内的胚胎并不能全部回收，且排卵数过多常常会降低胚胎的回收率，其原因可能是超排处理后的卵巢体积太大，排出的卵子未能进入输卵管而丢失。胚胎回收率在 50%～80%，一般来说，牛利用非手术法回收胚胎时，回收完全失败的情况发生率相对较高。

4. 供体的再利用

在胚胎移植技术过程中，技术员如果能正确、熟练地进行操作，胚胎移植除了推迟供体自然繁殖时间 2～3 个情期外，对今后供体自身的繁殖机能不会产生太大的影响。但由于供体均来自于经济价值很高的良种个体，一旦供体出现丧失繁殖能力的情况，将造成不可估量的经济损失。

5. 相关技术的配套措施

胚胎移植技术成本较高，与育种工作结合起来才能体现出更大的实用价值。在国外，普遍利用超数排卵与胚胎移植方案进行奶牛育种工作，但在国内两者结合出现明显脱节。此外，在奶牛胚胎移植中，一旦获得的是小公牛，除了将极个别非常优秀者留种以外，绝大多数因无经济价值而被淘汰，因此，急需与早期胚胎性别鉴定技术相配套。

6. 胚胎移植费用

胚胎移植费用相对较高，人力和时间消耗大，实施的条件严格，从而制约了胚胎移植的推广。

七、胚胎移植技术发展前景

牛胚胎移植技术由于回收胚胎相对较难，技术上还需要进一步完善。因此，其发展速度和规模受到了很大的制约。但是由于胚胎移植技术本身具有巨大的优越性，该技术近几年在畜牧生产中推广应用速度明显提高。而且牛具有经济价值高、单胎、繁殖周期长、常年发情的特点，所以采用胚胎移植技术生产优质奶牛、肉牛，正适合于当今国内奶牛、肉牛生产旺盛需求。相信随着胚胎移植技术的不断改进和完善，其更具广阔发展空间和持续发展前景。

另外，我国第一批胚胎移植专用车已经诞生。胚胎移植流动实验室具有固定实验室所能提供的一切功能，该车基于科学性、实用性及人性化的设计，流动性和稳定性的有机结合，为胚胎移植全流程提供应了相应的配置和设施。胚胎移植车的主要配置包括：水、电、燃气发电、外接电源、大容量蓄电池、冷暖空调、冰箱、空气交换设施、现代化卫浴设施以及胚胎冲洗、冷冻、移植所需的显微镜、冷冻仪、电子天平、磁力搅拌器、高压灭菌锅、干燥箱、培养箱、超纯制水仪、恒温水浴锅、超净工作台等仪器设施设备和可供三人休息的卧铺设施(见图 1-85)。

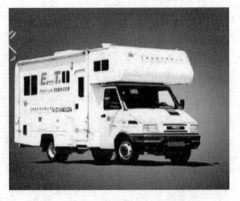

图 1-85　流动胚胎移植实验室

●●●●● 扩展知识

一、动物体外受精

(一)发展概况

在自然繁殖的状况下，哺乳动物的精子和卵子是在体内完成受精的。而体外授精是指哺乳动物的精子和卵子在体外人工控制的环境下完成受精过程的技术。英文简称 IVF。由于它与胚胎移植技术(ET)密不可分，又简称 IVF-ET。在生物学中，把体外受精胚胎移植到母体后获得的动物称试管动物。这项技术成功于 20 世纪 50 年代，近 20 年发展比较迅速，现已成为一项重要而常规的动物繁殖生物技术。

20 世纪 80 年代中期以后，IVF-ET 技术在药类医学上得到广泛应用，成为治疗不孕症的主要方法之一。与此同时，以牛为代表的动物 IVF 技术发展迅速，1986 年 Parrish 等利用肝素的介质处理牛的冷冻精液，然后与在体外经过成熟培养的卵母细胞进行体外受精获得成功。它是利用屠宰场废弃的卵巢和冷冻精液进行胚胎体外培养，这种方法具有成本比较低廉，效果稳定的特点。此后，牛的卵母细胞体外成熟和胚胎培养体系逐步趋于成熟，胚胎体外生产效率得到很大提高。现在世界上已有数十种动物的体外受精取得了成功，对胚胎的需求，尤其是牛胚胎的需求日益增加，从而推动了对牛体外受精及相关技术的研究。

(二)体外受精的技术过程

体外受精技术过程包括卵母细胞的采集、卵母细胞成熟培养、精子体外获能、体外授精、胚胎的体外培养和移植等一系列步骤。

1. 卵母细胞的采集

(1)离体采卵

从屠宰场采集卵巢，雌性动物屠宰后，立即无菌采集卵巢，一般将获得的卵巢置于 30～35℃的无菌生理盐水中保温，并迅速运回实验室等待处理，时间以不超过 4 h 为宜。在无菌条件下，用洗涤液冲洗卵巢 2～3 次，然后用抽吸法、切开法等将表面卵泡中卵子吸出，

放在离心管中静置 $10\sim15$ min，在体视显微镜下选出可培养的卵子，并置于培养液中。

（2）活体取卵母细胞

活体取卵母细胞是借助超声波探测仪或腹腔镜，经阴道穿刺卵巢，直接从活体动物的卵巢中吸取卵母细胞。牛常采用超声波探测仪辅助取卵，操作前需要将 B 超主机连接一个阴道穿刺探头。其方法是将一只手伸入直肠并把握卵巢，另一只手手持吸卵针，经阴道壁穿刺插入吸卵针，借助 B 型超声波图像引导，吸取有腔卵泡中的卵母细胞。按照目前的技术水平，一头健康母牛每周可采 2 次，可获得 $5\sim10$ 枚卵子。采用这项技术，优秀母牛可以与更多的种公牛交配组合，胚胎的遗传来源清楚，犊牛、青年牛、产后母牛等都可用于采集卵母细胞。在家畜中，活体采集的卵母细胞一般要经过成熟培养后才能与精子结合并受精。这种方法对扩繁优良雌性动物具有重大意义，在有些已用于商业化生产。

2. 卵母细胞成熟培养

从卵巢上采集的卵子尚未完全成熟，需进一步成熟培养。培养时，先将采集的卵母细胞在体视显微镜下经过挑选和洗涤后，然后放入成熟的培养液中培养。选择卵丘细胞完整、形态良好的卵母细胞进行成熟培养。培养条件是 $39℃$，5% 的 CO_2，卵母细胞在培养皿液滴内培养约 24 h，卵母细胞体外成熟常用的培养液是含有 Earle 氏盐成分的组织培养液 199（TCM-199），在培养液中添加颗粒细胞、促性腺激素、雌二醇、丙酮酸钠、犊牛血清等。可以刺激卵丘细胞间质中的透明质酸分解，诱导卵丘扩散，促进卵母细胞成熟，使精子易于穿过，有效地提高了培养效果。

3. 精子体外获能

哺乳动物精子的获能方法有培养和化学诱导两种方法。牛的精子常用化学药物诱导获能，诱导获能的药物常用肝素和钙离子载体。在体外受精研究中，牛的精子主要采用冷冻精液。获能处理时，精液在 $30\sim37℃$ 温水中解冻后，首先利用洗涤液经过数次离心洗涤，以除去精清成分、加入的稀释液成分、死精子以及冷冻保护剂，达到获得高浓度、活力强的精子。然后在获能液中诱导获能。洗涤液常用 TALP 或 BO 液。获能时在洗涤液中添加肝素和钙离子载体，肝素对精子有害影响小，可长时间处理，而钙离子载体对精子活力影响较大，处理时间要短。

4. 体外受精

受精前要对卵母细胞进行一些处理。卵母细胞经过成熟培养以后，卵母细胞的放射冠细胞及周围的卵丘细胞与卵母细胞连接仍然比较紧密，并没有马上脱去，而是在受精 48h 后才易剥去。为了提高精子穿透卵母细胞的速度，在受精前用吸管吹吸卵母细胞来剥去周围的部分卵丘细胞。更多学者则不主张受精前剥离卵丘细胞，而是在受精后 48h 左右才用异物针剥去周围的卵丘细胞，便于形成卵丘细胞贴壁，对早期胚胎发育或许有促进作用。无论是否剥离卵丘细胞，从成熟培养液中取出的卵母细胞都要用受精液洗涤 3 次。受精通常在石蜡油覆盖下的微滴中进行，首先将成熟卵母细胞移入受精液中，后加制备好的精液。受精培养时间因精子处理方法不同而异，在 TALP 中一般需要 $18\sim24$ h，精卵共同孵育不足 16 h 则降低受精率，而在 BO 液中仅需要 $6\sim8$h。受精时精子密度为 $(1\sim9)\times10^6/$mL，每 10 μL 精液中放入 $1\sim2$ 枚卵子，小滴体积一般为 $50\sim200$ μL。在 $5\%CO_2$ 气体中培养，以维持碳酸盐缓冲系统适宜的 pH，并模仿体内条件，每隔一定时间要检查受精情况，如出现精子穿入卵内，精子头部膨大，精子头部和尾部在卵细胞质内存在，第二极体排出，原核形成和正常卵裂等即可确定为受精。整个过程在 CO_2 培养箱中进行，直到受精结束。

5. 胚胎的体外培养

精子和卵子受精后，受精卵需移入发育培养液中继续培养以检查受精情况和受精卵的发育潜力，胚胎在培养过程中，要求每隔 $48\sim72$ h 更换一次培养液，同时观察胚胎的发育情况。牛受精卵一般是发育到致密桑葚胚或囊胚早期时，就可将胚胎移入受体母牛的生殖道内继续发育成熟或者进行冷冻保存。

体外受精与体外培养示意图如图 1-86 所示。

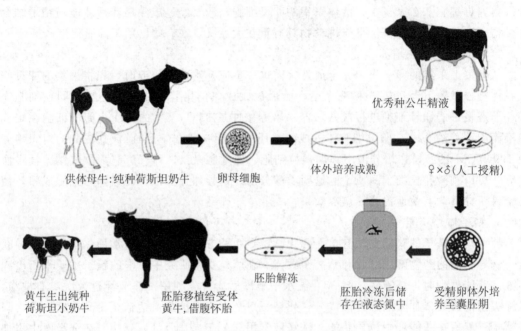

图 1-86　体外受精与体外培养示意图

二、性别控制

动物性别控制技术是通过对动物正常生殖过程进行人为干预，使雌性动物按照人们的愿望繁殖所需要的性别后代的一门生物技术。在畜牧生产中，通过控制后代的性别比例，充分发挥受性别限制的生产性状（如泌乳）和受性别影响的生产性状（如肉质）的最大经济效益；增加选种强度，加快育种进程；克服牛胚胎移植中出现的异性孪生不育现象，排除伴性有害基因的危害。目前控制性别的方法很多，按照控制途径分为以下两种。

（一）X、Y 精子的分离

哺乳动物的精子可分为两种类型，一种是携带 X 染色体的精子，另一种是携带 Y 染色体的精子。X 精子和 Y 精子在大小、比重、体积、带电荷数、密度、表面抗原等方面都略有一定的差异。据此人们设计了很多分离精子的方法，如沉降法、离心法、过滤法、电泳法、H-Y 抗原法等，以期达到控制后代性别的目的，但经过多次实验，均没有取得稳定可靠的结果。

目前分离精子最准确的方法是细胞流式分类器，它是根据两种精子头部 DNA 含量的不同，X 精子的 DNA 含量比 Y 精子的 DAN 含量高 $2.8\%\sim7.5\%$。根据此差异我们利用细胞流式分类器对 X、Y 精子进行分离。具体方法是：首先利用 DNA 特异性染料对精子进行活体染色，当精子通过仪器时被定位从而被激光束激发，因 X 精子含有较多的 DNA 而发出较强的荧光信号。同时 探测器将探测到的精子发光强弱不同的荧光信号传递到计算机上，计算机指令液滴充电器使发光强度高的液滴带正电，发光强度弱的带负电，当带电的精子进入电场后，借助于两块各自带正电或负电的偏斜板将 X、Y 精子向不同方向引导，从而使 X、Y 精子分别进入两个不同的收集管。正电荷收集管为 X 精子，负电荷收集管为 Y 精子。将分离后的精子进行人工授精或体外受精，从而达到控制后代性别的目的。然而，由于这种方法仍存在着分离速度较慢、分离后精子活力受到一定的影响以及用于分离精子的仪器价格比较昂贵等问题，使该技术在生产中推广应用受到很大影响。

（二）早期胚胎的性别鉴定

哺乳动物早期胚胎的性别鉴定技术现已成熟，鉴定的准确率也比较高。目前，运用细胞遗传学法、X 染色体连接酶活力测定法、H-Y 抗原法和分子生物学方法等对哺乳动物附植前的胚胎进行性别鉴定。

1. 细胞遗传学法

这种方法是通过分析部分胚胎细胞的染色体组成来判断胚胎性别，从而完成胚胎性别鉴定。其主要操作程序如下：先从胚胎中取出少量细胞，在含有秋水仙素的培养液中培养，由于秋水仙素的阻抑作用使细胞停留在有丝分裂的中期，再制备染色标本，经固定和姬姆萨染色后在显微镜下观察。确定其性染色体类型属 XX 还是 XY 型，这种方法鉴定胚胎性别的准确率几乎是 100%，但操作过程比较烦琐，而且对胚胎损伤大，要想得到高质量的中期染色体分裂像很难，因此不适宜在生产中推广应用。

2. X 染色体连接酶活力测定法

哺乳动物性染色体的类型有两种，一种是雌性为 XX，另一种是雄性为 XY。为了维持性别之间的基因平衡，在胚胎发育的早期，雌性动物每个细胞中的一条 X 染色体是失活的，尽管不知道这条 X 染色体失活的准确时间，但值得肯定的是失活前的这条染色体有一段时间也是具有活性的，并进行了转录，从而表现了在胚胎发育的早期，雌性胚胎 X 染色体连锁酶的活性是雄性的两倍。依据此事实，Williarns 和 Monk 等检测了小鼠胚胎发育到桑葚胚或囊胚期这个阶段时，X 染色体连锁酶的活性，即葡萄糖-6-磷酸脱氢酶的活性，来预测胚胎性别，移植后分娩结果表明雄性胚胎的准确率为 72%，雌性胚胎的准确率为 57%。该方法胚胎鉴定的准确率较低。

3. H-Y 抗原法

目前利用 H-Y 抗原进行胚胎性别鉴定的方法有两种，即细胞毒性分析法和间接免疫荧光法。

（1）细胞毒性分析法

将胚胎置于含有 H-Y 抗血清及补体的混合培养液中进行培养，有 H-Y 抗原的胚胎表现出一定的细胞溶解，则判为雄性胚胎。能够继续发育即 H-Y 阴性的胚胎移植后所生仔鼠有 86% 为雌性　因这种方法以损害雄性胚胎为前提，故很少采用。

（2）间接免疫荧光法

先将 8 细胞至囊胚期胚胎与 H-Y 抗体反应 30 min，然后再加入带荧光素标记的第二抗体，在荧光显微镜下检查胚胎是否呈现特异性荧光。H-Y 阳性，判定为雄性。H-Y 阴性，判定为雌性。这种方法的主要优点是不破坏胚胎，准确率比较高，牛雌性胚胎鉴定的准确率可达到89%。但该方法需要荧光显微镜和操作人员丰富的实践经验。

4. 分子生物学方法

分子生物学方法是利用雄性特异基因探针和PCR扩增技术对动物胚胎进行性别鉴定的方法。该方法对胚胎的损伤比较小，且准确率可达90%以上，现已开始得到广泛应用。

(1)DNA探针法

应用这一方法必须经过复杂的技术过程制备特异性的、经放射性同位素或生物素标记的Y染色体特异序列的DNA探针，用这一DNA探针与从胚胎细胞中提取出的少量DNA杂交，杂交结果呈阳性的说明有Y染色体，可判为雄性胚胎，否则为雌性胚胎。标记物采用放射性同位素标记的需要胚胎的数量多且费时；而采用生物素标记的所需设备简单，省时，但技术难度较大，可鉴别的胚胎数量较少。

(2)PCR扩增法

在建立动物Y染色体DNA文库及筛选得到特异的克隆并进行测序的基础上，首先设计并合成Y染色体特异DNA序列引物，然后利用PCR程序，以从待检胚胎中分割的胚细胞DNA为模板进行胚胎DNA的扩增。扩增后的DNA在琼脂糖凝胶上电泳，现经溴化乙锭染色后在紫外线下激发检测，如出现特异条带者为雄性胚胎，否则为雌性胚胎。随着PRY技术的不断发展，现在只需取出几个甚至单个卵裂球就可以进行PCR该方法具有扩增，鉴定出胚胎的性别，并且准确率可达到90%以上。该方法具有快速、灵敏、简便、准确度高、对胚胎损伤小等优点，已广泛应用于动物胚胎的性别鉴定。

三、胚胎分割

(一)概况

胚胎分割是采用机械方法用特制的玻璃针或显微刀片，通过对早期胚胎进行显微操作分割成2、4、8或更多等份，人工制造同卵双生或同卵多生的技术。其理论依据是早期胚胎的每个卵裂球都有独立发育成个体的全能性。在畜牧生产上，胚胎分割可用来扩大优良动物的数量；在实验生物学或医学中，运用同卵孪生后代作实验材料，可消除遗传差异，使实验结果的准确性提高。

20世纪30年代，Pinrus等首次证明兔2细胞胚的单个卵裂球在体内可发育成体积较小的胚泡。后来Tarkowski等人的实验胚胎学研究成果又进一步证明了哺乳动物2细胞胚的每一个卵裂球都有发育成正常胎儿的全能性。1968年，Mullar等将家兔的8细胞胚胎的二分胚胎移植给受体母兔后获得了仔兔。70年代以来，随着胚胎培养与移植技术的发展和完善，哺乳动物胚胎分割取得了突破性进展，1970年Mullen等通过利用二分2细胞期的鼠胚，并经过体外培养及移植等程序，获得了小鼠同卵双生后代。1979年，Willadsen等通过早期胚胎分割获得了绵羊同卵双生后代，1981年，他们又利用玻璃细管针将绵羊4细胞和8细胞胚分割成四分胚和八分胚，移植给受体后获得了同卵四羔和同卵三羔。国内张涌等通过分割小鼠、山羊的早期胚胎，均获得了同卵双生后代。窦忠英等将7日龄的牛胚胎一分为四，实现了同卵三生。迄今为止，国内已在小鼠、家兔、山羊、绵羊和牛等动物上获得了成功。值得注意的是，随着胚胎分割次数的增多，分割胚的发育能力将明显下降，这可能与胞质的不断减少有关。

（二）分割方法

胚胎分割的方法主要有显微操作仪分割和徒手分割两种。

1. 显微操作仪分割

在操作仪操纵下，左侧用吸管固定胚胎，右侧将切割针的切割部位放在胚胎的正上方，并垂直施加压力，当触到平皿底部时，稍加来回抽动，即可将胚胎的内细胞团从中央等分切开，也可只在透明带上做一个切口，切割并吸出半个胚胎。此法成功率较高，但仪器设备比较昂贵。

2. 徒手分割

首先用0.1%～0.2%链霉蛋白酶软化透明带，在实体显微镜下，用自制切割针直接将胚胎等分切割，为防止切割时胚胎流动，可将胚胎置于微滴中进行切割，分开及时加入液体。这种方法简单易行，但对技术要求较严格，需要熟练而灵巧的操作技能。

无论使用以上哪种方法，分割好的半胚应完全分离，是可以分别装入空透明带中，也可以不装入透明带直接移植。分割桑葚胚时没有方向性，而囊胚在分割时，则必须沿着等分内细胞团的方向分割胚胎。

目前胚胎分割已与胚胎冷冻保存技术结合在一起，分割成的半胚在冷冻解冻后经移植仍可发育成新个体，可用于性别鉴定或生产异龄同卵双生后代，在育种方面充分发挥了作用。毫无疑问，胚胎分割和胚胎冷冻技术可为实施胚胎移植提供大量的胚胎，从而促进了胚胎移植技术的推广应用。胚胎分割的主要用途（见图 1-87）

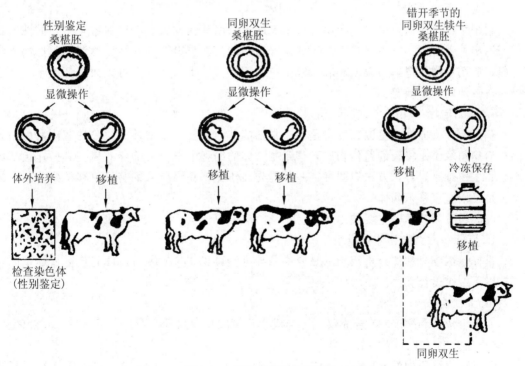

图 1-87 胚胎分割的主要用途

四、转基因

哺乳动物的转基因技术是基因工程与胚胎工程结合的一门新兴生物技术。它是通过一定方法把所需要的外源目的基因导入动物的受精卵，使外源基因与动物本身基因整合在一起，在动物发育过程中使之在转录及翻译的水平上得以表达，从而人为改变该物种的生物学特性，并能稳定地遗传给后代的技术。通常把这种在基因组中稳定地整合有人工的外源基因的动物称为转基因动物。

（一）转基因技术的研究意义

1. 改良动物生产性能

利用转基因技术，将所需的优良基因直接转入待改良动物的群体中，使其增加新的遗传品质，形成优良的转基因动物，从而改良动物生产性能。如把生长激素或促生长因子基因导入动物的基因组中，可加快动物的生长速度，提高饲料报酬。

2. 抗病育种

通过克隆特定病毒基因组中的某些编码片段，对其加以一定形成的修饰后转入动物基因组，如果转基因在宿主基因组中能得以表达，从而提高了动物对该种病毒的抵抗能力，或者说可以减轻该种病毒侵染动物时对机体带来的危害。

3. 利用转基因猪生产人类所需要的器官

转基因动物技术的发展可以将携带有人免疫系统基因的转基因猪作为供体，以提供人类所需的器官并进行移植，解决器官移植过程中供体相对不足的问题。猪在生理和体重上都与人类比较相似，其与人类的器官大小相仿，施行手术相对而言比较简单。而且猪具有易饲养、成熟快、来源广泛等优点，也不存在伦理和安全方面的问题。所以转基因猪是提供人类器官移植最有效、最快捷的来源。

4. 生产昂贵药物

利用生物反应器，可以生产出各种稀有的、采用其他方法不易得到的有生物活性的各种药用或营养蛋白。它主要是把药用或营养蛋白的基因与组织特异性表达调控元件耦联在一起，运用动物的造血系统或泌乳系统生产药用或营养蛋白，这样可大大降低成本，从而提高畜牧业的经济效益。

5. 基因治疗

基因治疗一方面从基因角度讲是用正常功能基因去替换或增补有缺陷的基因，另一方面从治疗角度讲是将新的遗传物质转移到某个体的细胞中来获得治疗效果。其操作包括体细胞和生殖细胞。导入方法有两种，一种是先在体外将基因导入细胞，再移植到病体；另一种是可以直接移入病体。

（二）转基因技术的主要技术环节

1. 目标基因克隆和体外重组

目标基因克隆和体外重组指的是要准备导入受体的 DNA 序列，目前获得目标基因主要有以下三个途径。

（1）人工合成

人工合成是利用 DNA 合成仪人工合成小片段碱基序列，一般要求不超过 100 个碱基。

（2）互补 DNA（cDNA）的克隆

通过提取组织中的 mRNA，用反转录酶合成 cDNA，建立 cDNA 文库，再克隆目标蛋白的 cDNA 文库。由于 cDNA 缺乏内含子，而影响基因导入后的表达效率。

（3）DNA 克隆

DNA 克隆是获得目标基因最常用的方法。首先建立动物的 DNA 文库，再通过基因克隆技术获得编码目标蛋白的基因。

目标基因被克隆后需要与表达载体相连接，形成一个独立表达的调控单元，再通过扩增和纯化，使 DNA 达到一定浓度就可导入受体。

2. 外源基因的导入

外源基因的导入主要有以下六种方法。

(1)显微注射法

显微注射法是借助显微操作仪，将装有目的基因的精细显微针插入受精卵的原核中，通过胚胎 DNA 在复制或修复过程中造成的缺口，把外源基因整合到胚胎基因组中。它是哺乳动物最常见的转基因方法，其优点是基因用量省，导入确实可靠，准确率较高。但是这种方法操作复杂，转基因效率低。世界上第一只转基因小鼠就是用这种方法获得的。

(2)逆转录病毒感染法

逆转录病毒感染法是将目的基因整合到逆转录病毒的原病毒基因组中，然后将该原病毒注入早期胚胎内，或是给动物的培养细胞接种病毒后与胚胎一起培养，使胚胎感染病毒，得到转基因动物。这是最早使用的动物转基因方法。Harvey(1990)用猫白血病病毒作为载体，成功地将外源基因导入羊的基因组中并得到表达。该方法已被广泛应用于基因表达机制、基因产物、细胞缺陷症和人类遗传病治疗等研究领域，具有整合的外源基因一般可自行复制，无须复杂的显微操作等优点，但整合成功率和基因表达率低，效果不稳定。

(3)胚胎干细胞介导法

胚胎干细胞是从早期胚胎的内细胞团(ICM)中分离出来的、能在体外培养的一种高度尚未分化的多能细胞。用电穿孔或磷酸钙沉淀法将外源基因导入 ES 细胞，或用逆转录病毒作为载体感染 ES 细胞，然后在体外培养增殖，经过筛选扩增以后将其植入正常发育的受体囊胚腔中，ES 细胞会很快地与受体内细胞团聚集在一起共同参与正常胚泡的发育，从而发生个体基因的转移。由此发育成熟的个体其染色体中可能整合了外源基因。经 ES 细胞介导法产生的转基因动物均属嵌合体。若在获得的转基因动物之间进行杂交，子代再进行配对杂交，就获得了纯合的转基因动物。

(4)精子载体法

将外源基因片段与获能精子一起孵育，然后用携带有目的基因的精子进行人工授精，通过受精过程把外源目的基因导入受精卵，从而获得转基因动物。此方法最大的优点在于不需要昂贵复杂的设备，操作简单，转基因效率高。缺点是效果不稳定。

(5)细胞核移植法

细胞核移植法是随着哺乳动物体细胞核移植技术的进展而建立的。首先利用外源 DNA 对培养的体细胞或胚胎干细胞进行传染，然后选择阳性细胞作核供体，借助于细胞核移植技术，即可获得转基因动物。是最理想的获取转基因动物的方法，因其与基因打靶技术的结合，实现了外源基因的定点整合，消除了随机整合外源基因活性的影响，有着广泛的应用前景。采用该方法获取转基因动物的效率可达 100%，从而降低了转基因动物的生产成本。但这种方法的广泛应用还需依赖体细胞克隆技术的发展。

(6)PGCs 方法

用原始生殖细胞(Primordial Germ Cells，PGCs)介导的转基因技术在原理和方法上与胚胎干细胞法相似，应用 PGCs 技术在制作转基因家禽方面有明显的优势。Naito 等应用方法制作了转基因鸡。

五、克隆

克隆(Clone)一词来源于希腊文 Klon。在生物学上指一个细胞或个体以无性繁殖的方式产生遗传物质完全相同的一群细胞或一群个体。动物克隆指的是不通过精子和卵子的受精过程而产生的遗传物质完全相同的新个体的一门胚胎生物技术。细胞核移植技术它是动物克隆的核心技术,是将供体细胞核移入去核的卵母细胞中,通过无性繁殖被激活、分裂并发育成为新个体,核供体的基因被完全复制。克隆技术根据核供体的来源不同分为两种,即胚细胞核移植和体细胞核移植。

胚细胞核移植是通过显微操作将早期胚胎细胞核移植到去核卵母细胞中,采用一定的方法激活,使核供体与核受体融合为重构胚的生物技术,又称胚胎克隆。其中提供细胞核的胚胎称核供体,接受细胞核的卵子称核受体。体细胞核移植技术是指把分化程度较高的体细胞移入去核的卵母细胞中,构建新合子的生物技术,又称体细胞克隆。它与胚细胞核移植技术相比,具有以下优点:一是可获得无限数量的同一遗传性状的供体核;二是通过对供体细胞的改造,加速动物品种改良或生产转基因动物。

1. 核移植的意义

(1)可无限扩增遗传性状优良的个体,从而加速动物品种改良和育种进程。

(2)大大提高转基因技术的效率。

(3)在核移植前对胚胎进行性别鉴定,可获得大量人们所期望的性别胚胎。

(4)可用于濒危动物品种的扩繁与保存。

2. 核移植技术的操作过程(见图 1-88)

哺乳动物的核移植技术包括以下六个步骤。

(1)供体核的分离

①胚细胞的准备。供体核来自早期胚胎。利用蛋白酶预处理胚胎,消化透明带,然后用钝头玻璃吸管反复吹吸胚胎,将胚胎分散成单个卵裂球。胚细胞因分化程度较低,易获得核移植后代。

②体细胞的准备。1997 年 Wilmut 等人将成年绵羊乳腺上皮细胞在无菌的实验环境下,增殖培养 6d,诱使细胞处于"静止"状态,以便其染色质结构调整,进行核重组,经核移植后获得了世界上第一只体细胞克隆绵羊"多利"。目前已经被用于不同动物的体细胞克隆研究,并获得克隆后代的体细胞有卵丘细胞、颗粒细胞、输卵管和子宫上皮细胞、胎儿皮肤或纤维细胞、耳皮肤成纤维细胞、肌肉细胞等。

(2)受体细胞的去核

目前用于克隆的受体卵主要来自超数排卵所收集的卵母细胞或经体外培养成熟的卵母细胞。把成熟的卵母细胞放入含有细胞松弛素 B 和秋水仙胺的培养液中,利用显微操作仪,一端用固定吸管吸住胚胎,另一端用于去核操作。最常用的去核方法是采用透明带切开法,将核去除。

(3)核卵重组

依据供体核移入部位的不同分为卵周隙注射和胞质内注射。①卵周隙注射。利用显微操作仪,用去核吸管吸取一枚分离出的完整卵裂球或体细胞,注入去核的受体卵母细胞的卵周隙中;②胞质内注射。首先把核供体细胞的核膜捅破,形成核胞体后,然后把核胞体

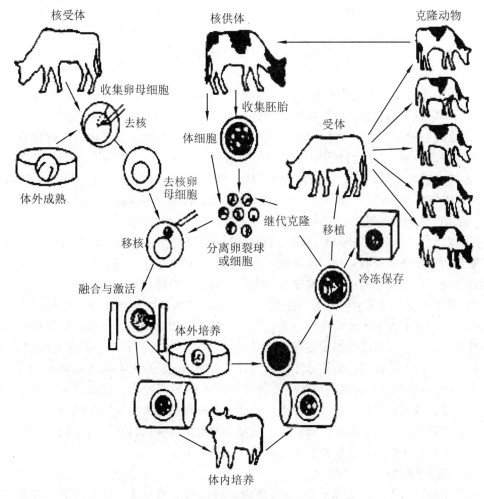

图 1-88　核移植程序示意图

直接注入到去核卵母细胞的细胞质中，最后将其激活。

（4）细胞融合

通常采用仙台病毒法和电融合法将核供体与核受体进行融合。由于仙台病毒法融合效果不稳定，且具有感染性，被简易而效果稳定的电融合法所取代。电融合法是通过一定场强的直流脉冲刺激，使二者相邻截面的细胞膜发生穿孔，形成细胞间桥，从而使细胞融合。

（5）重构胚的激活

人工激活卵母细胞的方法很多，常利用化学激活和电激活这两种方法来激活融合后的重组胚。化学激活通常用于已通过其他方式发生融合的重构卵的激活。常用的化学激活剂有 7% 乙醇、离子霉素、钙离子载体、6-DMAP（二甲氨基吡啶）等。目前应用最广泛的是电刺激法激活卵母细胞，其机理在于使细胞内游离钙的浓度升高，细胞静止因子（CSF）和成熟促进因子（MPF）失活，从而解除 CSF 与 MPF 对卵母细胞分裂的抑制作用，活化卵母细胞的同时完成第二次减数分裂。

（6）重构胚的培养与移植

融合后的重构胚激活后，胚胎经体外或体内的培养，体外培养分为负压和常压气相培养系统；而体内培养是将融合后的重构胚用琼脂包埋，移入中间受体待其发育到桑葚胚或囊胚。获得的早期胚胎一方面可直接移入与胚龄同期的受体动物的子宫角内，可望获得克隆后代；另一方面还可作为供体核进行继代细胞核移植。

3. 动物核移植的应用前景

(1)作为胚胎发生、死亡及其调控，细胞核与细胞质之间相互作用的研究手段，同时可促进人类了解生物生长发育的机理，特别是能够发现影响生长和衰老的因素。

(2)克隆技术可使具有优良性状的个体后代在群体中得以大量增殖，在畜牧业生产中可以加快优秀种公、母畜的纯繁扩群速度和育种进程。

(3)把经过性别鉴定后的胚胎进行核移植，从而可以获得大量人们所期望的性别胚胎；或者利用有重要价值的某一性别动物的体细胞进行核移植，不需进行性别鉴定也可获得大量人们所期望的性别胚胎。

(4)克隆技术可以用于珍稀、濒危动物品种的扩繁与保存。通常的动物保种是靠维持一定数量的种群来实现的，利用体细胞核移植技术，只要保存一定数量个体的体细胞就可以达到目的，在必要时通过体细胞核移植生产动物就可以满足需要。

(5)用转基因动物来生产人医用蛋白。常规的转基因动物生产是通过受精卵原核注射完成的。该方法不能生产能够在同一位点整合外源基因的两个相同个体，即很难得到具有相同性状的个体。而利用体细胞克隆的方法就可以完全得到一个理想表达个体的复制品。截至目前，用培养的转基因细胞已经得到了转基因绵羊、转基因牛和转基因山羊。

(6)体细胞克隆技术的成功成为治疗人类许多疾病的可能。所谓治疗性克隆是指从病人身体提取少量的体细胞，如皮肤细胞，然后将其核移植到去核的卵母细胞中，进行重构胚胎。用克隆胚胎分离干细胞，最后定向诱导干细胞用以替代损伤了的心肌，分化的胰岛细胞用来治疗糖尿病，多巴胺神经元治疗帕金森氏症等。

六、胚胎干细胞

哺乳动物胚胎干细胞又称 ES 可 EK 细胞，它是从早期胚胎中分离出来的具有发育全能性的细胞系。它一方面具有胚胎细胞的特性，在形态上表现为体积小、细胞核大、核质比高、核仁突出、培养时呈克隆状生长；在功能上，它具有发育的全能性，即具有分化为成年动物体内任何一种类型细胞的能力。另一方面又具有细胞系的特性，可在体外培养繁殖而不发生分化。

(一)胚胎干细胞研究的意义

胚胎干细胞系的分离和建立是胚胎生物技术领域的重大成就。胚胎干细胞在生物学、畜牧业和医学上具有重要的应用价值。

1. 胚胎干细胞可用于研究哺乳动物个体的发生发育规律

由于胚胎干细胞可分化为胚胎内胚层、中胚层和外胚层中任何一种类型的细胞，因此可用遗传标记的胚胎干细胞(如标记 β-半乳糖苷酶基因)注入囊胚腔，通过组织化学染色可追踪胚胎干细胞的分化特点，探索胚胎发育过程中细胞分化、组织和器官形成的规律。

2. 可在体外研究细胞的分化规律

胚胎干细胞仅在饲养层细胞上或在添加白血病抑制因子(LIF)或白细胞介素-6(IL-6)的培养液中维持不分化状态。当培养液中添加分化诱导剂时，牛黄酸(RA)、二甲基亚砜(DMSO)、丁酰环腺苷酸和 3-甲氧基苯甲酰胺等，可诱导胚胎干细胞发生不同类型的分化，通过研究胚胎干细胞的分化特点，可揭示细胞分化和凋亡的机理。

3. 可用于研究基因的功能

由于胚胎干细胞易于基因打靶，因此，容易获得基因敲除或定向插入钻尖基因的胚胎干细胞。用遗传个儿的胚胎干细胞生产嵌合体或克隆后代可研究未知基因的生物学功能。

4. 可用于转基因动物的生产

由于胚胎干细胞与普通细胞相同，可利用多种方法把外源 DNA 插入基因组中。通过筛选的阳性细胞，然后用嵌合体或细胞核移植技术获得转基因动物。

5. 可用于治疗人类的某些疾病

人胚胎干细胞分离的成功，可能会给人类带来一场医学革命，因为它不仅为某些顽症的治疗带来了希望，同时也为新医药的发现和器官移植挖掘了新的道路。现代医学研究认为帕金森氏症、少年型糖尿病和痴呆症等是由某一种或几种类型细胞的死亡或功能异常导致的，这些细胞如果被胚胎干细胞所取代，通过诱导分化可修复功能异常的组织和器官。通过诱导胚胎干细胞分化为心肌细胞或神经细胞，研究不同药物对这些细胞功能的影响可发现治疗心脏或精神异常的新药。通过建立胚胎干细胞库或对胚胎干细胞建立遗传修饰，可有效地克服异体细胞移植的免疫排斥反应。胚胎干细胞还可诱导分化形成病人的组织或器官，供医学临床移植使用。

(二)胚胎干细胞分离的主要技术环节(见图 1-89)

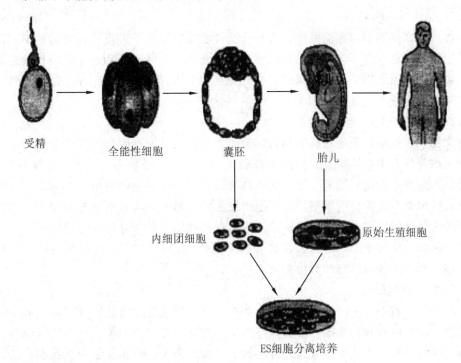

受精　　　全能性细胞　　　囊胚　　　胎儿

内细团细胞　　　原始生殖细胞

ES细胞分离培养

图 1-89　胚胎干细胞分离培养示意图

我们以小鼠胚胎干细胞的分离培养为例，介绍胚胎干细胞建立的主要技术环节。

1. 选择抑制细胞分化的培养体系

这是分离和培养胚胎干细胞的关键环节。培养体系要求不仅能促进胚胎细胞生长，还能抑制细胞分化。目前用于建立小鼠胚胎干细胞有以下三种培养体系。

（1）饲养层培养体系

饲养层培养体系要求先在培养皿底部制备单细胞层，即饲养层，然后把胚胎细胞培养在饲养层上。用于制备饲养层的细胞一般分裂缓慢，常用小鼠胎儿的成纤维细胞经 γ 射线照射或丝裂霉素 C 处理获得。研究表明饲养细胞能分泌白血病抑制因子和分化抑制因子等物质，它们能抑制胚胎细胞分化。分离胚胎干细胞广泛采用的方法就是饲养层培养体系。

（2）条件培养体系

胚胎细胞直接培养在条件培养液中，不需要制备饲养层。条件培养液实质是一些细胞经过一段时间的培养后，再回收的培养液。常用来生产条件培养液的细胞有豚鼠肝脏细胞，人膀胱癌细胞和小鼠的胚胎干细胞。这些细胞在生长过程中可以分泌白血病抑制因子，所以，条件培养液能抑制胚胎细胞的分化。

（3）培养液中添加分化抑制因子体系

培养液中添加分化抑制因子体系是将分化抑制因子 LIF 或白细胞介素-6 家族按照一定浓度直接添加到细胞培养液中，培养胚胎细胞，建立胚胎干细胞系。不仅方法简单，而且还能避免饲养层细胞的干扰和丝裂霉素 C 对胚胎所造成的毒害作用，发展及应用前景广阔。

2. 早期胚胎的选择

为提高分离胚胎干细胞的效率，选择合适阶段的胚胎至关重要。动物品种不同，胚胎的发育阶段要求也有所不同。从已有的资料进行分析，小鼠的桑葚胚、囊胚和延迟附植的囊胚均可分离胚胎干细胞，人和猪的胚胎干细胞可以从囊胚和原始生殖细胞中分离获得。牛的早期囊胚可获得类胚胎干细胞。

3. 胚胎干细胞的分离

分离胚胎干细胞首先是获得胚胎内细胞团，然后把内细胞团分散成单个细胞，再放入分化抑制培养体系中继续培养，以获得胚胎干细胞克隆。胚胎内细胞团常用培养法获得，其主要操作过程是先把胚胎放入培养液中继续培养直到内细胞团突出于滋养层外，然后用酶消化或机械剥离法获得内细胞团，再把内细胞团用酶消化成单个细胞或较小的细胞团放入新鲜的分化抑制培养体系中继续培养。当出现形态均一的未分化细胞克隆时，再把它分散成单个细胞或小细胞团，移入新的培养液中传代培养，到 2～7 代时进行核型分析，以确定这些细胞的染色体形态和数量是否正常。

4. 胚胎干细胞的保持

分离得到胚胎干细胞以后，为克服长期培养对细胞遗传物质的影响，需采取一定方法维持胚胎干细胞的未分化状态。目前保持胚胎干细胞的方法有两种：一是常规保持，是通过不断更换培养液以传代培养方式维持胚胎干细胞的快速繁殖和抑制分化状态；二是冷冻保持，是通过超低温冷冻保存使细胞的代谢活动完全停止而长期保存。在冷冻时，只需要在培养液中加入一定浓度的抗冻剂，胚胎干细胞就可以在液氮中长期保存。

5. 胚胎干细胞的鉴定

分离出的胚胎细胞除了具有一定的形态特征外，还需要满足一些生化指标，才能初步确定为胚胎干细胞。主要包括细胞中有较高水平的端粒酶和碱性磷酸酶以及细胞表面出现的阶段特性胚胎抗原。端粒酶和碱性磷酸酶活性检测可用专门试剂盒进行，阶段特性胚胎抗原可通过免疫组化或免疫荧光检测。

6. 胚胎干细胞的分化潜力验证

胚胎干细胞除了具有形态和系列化特征外，还必经具有高度分化潜能。胚胎干细胞被注入囊胚腔后，它必须能参与内胚层、中胚层和外胚层的形成。在体外培养时，分化诱导剂可诱导胚胎干细胞定向分化。只有以上功能完全具备，分离出的胚胎细胞才能最终确认为胚胎干细胞。

胚胎干细胞系的分离和建立是胚胎生物技术领域的重大成就，胚胎干细胞在基础生物学、畜牧业和医学上具有重要价值。近 20 多年来，哺乳动物胚胎干细胞技术的发展已取得巨大成就，小鼠的胚胎干细胞已成为研究哺乳动物发育规律和探索基因功能的重要工具。当前，人类胚胎干细胞的建立更显示了这一技术在医学应用上的广阔前景。

七、哺乳动物嵌合体生产技术

(一)研究概况

嵌合体一词源于希腊神话，其意是指狮头、羊身、龙尾等部分拼凑起来的怪兽。在生物学上系指同一体中，基因型相异的细胞或组织互相接触并各自独立并存的状态。在卵裂期甚至受精卵期所形成的嵌合体为原发性嵌合体，而把胚胎发育的晚期，通过组织移植或嫁接等方法所形成的部分组织或器官的嵌合称为次生性嵌合。

嵌合体生产技术对研究哺乳动物早期胚胎的发育潜能，探索细胞分化规律，掌握基因的表达调控规律具有重要意义。在畜牧业中，嵌合体技术为培育种间杂种动物，探索哺乳动物的遗传和繁殖特点提供了很好的方法。同时，嵌合体技术也是生产转基因动物的一种方法。

(二)嵌合体动物的生产方法

动物早期胚胎嵌合的方法，按融合方式的不同可分为卵裂球聚合法与囊胚注射法两种。

1. 卵裂球聚合法

它是把遗传性能不同而发育阶段相同或相近的胚胎卵裂球聚合在一起获得嵌合体的一种方法，胚胎发育阶段在 8-细胞至桑葚胚阶段操作较为理想。操作时首先用 0.2%～0.5%链霉蛋白酶处理去除透明带，将两枚或多枚胚胎的卵裂球聚合在一起形成复合体，再经过一段时间培养后形成嵌合体胚胎，然后移植到受体内继续发育为嵌合体。对妊娠识别时需要透明带的动物来说，卵裂球的聚合可放在一个空透明带中进行。聚合法操作简单，但嵌合体生产效率较低。

2. 囊胚注射法

它是用显微操作技术将供胚的全部内细胞团注入除去部分内细胞团的受胚囊胚腔中，或将供胚的部分内细胞团注入受胚的囊胚腔中，也可向受胚囊胚腔中注入 16-细胞至桑葚胚的卵裂球或胚胎干细胞或是已分化的细胞，使其发育为嵌合胚胎的方法，即为囊胚注射法。这种方法跃然操作复杂，但生产嵌合体的效率很高，已成为生产嵌合体的主要方法。

(三)嵌合体的鉴定

它是通过外观观察、生化或分子检测确定后代是否为嵌合体。外观法是通过观察后代的肤色或毛色变化确定是否为嵌合体，这种方法比较直观，但在选择动物品种时，要求观察指标对比明显。生化分析法主要通过测定嵌合体血液或组织中同工酶的变化确定后代的嵌合情况，目前常用的是分析磷酸葡萄糖异构酶的表达情况。随着分子生物学的进一步发展，可通过 DNA 指纹分析后代体细胞的遗传组成，这种方法不仅快速而且准确。

（四）在动物生产中的应用

1. 人工制造有特殊经济价值的个体

对水貂、狐狸、绒鼠等毛皮动物，利用胚胎嵌合体技术可获得用交配或杂交法不能获得的毛皮花色类型。

2. 种间移植

种间嵌合体的出现为动物育种提供了新思路，通过这种方式可能会获得经济价值或观赏价值更高的动物。种间嵌合体技术也为拯救濒危动物提供一种方法。

3. 可作为外源基因的导入方法

把外源目的基因先导入干细胞，再通过胚胎干细胞介导法将目的基因转入胚胎，这是转基因动物生产中基因导入的一种重要手段。

4. 生产移植器官

将胚胎细胞注入囊胚腔中并嵌合，可诱导发育成某种特定器官，用于移植。

项目六　繁殖力评定

【工作场景】

工作地点：实训基地。

动物：母牛。

材料：牛群繁殖数据、保定栏、保定绳长臂手套、盆、毛巾、肥皂、温水、注射器、常用激素制剂和抗生素。

【工作过程】

任务一　牛的繁殖力评价

任务案例

某奶牛场在上年末存栏混合牛只 2 186 头，其中适繁母牛 1 740 头，已知本年度 4 月 15 日牛群结构、上年度配种母牛数、妊娠母牛数、受配情期数、产犊数和部分分娩牛的胎间距，请预测该牛群的每日发情率，并统计发情检出率、各项受胎率、繁殖率和平均胎间距。

子任务一　牛群每日发情数的预测和发情检出率的统计

一、准备工作

收集、整理牛群的繁殖数据资料。

15 月龄以上未配种或配种未孕育成牛数为 76 头，已配种 21 日未孕检育成牛总数为 12 头。成母牛（挤奶牛）产后 50 日以上未配种或配种未孕牛 147 头，已配种 21 日以上未孕检成母牛 25 头。假设此牛场育成牛情期受胎率为 70%，成母牛情期受胎率为 40%。如当日检出发情牛 8 头。

二、评定方法

1. 预测 4 月 15 日当天可期望发情牛数。

2. 计算当天的发情检出率。

子任务二　牛群受胎率与繁殖率的统计

一、准备工作

收集、整理牛群的繁殖数据资料。

统计上一年度繁殖数据资料如表 1-11。

表 1-11　某牛场年度繁殖数据　　　　　　　　　　　单位：头

当年首次参配母牛数	参配牛最终妊娠数	一个情期配种受胎母牛数	配种总情期数	产犊数
1574	1495	1023	2719	1562

二、评定方法

分别统计以下繁殖指标：总受胎率、第一情期受胎率、情期受胎率、配种指数和繁殖率。

子任务三　牛群产犊间隔的统计

一、准备工作

统计牛群产犊数据。

如某牛场，某年的产犊数据如表 1-12。

表 1-12　牛群胎间距统计数据

间隔胎次	胎间距数据（天）	头数
1～2 胎	386、379、421、409、440、414、401、423、422、404	10
2～3 胎	408、410、398、412、438、456、387、386	8
3～4 胎	436、458、449、406、415、388	6

二、评定方法

统计此牛群的平均胎间距。

任务二　卵巢机能障碍的诊治

任务案例

某奶牛场现有多头卵巢机能障碍母牛，其中，17245 号牛长期不发情，经检查两侧卵巢较小，表面平滑，质地较硬；17202 号牛长期不发情，一侧卵巢上有黄体突出于卵巢表面的组织存在，触之感觉较坚硬，间隔 12 日检查，症状如初；16313 号牛发情期持续延长，发情征状极为明显，精神极度不安，咆哮，食欲明显减退，追逐爬跨其他母牛，直肠检查发现其卵巢明显增大，有多个紧张而有波动的囊泡。请根据症状诊断各牛所患病症，并设计治疗方案。

任务实施

1. 检查各患病牛，根据症状对病牛所患疾病做出初步诊断。

2. 根据所患病症，设计各患牛的治疗方案。

任务三　子宫内膜炎的治疗

任务案例

某奶牛场 18032 号奶牛发情周期正常，发情持续期延长，屡配不孕，常从阴门流出白色絮状物。直肠检查发现子宫角粗大肥厚，弹性减弱或消失，收缩反应不灵敏。18046 号奶牛精神不振，食欲减退，泌乳量下降，由阴道流出白色或黄褐色分泌物，阴道黏膜及子宫颈口充血，子宫颈口开张，子宫角增大弹性消失，触压有波动，卵巢上有黄体存在。请诊断这两头所患何病，并规划出这相应的治疗方案。

任务实施

1. 检查各患病牛，诊断出所患病症。

2. 根据所患病症，设计各患牛的治疗方案。

●●●●● 知识链接

控制奶牛繁殖障碍的措施

1. 使用全价配合饲料

确保奶牛日粮营养平衡使用奶牛专用配合精饲料，定期对饲料营养成分化验检测，保证其质量。如果分娩前奶牛体况过肥，其产后食欲降低和发生能量负平衡的程度要比产前体况适中的奶牛更为严重，这时奶牛动用更多体脂肪用于产奶的能量需要。能量负平衡的程度依赖于采食量，但通过精料的提高来增加能量，显然是有限的。有效选择是通过增加脂肪的含量，以提高饲料的能量浓度来减少奶牛采食饲料的限制，尽量满足奶牛产奶对能量的要求，可减轻能量负平衡的程度。提高合成孕激素的前体物——胆固醇，增加孕激素的浓度，刺激卵泡的发育，保证奶牛良好的繁殖性能。日粮中添加脂肪酸钙可以减少体内脂肪动员，抑制奶牛产后体重减轻，保持良好的体况，从而提高奶牛受胎率。

2. 推广奶牛繁殖技术规范

使用标准化的合格冻精。种公牛冻精要求解冻后精子密度、活力、有效精子数量必须符合要求；重视母牛发情鉴定（观察时间，检查方法等），严格执行人工授精操作规范（输精时间、部位、卵巢检查、妊娠诊断等）。

3. 加强干奶期、围产期母牛的饲养管理

干奶期要合理投料，控制母牛膘情和体况，防止肥胖；围产期注意维生素 A、维生素 D、维生素 E 和微量元素硒的补充，矿物质 Ca、P 比例，以减少胎衣滞留和子宫复旧延迟；加强产房的环境卫生和消毒，降低产后生殖器官的感染。改进盲目接生助产方法，对正常的经产母牛以自然分娩为主，对初产母牛的助产应待胎儿肢蹄露出产道时助产。尽量减少人员手臂或机械进入母牛产道造成创伤感染。

4. 实施母牛产后重点监控

在产后 15 d 内，重点监控子宫恶露变化（数量、颜色、异味、炎性分泌物等）；在产后 20～40 d，主要监控母牛子宫复旧进程；产后 40～60 d，重点监测卵巢活动和产后首次发情出现时间。

5. 提高奶牛不孕症防治效果

应对母牛子宫分泌物做细菌培养和药敏试验，定期进行牛群主要血液生化指标的监测

（β-胡萝卜素、Ca、P等），有条件时可进行乳汁孕酮测定分析，定期进行奶牛酮病和隐性乳腺炎的监测。

6.重视繁殖技术管理

建立繁殖记录体系，制定主要繁殖技术指标和牛群繁殖动态监控程序表，改进奶牛的饲养管理技术措施，增强牛群的健康水平，减少不孕症，提高繁殖率。

●●●●● 相关知识

一、繁殖力

繁殖力是指动物维持正常繁殖机能，生育后代的能力。通常用繁殖率、受胎率等表示，对于种畜来说，繁殖力就是它的生产力。家畜繁殖力的高低，直接关系到畜群的繁殖速度，也代表着牧业的发展水平。提高家畜繁殖力一直是生产中关注的焦点之一，特别是母畜的繁殖力更是受生产者重视。

母牛的繁殖力主体现在性成熟的早晚、排卵的多少、受精与妊娠的情况等。集中表现在母牛利用年限内或某一阶段繁殖犊牛数量的多少。

公牛的繁殖力包括性成熟的早晚、性欲的强弱、精液品质的优劣及配种能力的大小等。

二、牛的正常繁殖力

牛的正常繁殖力，是指在正常饲养管理和不发生大的疾病情况下，牛只所表现的繁殖力。在正常情况下，每头繁殖母牛每年可产犊1头，双胎率1%～2%。牛的繁殖力常用一个情期输精后的受胎效果即情期受胎率表示。根据大量数据统计，母牛经一个情期输精后，在第一个月不再发情率可达75%，但最终产犊者即实际情期受胎只在50%～60%，年总受胎率75%～95%，平均90%左右；年繁殖率70%～90%，平均85%左右；产犊间隔12～14个月；流产率3%～7%，奶牛的繁殖年限在5个泌乳期左右。公牛的繁殖力可用其提供的精液品质来评价，种公牛平均一次射精量为5～10 mL，精子密度为10亿～12亿，鲜精活力0.6以上。奶牛场繁殖管理良好条件下的繁殖力指标如表1-13。

表 1-13　奶牛繁殖管理目标

项　目	良　好	需要改进
初情期（月）	12	14
初配适龄（月）	14～16	≥17
头胎牛产犊月龄（月）	23～25	≥36
第一情期受胎率（%）	＞62	≤50
配种指数	1.65	≥2.0
配种3次或3次以下母牛受胎率（%）	＞90	≤85
处于18～24 d正常发情周期的母牛（%）	＞80	≤70
分娩至第一次配种平均天数（d）	45～70	≥85
平均产犊间隔（月）	12	＞13

三、评价牛群繁殖力的指标

评价母牛群的繁殖力常用发情率、受胎率、配种指数、繁殖率、平均胎间距、流产率、成活率和 21 日妊娠率等评指标。

(一)发情率

1. 发情率

发情率指生产牛群中每日发情的母畜数占适繁母牛数的百分率,适繁母牛指年龄在初情期和繁殖机能停止之间的成年母牛畜。每日发情率反映了畜群的繁殖机能状态,是预测每日可期望发情牛头数的指标。牛群在正常生产状态下发情呈随机分布,对发情周期平均 21 d 的母畜,每日发情率约为 5%。

2. 每日可期望发情母牛头数

每日可期望发情母牛头数是畜群中所有适母牛在繁殖机能正常状态下每天应表现发情的母牛数量。统计时,分别计算未孕母牛、配种后未孕检母畜的可期望发情母牛数。如成年母牛与育成母牛的情期受胎率不同,则要分别统计后相加。

每日可期望发情母畜数=未孕母畜数×每日发情率+配种一个情期的未孕检的母畜数×每日发情率×(1-畜群的情期受胎率)

3. 发情检出率

发情检出率指经发情鉴定被检出的发情母牛数占同期可期望发情母牛数的百分率。发情检出率是反映了发情鉴定工作水平的主要指标。

(二)受胎率

1. 情期受胎率

情期受胎率表示妊娠母畜占配种情期数的百分率,配种情期数是母畜参与配种的发情次数总和。

$$情期受胎率= 妊娠母畜头数/配种情期数×100\%$$

2. 第一情期受胎率

第一情期受胎率表示第一情期配种后妊娠母畜数占第一情期配种母畜数的百分率。

$$第一情期受胎率=第一情期受胎母畜数/第一情期配种母畜数×100\%$$

3. 总受胎率

总受胎率指某一阶段(多为一年)妊娠母畜数占配种母畜的百分率。

$$总受胎率=受胎母畜数/配种母畜数×100\%$$

4. 不返情率

不返情率指配种后一定时间内,不再发情的母畜数占配种母畜的百分率。

$$不返情率=不再发情母畜数/配种母畜数×100\%$$

(三)配种指数

配种指数是指每次受胎的所需平均配种情期数,反映不同配种技术的效果。

$$配种指数=配种情期数/妊娠母畜数$$

(四)繁殖率

繁殖率是指本年度内出生仔畜数占上年度末适繁母畜数的百分率,主要反映畜群的增殖情况。

$$繁殖率=本年度内出生仔畜数/上年末适繁母畜数×100\%$$

（五）平均胎间距

平均胎间距是指母畜两次正常分娩的间隔时间，对牛又称产犊间隔或产犊指数，是牛群繁殖力的综合指标。

$$平均胎间距＝统计母畜胎间距天数总和/统计母畜头数$$

（六）流产率

流产率是指流产母畜数占妊娠母畜数的百分率。

$$流产率＝流产母畜数/妊娠母畜数×100\%$$

（七）成活率

成活率一般指断奶成活率，即断奶时活仔畜数占初生时活仔畜数的百分率。

$$成活率＝断奶时活仔畜数/出生时活仔畜数×100\%$$

（八）21 日妊娠率

21 日妊娠率是指在 21 日期间，全部应配种母牛的实际妊娠率。

$$21 日妊娠率＝实际妊娠牛总数/21 日内全部应配种牛总数$$

四、母牛的繁殖障碍

牛的繁殖过程，是从公母牛产生正常精子、卵子开始，经过配种、受精、胚泡附植、妊娠、分娩和哺乳等一系列环节协调完成的结果。其中任何一个环节遭到破坏，均可导致牛出现繁殖障碍。成年乳牛的繁殖障碍发生率可达 30％～40％，而肉牛的繁殖障碍发生率可达 5％～10％，严重地影响牛群的扩繁和改良，因此，防治繁殖障碍对发展乳、肉牛生产具有很重要的实际意义。在牛的繁殖过程中，母牛承担了大部分的任务，防治母牛的繁殖障碍更显重要。

（一）先天性繁殖障碍

1. 生殖器官幼稚

生殖器官幼稚指母牛因遗传或饲养等原因，生殖器官发育不全，到了初情期而不出现发情现象，有时虽有发情表现却屡配不孕。直肠检查可见生殖器官部分发育不全，子宫细小，卵巢发育不良、硬化。个别母牛阴道狭窄无法进行输精或配种。生殖器官幼稚的母牛如发现的早，可在改善饲养管理的同时，结合施用雌激素或促性腺激素进行治疗，初情期后一般治疗效果不佳。

2. 两性畸形

两性畸形是指动物同时具有雌、雄两性的生殖器官。有的性腺一侧为卵巢，另一侧为睾丸，称真两性畸形；有的性腺为一种，外生殖器官为另一性别，称假两性畸形。两性畸形在牛不常见。

3. 异性孪生母犊

母牛产异性双胎时，其中的母犊有 91％～94％不育，公犊则正常。异性双胎的母犊到性成熟阶段仍不出现发情，检查可发现其生殖器官部分缺损或发育不全，阴门小，阴蒂较长，阴道狭窄。直检时很难找到子宫颈，子宫角细小，卵巢如黄豆粒大小。母牛外形、性情与公牛相似。

根据现代免疫学和细胞遗传学的研究结果，异性孪生母犊不育（见图 1-90）是其性染色体嵌合体的作用，其体内具有公牛和母牛两种性别的细胞。

4. 种间杂种

有些近亲的种间的动物可以交配繁育，但其后代多半不育。黄牛和牦牛杂交所生的后

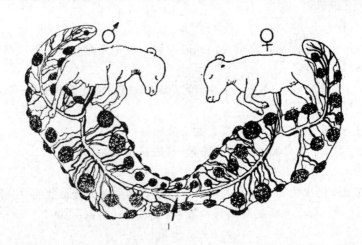

图 1-90　牛异性孪生不孕体(1. 发生胎盘血管吻合)

代为㸮牛，雌性㸮牛有生殖能力，雄性生殖能力或生殖能力降低。马和驴杂交后产生的骡无繁殖能力。

(二)卵巢机能障碍

【类别】

1. 卵巢机能减退、萎缩和硬化

卵巢机能减退是卵巢机能暂时受到干扰，处于静止状态，不出现周期性的机能活动。如卵巢机能长时间得不到恢复，则卵巢会出现萎缩硬化。

母牛饲养管理不当，利用过度、子宫疾病及卵巢炎等均能导致此病的发生。多数患此病的母牛长期无发情表现，直肠检查发现卵巢形态和质地无特殊变化，摸不到卵泡和黄体；也有的患病牛表现为发情周期延长，有时发情不排卵或排卵迟缓。

2. 持久黄体

卵巢上的周期黄体长时间不消退，称为持久黄体。饲养管理不当，舍饲期间母牛运动不足，饲料单一，缺乏某些微量元素或维生素都可引起持久黄体。另外，持久黄体也可由内分泌紊乱或子宫内膜炎、子宫积水、子宫积脓等病诱发。

母牛患持久黄体时，长期不发情。直检可发现一侧或双侧卵巢上有黄体存在，多伴有子宫疾病发生。牛的持久黄体多呈圆锥状，略突出于卵巢表面，触之感觉较坚硬，如间隔10~15 d检查，症状如初即可确诊。

3. 卵巢囊肿

卵巢囊肿可分为卵泡囊肿和黄体囊肿两类。卵泡囊肿是由于卵泡上皮变性，卵泡壁结缔组织增生变厚，卵细胞死亡，卵泡液增多而形成。黄体囊肿是由于排卵后卵巢组织黄体化不足、黄体内形成空腔并积蓄液体或未排卵的卵泡壁黄体体而致。卵泡囊肿比黄体囊肿多见，且营养好的母牛多发。

引起卵巢囊肿的原因，目前尚未完全研究清楚。一般认为与内分泌失调有关，饲料中缺乏维生素 A、精料喂量过多、运动不足、气温突然变化及生殖道疾病可增加此病的发生率。

母牛患卵泡囊肿时，发情周期变短，发情期持续延长，严重时出现"慕雄狂"症状。病牛精神极度不安，咆哮，食欲明显减退或废绝，追逐爬跨其他母牛。病程长时明显消瘦，体力严重下降，常在尾根与肛门之间出现明显塌陷，久而不治可衰竭致死。直肠检查时可感到母牛卵巢明显增大，有时囊肿直径可达 3～5 cm，如乒乓球大小。用指肚触压，可感觉其紧张而似又有波动，稍用力压，母牛表现疼痛。隔 2～3 d 检查，症状如初可确诊。

母牛患黄体囊肿时，表现为长期不发情。直肠检查时，发现黄体肿大，壁厚而软，紧张性弱，可持续数月至一年不消退。

【防治】

1. 调整饲养管理

分析引发病症的可能饲养管理原因：日粮营养素是否平衡、营养水平是否符合其生产阶段需要、精粗饲料比例是否适宜、管理上是否有不当之处等，并做出相应的改善调整。在各项调整措施中，要特别注意补充矿物质和维生素饲料，增加母牛的运动量。

2. 物理疗法

可以通过子宫热浴、卵巢按摩、激光照射等物理疗法改善卵巢血液循环，促进其机能恢复。子宫热浴时，可用生理盐水或 1‰～2‰碳酸氢钠溶液，加温至 45℃后向子宫内灌注，停留 10～20 min 后排出。进行卵巢按摩时，可将手伸入直肠内，隔直肠壁按摩卵巢，每次持续 3～5 min。

3. 激素治疗

在改善饲养管理基础上，可用外源激素制剂，促进卵巢机能恢复。

卵巢机能减退、萎缩和硬化，可用促性腺激素释放激素制剂、促卵泡素结合促黄体素或绒毛膜促性腺激素、孕马血清促性腺激素等进行治疗。如成牛乳牛可一次肌内注射促卵泡素 100～200 IU，促黄体素 200 IU。

持久黄体和黄体囊肿，首选前列腺素制剂如氯前列烯醇，成年乳牛一次肌内注射 0.2～0.4 mg。也可用孕激素制剂进行治疗，如成年乳牛患病可每天肌内注射黄体酮注射液 50～100 mg，连用 3～5 d，停药后肌内注射孕马血促性腺激素 100 IU。

卵泡囊肿，可用促黄体素、人绒毛膜促性腺激素或前列腺素制剂肌内注射。如用促黄体素，成年乳牛可一次肌内注射 200 IU，隔 2～3 d 再注射一次。也可用大量孕激素治疗。

(三)子宫疾病

1. 子宫内膜炎

子宫内膜炎是适繁母牛的一种常发病，由于炎性分泌物直接危害精子、卵子的生存而影响受精，有时即使能受精，胚胎进入子宫也会因不利环境而死亡。在妊娠期间，子宫黏膜的炎症、萎缩、变性及瘢痕等变化，不仅破坏胎儿胎盘与母体胎盘的联系，而且病原微生物也会通过受损害的胎盘侵入胎儿体内，引起胎儿死亡而发生流产。

【病因】

子宫内膜炎大致可分为隐性子宫内膜炎、卡他性子宫内膜炎和脓性子宫内膜炎三类。人工授精中不遵守操作规程，如消毒不严格、输入被污染的精液；分娩、助产操作中消毒不严等是引发子宫内膜炎的主要原因。另外阴道炎、子宫颈炎都可诱发本病。

【症状】

牛患隐性子宫内膜炎时子宫形态不发生变化，阴道和直肠检查均正常。发情周期正常，屡配不孕。但发情时，从生殖道内流出大量混浊的或絮状黏液。

卡他性子宫内膜炎属子宫黏膜的浅层炎症，一般无全身反应。患病时，母牛发情周期多正常，屡配不孕，子宫颈在不发情时也微有开张，子宫颈常呈松弛状态。患牛阴道内积有混浊的黏液，有时从阴门流出，在爬时更为明显。直肠检查感觉子宫颈肿胀变硬，子宫角粗大肥厚，弹性减弱或消失，收缩反应不灵敏，发情期从阴道内流出的黏液明显增多，常带有絮状物。

患脓性子宫内膜炎的母牛表现为精神不振，食欲减退，泌乳量下降。发情多不规律，常由阴道流出白色或黄褐色分泌物。阴道黏膜及子宫颈口充血，子宫颈口开张，有脓性分泌物附着。子宫角增大，薄厚不一，弹性消失，触压有波动，卵巢上往往有黄体存在。

【治疗】

治疗子宫内膜炎的原则是促进子宫和血液循环，恢复子宫的机能和张力，促进子宫内积聚的分泌液排出，抑制和消除子宫的再感染。在临床治疗中，一方面，对卵巢上有功能性黄体的母牛，用前列腺素 $F_{2\alpha}$ 进行诱导发情，对没有功能性黄体的奶牛，宜采用 GnRH、孕激素、前列腺素 $F_{2\alpha}$ 相结合的诱导发情方案，促进母牛发情，以借助周期性雌激素增强子宫局部免疫功能，清除子宫内致病微生物，另一方面，可肌内注射非固醇抗炎药物如美洛昔康、氟尼辛葡甲胺等，防止子宫内膜疤痕组织产生。如发生败血性子宫炎，可进行子宫冲洗。

3. 子宫积水、积脓

子宫内积有棕黄色、红褐色或灰白色稀薄或稍稠的液体，称为子宫积水；子宫内积有大量脓性渗出物，称为子宫积脓。

【病因】

子宫积水、积脓通常是在发生慢性子宫内膜炎后，因子宫腺的分泌机能加强，子宫收缩减弱，子宫颈管黏膜肿胀、阻塞不通，以致子宫腔内的渗出物不能排出而发生此病。有时在发情后，由于分泌物不能通过子宫颈完全排出，多次聚集，发展成为子宫积水。

【症状】

患子宫积水、积脓的母牛，往往长期不发情，从阴道中不定期排出分泌物。如子宫颈完全闭锁，直肠检查会发现子宫颈正常或变细小不易找出到，子宫角视其中积聚的液体多少而增大如怀孕 2～3 个月的子宫，或者更大。触诊感觉子宫壁变薄，有明显的波动感。摸不到胎儿和子叶。卵巢上常有黄体存在。

【治疗】

治疗子宫积脓、积水，可先施用催产素、雌激素等药物，促进子宫颈开张，兴奋子宫肌，排出积液，然后用青霉素类或头孢菌素类抗生素进行肌内注射或皮下注射。

●●●●● 拓展阅读

牛繁殖及人工授精操作规范（一）　　牛繁殖及人工授精操作规范（二）　　牛冷冻精液国家标准

计划单

学习情境一	牛繁殖技术	学　时	40
计划方式			
序　号	实施步骤	使用资源	备注
制定计划说明			

	班　级		第　　组	组长签字	
	教师签字			日　期	
计划评价	评语：				

决策实施单

学习情境一		牛繁殖技术					
讨论小组制定的计划书，做出决策							
计划对比	组号	工作流程的正确性	知识运用的科学性	步骤的完整性	方案的可行性	人员安排的合理性	综合评价
	1						
	2						
	3						
	4						
	5						
	6						

制定实施方案		
序　号	实施步骤	使用资源
1		
2		
3		
4		
5		
6		

实施说明：

班　级		第　组	组长签字	
教师签字			日　期	
	评语：			

效果检查单

学习情境一		牛繁殖技术		
检查方式		以小组为单位，采用学生自检与教师检查相结合，成绩各占总分(100 分)的 50％		
序号	检查项目	检查标准	学生自检	教师检查
1	资讯问题	回答准确，认真		
2	母牛发情鉴定	依据外部行为准确判断母牛发情		
3	制定发情控制方案	方案有可操作性		
4	精液处理	方法正确、操作熟练		
5	输精	输精时间确定合理，操作规范		
6	妊娠诊断	方法正确、操作熟练		
7	正常分娩及助产	判断准确，操作熟练、规范		
8	难产救助	操作熟练、方法正确		
9	制定胚胎移植方案	制定方案合理、具有可操作性		
10	繁殖障碍诊治	治疗方案正确、操作规范		
检查评价	班　　级	第　　组	组长签字	
	教师签字		日　　期	
	评语：			

评价反馈单

学习情境一			牛繁殖技术			
评价类别	项目		子项目	个人评价	组内评价	教师评价
专业能力 （60%）	资讯 （10%）		查找资料，自主学习（5%）			
			资讯问题回答（5%）			
	计划 （5%）		计划制定的科学性（3%）			
			用具材料准备（2%）			
	实施 （25%）		各项操作正确（10%）			
			完成的各项操作效果好（6%）			
			完成操作中注意安全（4%）			
			使用工具的规范性（3%）			
			操作方法的创意性（2%）			
	检查 （5%）		全面性、准确性（2%）			
			生产中出现问题的处理（3%）			
	结果（10%）		提交成品质量（10%）			
	作业（5%）		及时、保质完成作业（5%）			
社会能力 （20%）	团队 合作 （10%）		小组成员合作良好（5%）			
			对小组的贡献（5%）			
	敬业、吃 苦精神 （10%）		学习纪律性（4%）			
			爱岗敬业和吃苦耐劳精神（6%）			
方法能力 （20%）	计划能 力（10%）		制定计划合理（10%）			
	决策能 力（10%）		计划选择正确（10%）			
意见反馈						

请写出你对本学习情境教学的建议和意见

评价评语	班　级		姓　　名		学　　号	总评	
	教师 签字		第　　组	组长签字		日期	
	评语：						

学习情境二

猪繁殖技术

●●●●● 学习任务单

学习情境二	猪繁殖技术	学时	20
布置任务			
学习目标	1. 了解猪繁殖特点，能独立运用外部观察法、压背反射法完成猪的发情鉴定； 2. 会利用激素等方法对猪进行同期发情、诱导发情和诱导分娩等繁殖控制； 3. 会调教种公猪并进行采精； 4. 会对精液进行正确检查和处理； 5. 会准确判定母猪的输精时间； 6. 会母猪的输精操作； 7. 会利用 B 超诊断仪、腹部触诊等检查方法对猪的妊娠做出判定； 8. 会对正常分娩的母猪接产和难产进行常规救助； 9. 能诊治母猪常见的繁殖障碍疾病		
思政育人目标	1. 通过介绍育种专家的故事和精神，增强爱国情怀，教育学生爱农村、爱农民，服务农村。增强民族自豪感、责任感和使命感。 2. 敬畏生命、尊重生命、珍爱生命。 3. 两性之美，自然之美和母爱教育。 4. 培养精益求精的品质精神、爱岗敬业的职业精神、协作共进的团队精神和追求卓越的创新精神。 5. 培养医德医风、恪守职业道德、博爱之心的工匠精神。		
任务描述	在实训基地或实训室，按照操作规程，完成猪繁殖技术。具体任务： 1. 发情鉴定； 2. 繁殖控制； 3. 种公猪的采精训练； 4. 种公猪的采精； 5. 精液处理； 6. 输精； 7. 妊娠诊断； 8. 接产与助产； 9. 繁殖障碍防治		
学时分配	资讯：5 学时 ｜ 计划：1 学时 ｜ 决策：1 学时 ｜ 实施：11 学时 ｜ 考核：1 学时 ｜ 评价：1 学时		

提供资料	1. 张周. 家畜繁殖. 北京：中国农业出版社，2001 2. 李立山，张周. 养猪与猪病防治. 北京：中国农业出版社，2006 3. 杨公社. 猪生产学. 北京：中国农业出版社，2002 4. 王淑香，吴学军. 猪规模化生产. 长春：吉林文史出版社，2004 5. 张忠诚. 家畜繁殖学. 北京：中国农业出版社，2000
对学生要求	1. 以小组为单位完成工作任务，充分体现团队合作精神； 2. 严格遵守猪场消毒制度，防止疫病传播； 3. 严格遵守操作规程，保证人、畜安全； 4. 严格遵守生产劳动纪律，爱护劳动工具

●●●●● 任务资讯单

学习情境二	猪繁殖技术
资讯方式	通过资讯引导，观看视频、到精品课网站、图书馆查询，向指导教师咨询
资讯问题	1. 外部观察法鉴定母猪发情的要点是什么？ 2. 压背反射法鉴定母猪发情的要点是什么？ 3. 后备母猪同经产母猪发情的区别是什么？ 4. 鉴定发情后，如何确定输精时间？ 5. 为什么母猪在泌乳期出现乏情？ 6. 如何调教公猪？ 7. 猪精液保存常用的方法是什么？ 8. 如何利用 B 超为母猪早期妊娠做出诊断？ 9. 母猪妊娠期及预产期如何推算？ 10. 母猪分娩前有哪些预兆？ 11. 如何做好助产的准备工作？ 12. 如何做好正常分娩的助产？ 13. 假死仔猪是如何救助的？ 14. 母猪难产的救助方法是什么？ 15. 母猪分娩前有哪些预兆？ 16. 新生仔猪如何护理？ 17. 如何计算平均窝产仔数、产仔窝数、仔猪成活力等繁殖指标？
资讯引导	1. 在信息单中查询； 2. 进入黑龙江职业学院动物繁殖技术精品精品资源共享课； 3. 在相关教材和报刊资讯中查询

●●●●● 相关信息单

项目一　发情鉴定与繁殖控制

【工作场景】

工作地点：实训基地。

动物：母猪、哺乳母猪、空怀母猪、种公猪。

材料：母猪生殖器官、猪栏、盆、肥皂、毛巾、消毒棉签、75％的酒精、紫外线灯、温水、PMSG、HCG、氯前列烯醇、乙基去甲睾酮、催产素、[allyl＋renbolone（RU-2267）]、注射器等。

【工作过程】

任务一　发情鉴定

外部观察结合压背法鉴定母猪发情（见图 2-1、图 2-2）

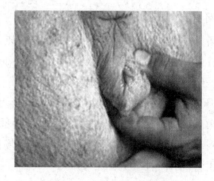

图 2-1　未发情母猪的外阴　　　　图 2-2　发情母猪的外阴

一、准备工作

将待检母猪放入圈舍或运动场中，让其自由活动。

二、检查方法

（一）外部观察

1. 观察母猪的精神状态

观察母猪的神情、运动和鸣叫状况、食欲情况以及对周围环境的反应。

2. 观察母猪的爬跨情况

观察母猪对待其他母猪和公猪的态度；观察母猪是否爬跨其他猪；观察被检母猪是否接受公猪爬跨。

3. 观察母猪的外阴情况

观察母猪外阴闭合、肿胀情况；观察外阴部颜色变化；观察外阴部是否有黏液流出。

（二）压背鉴定

在没有公猪在场的情况下，检查人员用手按压母猪背部或骑跨在母猪的背部，观察母猪的反应。

在公猪在场的情况下，检查人员用隔栏隔住公母猪，同时观察母猪的精神状态，并用手按母猪的背部或骑跨在母猪的背部，观察母猪的反应。

三、结果判定

如观察到母猪有如下征状可判定母猪已发情。

1. 精神状态

母猪精神兴奋不安，对外周环境敏感，食欲减退，大声嘶叫，不爱趴卧，常在圈内往复跑动，拱爬圈栏。

2. 爬跨情况

母猪嗅闻其他母猪后躯，爬跨其他母猪。表现为愿意接近公猪，如接受其他猪的爬跨，表明已进入发情盛期，如图 2-3。

图 2-3　母猪发情

3. 外阴状况

母猪外阴充血肿胀，如为后备母猪，则肿胀程度更为明显。尿生殖前庭和阴道黏膜充血，随着发情进展，呈现由浅红变深红再变浅红的颜色变化。外阴流出稀薄、白色的黏液，如是经产母猪则更为明显，如图 2-3。

4. 压背反应

如操作人员用手按压或骑跨在母猪背部，母猪表现静立不动，并且尾巴上翘露出阴门，说明母猪已经到了发情盛期。公猪在场进行压背反射，母猪的发情表现更加明显，静立接受压背时间更长（见图 2-4）。

图 2-4　母猪的压背反射法

四、注意事项

（1）检查人员要注意自身的安全，防止被母猪咬伤。

（2）检查母猪发情宜在饲喂后半小时和天黑前进行。

（3）如用公猪试情，应保证公猪与母猪鼻对鼻接触。

五、深入企业，掌握最前沿的动物繁殖技术，推陈出新，强化企业科技创新主体地位

引入猪场母猪发情的表现监测项目（后备母猪和经产母猪区别对待，发情状态、发情持续时间、配种时间均不同）。

发情前期（不可配种阶段）：当母猪变得不太明显的坐立不安时，说明它已进入了发情前期，一般持续 1 d。

发情前期	观察项目	阴部内颜色	肿胀程度	表皮	黏液	温度	阴户手感
		淡红、粉红	轻微	皱褶变浅	无→湿润	尖端→温暖	稍有弹性
	观察项目	行为	食欲	精神	眼睛	压背	声音
		不安、频尿	稍减	兴奋	清亮	躲避、反抗	大的吼叫声呼噜声

发情盛期（最佳配种阶段）：这个时期后备母猪能持续 1—2 d，经产母猪能持续 2—3 d。

发情旺期	观察项目	阴部内颜色	肿胀程度	表皮	黏液	温度	阴户手感
		亮红、暗红	肿圆、阴门裂开	无褶皱、光亮	潮湿→粘液流	尖端→温热	外弹内硬
	观察项目	行为	食欲	精神	眼睛	压背	声音
		拱、爬、呆立	不定时、定量	亢奋→呆滞	清亮→黯淡、流泪	静立、颤抖、上下摆尾	大的吼叫声呼噜声

发情后期（不可配种阶段）

发情后期	观察项目	阴部内颜色	肿胀程度	表皮	黏液	温度	阴户手感
		灰红、淡红	逐渐萎缩	褶皱加深	粘稠→消失	尖端→转凉	逐渐松软
	观察项目	行为	食欲	精神	眼睛	压背	声音
		无所适从	逐渐恢复	逐渐恢复	逐渐恢复	不情愿	哼哼声

●●●●● 知识链接

后备母猪的挑选

后备母猪，就是指仔猪育成到初次配种前留做种用的母猪。在养猪实践中，挑选后备母猪技术性很强，贯穿其生长发育全过程，要依据其父母、同胞和自身的各种综合性能及表现进行全面考察。第一要看母系。后备母猪必须来自产仔数多、哺育率高、断奶窝重较高的良种经产母猪，以选留 2～5 胎母猪的后代为宜。后备母猪的父母应生产能力强、生长速度快、抗逆性好、饲料利用率高等。第二要看同胞。同窝仔猪胴体性状好、整齐度高、个体差异小，同胞中无疝气、隐睾、瞎乳、脱肛等生理遗传缺陷。第三要看自身。优质后备母猪自身生产性能标准：外形（毛色、头形、耳形、体形等）符合本品种的标准，且生长发育好，皮毛光亮，背部宽长，后躯大，体形丰满，四肢结实有力，并具备端正的肢蹄；有效乳头应在 7 对以上（瘦肉型猪种 6 对以上），排列整齐，间距适中，分布均匀，无遗传缺陷，无瞎乳和副乳头；生殖器发育良好，阴户发育较大且下垂、形状正常；出生重在 1.5 kg 以上，28 日龄断奶体重达 8 kg，70 日龄体重达 30 kg，且膘体适中，不过肥也不太瘦。在初配前再进行 1 次筛选，凡性器官发育不理想、发情周期不规律、发情现象不明显的母猪应及时予以淘汰。

任务二　繁殖控制

子任务一　母猪的同期发情

一、工作步骤

（1）母猪准备

确定实施同期发情的母猪，调查分析各母猪的生产阶段和生理状况。

（2）制定方案

根据母猪的生产阶段和生理状况，制定出同期发情方案。

（3）药品、器材准备

根据同期发情方案，选取药品、器材。母猪同期发情常用药品有 PMSG、[allyl＋renbolone(RU-2267)]、乙基去甲睾酮、HCG 等。

（4）任务实施

按方案对各母猪采取同期发情措施并及时鉴定发情、统计发情率。

二、同期发情案例

（一）同期断奶

对于处于哺乳后期的母猪，可将其同时转入配种舍，使母猪与仔猪分离。断奶当天限制饮水、不喂饲料，之后 3 d 要少量给料。断奶后根据膘情，调整饲料喂量。一般在断奶后 1 周内绝大多数母猪可以表现发情。如果在断奶同时肌内注射 PMSG500～1 000 IU，可使发情率提高。

（二）饲喂新型孕酮类似物

[allyl＋renbolone(RU-2267)]为新型孕酮类似物，每天给母猪饲喂 20～40 mg，共 18 d，处理后 4～6 d 母猪即会表现发情。这一方法对后备母猪和经产母猪都可以使用，而且母猪繁殖力正常，不会出现卵巢囊肿。

（三）乙基去甲睾酮

对群体空怀母猪皮下埋植 500 mg 乙基去甲睾酮 20 d；或每天注射 30 mg 乙基去甲睾酮，持续 18 d。停药后 2～7 d 内 80％以上的母猪会表现发情。

（四）注射 PMSG＋HCG 法

对断奶 4～5 周未发情的经产母猪，每头注射 PMSG400 IU＋LH200 IU，4d 内发情率可达 92.1％。

（五）注射 PMSG＋雌二醇法

对断奶 4～5 周未发情的母猪，肌内注射 PMSG400 IU/100 kg 体重＋6～8 mg 苯甲酸雌二醇，每头 6 d 内发情率可达 88％。

●●●● 知识链接

激素对母猪生理调节的特点

猪对外源激素的反应与牛、绵羊和山羊等畜种稍有不同，通常对牛、羊有效的孕激素对猪基本上无效，还会引起高比率的卵巢囊肿，影响母猪以后的繁殖性能。猪的黄体发育期较长，溶解牛、羊黄体效果很好的前列腺素，对于有性周期的青年母猪或成年母猪上使用的价值也不大，因为只有在发情周期的 12～15 d 处理，黄体才能退化，因此不能用于同期发情。

子任务二　母猪的诱导发情

一、工作步骤

（1）母猪准备

调查分析预处理母猪的生产阶段和生理状况，诊断出乏情的类别和原因。

（2）制定方案

根据母猪的乏情的类别和原因，制定出诱导发情方案。

（3）药品、器材准备

根据诱导发情方案，选取药品、器材。母猪诱导发情常用药品有 PMSG、FSH、乙基去甲睾酮、HCG、[allyl＋renbolone(RU-2267)]等。

（4）任务实施

按方案对母猪采取诱导发情处理并及时鉴定发情。

二、诱导发情案例

（一）早期断奶

哺乳期由于激素的作用，母猪一般处于乏情状态。因此对于泌乳乏情母猪，采取断奶处理，之后 1 周左右母猪即可发情。

（二）施用促性腺激素

1. 对于后备母猪初情期延迟，可采用 PMSG 400～600 IU 肌内注射，以诱导发情和排卵；经产母猪断奶后不发情也可肌内注射 PMSG 750～1 000 IU 1～2 次，3～4 d 后在肌内注射 HCG500 IU 母猪即可表现发情。

2. 对乏情母猪，肌内注射 FSH100 IU，连日或隔日一次，表现发情后肌内注射 HCG500 IU，母猪即可正常发情排卵。

（三）公猪刺激

让乏情母猪养在邻近公猪的栏中，或让成年公猪在乏情母猪栏里追逐 10～20 min，让公母猪有直接的身体接触，可以促使母猪发情。

子任务三　母猪的诱发分娩

一、工作步骤

（1）母猪准备

调查预处理母猪的妊娠阶段。

（2）制定方案

制定出诱发分娩方案。

（3）药品、器材准备

根据诱导发情方案，选取药品、器材。母猪诱发分娩常用药品有前列腺素制剂、催产素、孕激素等。

（4）任务实施

按方案对母猪采取诱分娩处理并及时接产。

二、诱发分娩案例

（一）单独使用前列腺素及其类似物

在母猪妊娠 110 d 后，一次性肌内注射氯前列烯醇 $0.1\sim0.20$ mg/头，可使母猪在药物注射后 24h 左右集中分娩。

（二）氯前列烯醇与催产素或孕激素配合使用

1. 在母猪妊娠 $110\sim113$ d 肌内注射氯前列烯醇 0.10 mg/头，次日再注射催产素 10 IU/头，可于注射催产素后数小时分娩。注射催产素后产仔时间平均为 2.94 ± 1.67 h，氯前列烯醇处理后 30 h 内分娩率为 90%。

2. 在预计分娩前数日，先注射 3 d 孕酮，每天 100 mg/头，第 4d 再注射氯前列烯醇 0.2 mg/头，母猪在氯前列烯醇处理后 25.4h 左右分娩。

●●●●● 知识链接

引起后备母猪乏情的原因

（1）选种失误

缺乏科学的选种标准，留用了不具备种用价值的后备母猪。

（2）卵巢发育不良

长期患慢性呼吸系统病、慢性消化系统病或寄生虫病的小母猪，其卵巢发育不全，卵泡发育不良使激素分泌不足，影响发情。

（3）营养或管理不当

后备母猪饲料营养水平过低或过高，喂料过少或过多，造成母猪体况过瘦或过肥，均会影响其性成熟。有些后备母猪体况虽然正常，但在饲养过程中，长期使用维生素 A、维生素 E、维生素 B_1、叶酸和生物素含量较低的育肥猪料，使性腺发育受到抑制，性成熟延迟。另外，一圈单头饲养和饲养密度过大、频繁咬架均可导致初情期延迟。

（4）公猪刺激不足

母猪的初情期早晚除由遗传因素决定外，还与后备母猪开始接触公猪的时间有关。

（5）母猪隐性发情

有些后备母猪会发生安静发情或微弱发情。国外引进猪种和培育猪种尤其是后备母猪，其发情表现不如土种猪明显。

（6）饲料原料霉变

对母猪正常发情影响最大的是玉米霉菌毒素，尤其是玉米赤霉烯酮，此种毒素分子结构与雌激素相似。母猪摄入含有这种毒素的饲料后，其正常的内分泌功能将被打乱，导致发情不正常或排卵抑制。

操作训练

1. 观察母猪发情时的外部变化。

2. 用压背反射法鉴定母猪发情。

3. 制定同期发情方案。

● ● ● ● ● 相关知识

一、母猪的生殖器官

母猪的生殖器官包括卵巢、输卵管、子宫、阴道等（见图2-5、图2-6）。

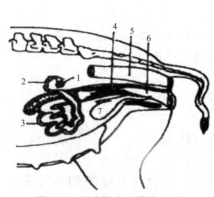

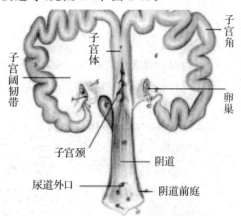

图 2-5　母猪的生殖器官（一）

1. 卵巢　2. 输卵管　3. 子宫　4. 子宫颈
5. 直肠　6. 阴道　7. 膀胱

图 2-6　母猪的生殖器官（二）

（一）卵巢

猪的卵巢的形态及大小因年龄不同而有较大变化。初生仔猪的卵巢形似肾脏，多是稍大，约 5 mm×4 mm，右侧约 4 mm×3 mm；接近初情期时，卵巢增大至 2 cm×1.5 cm，出现许多突出于表面的小卵泡和黄体，形似桑葚形；初情期后，根据发情周期时期的不同，卵巢上有大小不等的卵泡、红体或黄体突出于表面，形似一串小葡萄。母猪的卵巢位于荐骨岬的两旁，随胎次增多逐渐移向前下方。

（二）子宫

猪的子宫为双角子宫。其子宫角多弯曲而长，成年或以产母猪子宫角可达 1.2～1.5 m，宽 1.5～3 cm，形似小肠。两角基部之间的纵隔不明显。子宫体短，长 3～5 cm。子宫黏膜上多皱襞，充满子宫腔。母猪的子宫颈较长，成年母猪可达 10～18 cm。子宫颈后端逐渐过渡为阴道，没有明显的子宫颈阴道部。

（三）阴道

母猪的阴道长 10～12 cm，没有阴道穹隆部，直径小，肌层厚，黏膜层有皱褶。

二、母猪的发情规律

（一）母猪的性机能的发育阶段

初情期一般在 3～6 月龄；性成熟一般 5～8 月龄。母猪的初配年龄应根据其个体发育决定，不同的品种之间略有差别。通常在性成熟后，当母猪的体重达到成年猪体重的 70% 左右时进行配种，一般是在母猪的 8～12 月龄。在正常饲养管理条件下，母猪一般在 6～8 岁达到繁殖机能停止期。

（二）母猪的发情周期

1. 发情周期

母猪的发情周期为 18～23 d，平均为 21 d。

2. 发情周期的划分

母猪的发情周期可以划分为四个时期：发情前期、发情期、发情后期、间情期。

(1)发情前期

母猪举动不安，外阴肿胀，并由淡黄色变为红色，这种变化在后备母猪较为明显；阴道有黏液分泌，其黏度渐渐增加。在此期母猪不允许人骑在背上，平均为2.7 d。

(2)发情期

母猪阴部肿胀及红色开始减退，分泌物也变浓厚，黏度增加。此时母猪允许压背而不动，压背时，母猪双耳竖起向后，后肢紧绷，平均为2.5 d。

(3)发情后期

发情母猪的阴部完全恢复正常，不允许公猪爬跨，平均为1~2 d。

(4)间情期

精神状态和生殖道完全恢复正常状态，平均为13~14 d。

(三)猪的发情持续期

母猪的发情持续期为2~3d。小母猪较短，平均为47h；成年母猪稍长，平均为56h。

(四)产后发情

大约有40%的母猪在产后2~3 d出现发情表现，但其中绝大多数卵巢上并没有卵泡发育，也不能排卵，不是真正的产后发情。泌乳对母猪的发情起着明显抑制作用。一般情况下，只要有仔猪哺乳，母猪即不会表现发情，因此母猪的产后发情发生在仔猪断乳后1周左右。

断乳后母猪的发情率同哺乳期的长度存在着紧密的联系，哺乳期短于4周，母猪的产后发情率明显降低。母猪哺乳期营养水平对断乳后的发情率存在一定影响，较高营养水平有助于提高发情率。

(五)异常发情

母猪多见的异常发情是安静发情和孕后发情。在生产中，常因安静发情而失掉了配种机会，从而降低了猪的繁殖力。对安静发情的母猪，加强日常饲养管理中的观察亦可发现，或可借助公猪试情来鉴定。假发情的母猪一般不接受交配，在生产中，如果对假发情的母猪强行配种，可造成早期流产，会给生产带来损失，须避免发生。

(六)发情周期中卵巢的变化和排卵

母猪发情开始前2~3 d，卵泡开始迅速增大，直到发情后18 h为止。卵泡大小不一致，成熟卵泡因微血管网密布于卵巢的表面而呈橘红色。当卵泡顶端出现透明区时，说明排卵时刻即将来临。发情周期第6~8 d，黄体完全形成，分泌作用可以保持到16d，然后迅速退化。新形成的黄体因腔内充满暗红的血液凝块而呈暗红色，至发情周期第15 d时，渐变为浅紫色，到第18 d时，变为浅黄色，以后变为白色。

母猪排卵数的多少因品种、年龄、胎次和营养水平的不同而有所不同。一般青年母猪少于成年母猪，其排卵数随着发情的次数的增加而增加。营养水平高的排卵数也较多，母猪的排卵过程是陆陆续续的，从排第一个卵到最后一个卵的间隔为1~7 h，平均为4 h。

三、猪的繁殖控制技术

在养猪生产中常采用的繁殖控制技术包括诱导发情、同期发情和诱发分娩。

（1）诱导发情

诱导发情可使乏情母猪及时发情配种，提高母猪受配率。

（2）同情发情

在规模猪场采用同期发情，可使母猪配种、妊娠、产仔和仔猪的培育在时间上相对集中，便于更合理地组织生产，有效地进行饲养管理，降低生产成本和费用。同期发情还可使乏情母猪出现发情，使其具有正常的繁殖力。

（3）诱发分娩

诱发分娩又称引产，是在认识分娩机制的基础上，利用外源激素模拟发动分娩的激素变化，调整分娩进程，促使其提前到来，产出正常的仔畜。这是人为控制分娩过程和时间的一项繁殖新技术，可以缩短母猪的胎间距，提高繁殖率。其针对个体称为诱发分娩，针对群体称为同期分娩。

●●●●● 扩展知识

影响母猪发情周期的因素

发情周期是由来自卵巢的激素和来自垂体前叶的激素间接控制，品种间的差异并不显著，饲料水平对此也无多大影响。导致周期长度呈现显著差异的原因主要有以下几个。

（1）个体差异

不同个体的不同周期的长度，差异显著大于相同个体的不同周期。也就是说，同一个体的发情周期时间趋近相同（见图 2-7）。

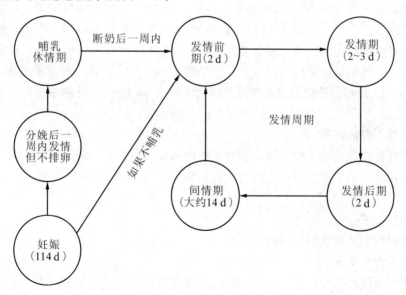

图 2-7　母猪的发情与卵巢周期交替

（2）胎次的影响

产过两窝的母猪，其周期长度比未曾产过仔的母猪长一天，分别为 20.7 d 和 19.7 d。

项目二　人工授精

【工作场景】

工作地点：实训室、实训基地。

动物：种公猪、发情母猪。

仪器：精子密度仪、电热恒温板、显微镜、恒温干燥箱、磁力搅拌器、恒温水浴锅、电子天平、精液分装机、恒温箱。

材料：假台猪、精液运输箱、保温杯、猪精液、注射器、移液器、量桶、烧杯、三角烧瓶、玻璃漏斗、定性滤纸、铁架台、输精导管、一次性手套、小试管、玻璃棒、水温计、擦镜纸、试管刷、大方盘、计算板、计数器、载玻片、盖玻片、葡萄糖、碳酸氢钠、氯化钠、氯化钾、柠檬酸钠、EDTA、青霉素、链霉素、染料、蒸馏水等。

【工作过程】

任务一　采精

子任务一　调教公猪

调教公猪的目的就是要让公猪把采精台同配种行为两者联系起来，变采精台为激发性欲、引起爬跨行为的良性刺激。换言之，就是使公猪对采精台建立起条件反射。

一、确定调教时间

瘦肉型后备公猪一般 4～5 月龄开始性发育，而 7～8 月龄进入性成熟。后备公猪 6 月龄左右体重达 90～100 kg 时结束测定，此时是决定公猪去留的时间，但还不能进行采精调教。准备留作采精用的公猪。种公猪从 7～8 月龄开始调教，效果比从 6 月龄就开始调教要好得多，一是缩短调教时间；二是易于采精。调教时间过晚，则不易成功，英国的一项研究表明：10 月龄以下的公猪调教成功率为 92%，而 10～18 月龄的成年公猪调教成功率仅为 70%。

二、调教人员的准备

进行后备公猪调教的工作人员，要有足够的耐心，遇到自己心情不好，时间不充足或天气不好的情况下不要进行调教，因这时容易将自己的坏心情强加于公猪身上而不利于公猪的调教。

三、调教方法

调教公猪的方法通常用的有如下几种。

(一)爬跨假台畜法

调教用的母猪台高度要适中，以 45～50 cm 为宜，最好使用活动式假台畜，由公猪的体形不同而调节。

调教前，先将其他公猪的精液或精液中的胶状物或发情母猪的尿液涂在母猪台上面，然后将后备公猪赶到调教栏，公猪在闻到气味后，大都愿意啃、拱母猪台，此时，若调教人员再发出类似发情母猪叫声的声音，更能刺激公猪性欲提高，一旦有较高的性欲，公猪慢慢就会爬跨母猪台了(见图 2-8)。如果有爬跨的欲望，但没有爬跨，最好第 2 d 再调教。一般 1～2 周可调教成功。

（二）爬跨发情母猪法

调教前，将一头发情旺期的母猪用麻袋或其他不透明物盖起来，不露肢蹄，只露母猪阴户，赶至母猪台旁边，然后将公猪赶来，让其嗅、拱母猪，刺激其性欲的提高。当公猪性欲高涨时，迅速赶走母猪，而将涂有其他公猪精液或母猪尿液的母猪台移过来，让公猪爬跨。一旦爬跨成功，第 2 d、第 3 d 就可以用母猪台进行强化，这种方法比较麻烦，但效果好。

图 2-8　爬跨假台猪法

四、调教注意事项

对于不喜欢爬跨的公猪，要树立信心，多进行几次调教。不能打公猪或用粗鲁的动作干扰公猪。若调教人员态度温和，方法得当，调教时自己发出一种类似母猪叫声的声音或经常抚摸公猪，久而久之，调教人员的一举一动或声音都会成为公猪行动的指令，并顺从地爬跨母猪台、射精和跳下母猪台。

对于后备公猪，每次调教的时间一般不超过 15～20 min，每天可训练一次，但 1 周最好不要少于 3 次，直至爬跨成功。调教时间太长，容易引起公猪厌烦，起不到调教效果。调教成功后，1 周内每隔 1 d 就要采精 1 次，以加强其记忆。以后，每周可采精 1 次，至 12 月龄后每周采 2 次，一般不要超过 3 次。

调教时，应先调教性欲旺盛的公猪。公猪性欲的好坏，一般可通过咀嚼唾液的多少来衡量，唾液越多，性欲越旺盛。对于那些对假母猪台或母猪不感兴趣的公猪，可以让它们在旁边观望或在其他公猪配种时观望，以刺激其性欲的提高。

经调教，公猪成功爬跨假母台后，一定要进行采精，否则，公猪很容易对爬跨母猪台失去兴趣。调教时，不能让两头或两头以上公猪同时在一起，以免引起公猪打架等，影响调教的进行和造成不必要的经济损失。

子任务二　采精

一、采精前的准备

（一）保温杯的准备

将食品保鲜袋或聚乙烯袋放进采精用的保温杯中，工作人员只接触留在杯外的袋的开口处，将袋口打开，环套在保温杯口边缘，并将精液过滤纸或消过毒的四层纱布（要求一次性使用，若清洗后再用，纱布的网孔增大，过滤效果较差）罩在杯口上，用橡皮筋套住，盖上盖子，放入 37℃的恒温箱中预热，冬季更应重视预热。采精时，拿出保温杯，传递给采精室的工作人员；当处理点距采精室较远时，应将保温杯放入泡沫保温箱，然后带到采精室。

（二）公猪的准备

采精之前，应将公猪包皮部的积尿挤出，若阴毛太长，则要用剪刀剪短，以利于采精，否则操作时抓住阴毛和阴茎而影响阴茎的勃起。将待采精公猪赶至采精栏，用水冲洗干净公猪全身特别是包皮部，用 0.1‰高锰酸钾溶液清洗其腹部及包皮，再用清水洗净，并用毛巾擦干净包皮部，避免采精时高锰酸钾残留液滴、清水等滴入精液，导致精子死亡和污染精液，清洗消毒的目的是减少繁殖疾病传播给母猪，减少母猪子宫炎及其他生殖道或尿道疾病的发生，以提高母猪的情期受胎率和产仔数。

经调教后的公猪，一般 1 周采精 1 次，12 月龄后，每周可增加至 2 次，成年后 2～3 次。

(三)采精室的准备

采精一般在采精室进行，采精室内设采精栏，并通过双层玻璃窗口与精液处理室联系。采精栏内设假母台(见图 2-9)。采精之前应进行如下的准备。

先将假台猪周围清扫干净，特别是公猪副性腺分泌的胶状物，一旦残落地面，走动很容易打滑，易造成公猪扭伤而影响生产。采精栏的安全角应避免放置物品，以利于采精人员因突发事情而转移到安全地方。采精室内避免积水、积尿，不能放置易倒或能发出较大响声的东西，以免影响公猪的射精。

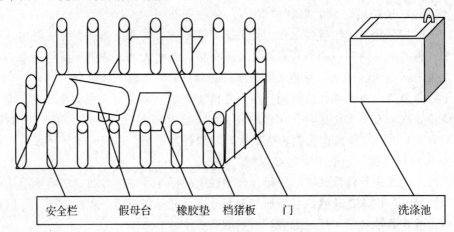

安全栏　　假母台　　橡胶垫　档猪板　　门　　　　　　洗涤池

图 2-9　公猪采精室

二、采精方法

(一)假阴道法采精

利用假阴道提供类似母猪阴道的压力、温度、湿度等，诱使公猪射精而获得精液的方法。

(二)手握法采精

这种方法目前在国内外养猪界被广泛应用。其优点主要是可以有选择性接取公猪精液，不需要复杂的用具。缺点是操作不当时，公猪的阴茎容易受伤；易污染精液等。

将采精公猪赶到采精室，先让其嗅、拱母猪台，工作人员用手抚摸公猪的阴部和腹部，以刺激其性欲的提高。采精员应戴双层手套(内层为聚乙烯手套，对精子无毒的专用手套，外层可戴一次性的薄膜手套)，可减少精液污染和预防人畜共患病。

当公猪性欲达到旺盛时，它将爬跨假台猪，并伸出阴茎龟头来回抽动。采精员用温暖清洁的手握紧伸出的龟头，当公猪前冲时将阴茎的"S"状弯曲拉直，紧握阴茎螺旋部的第一和第二褶，在公猪前冲时容许阴茎自然伸展，不必强拉，待充分伸展后，阴茎将停止前冲，开始射精。

射精过程中不要松手，否则压力减轻将导致射精中断。注意在采精过程中不要碰阴茎体，否则阴茎将迅速缩回。当采精人员能发出类似母猪发情时的"呼呼"声时，因声音和母猪接近，对刺激公猪的性欲将会有很大的作用，有利于公猪的射精。

手提阴茎的力度适中，应以不让其滑落并能抓住为准。用力太小，阴茎容易脱掉，采不到精；用力太大，一是容易损伤阴茎，二是公猪很难射出精液。采精时应尽可能使阴茎保持与地面呈水平状态，可防止包皮部积尿进入采精杯，因为积尿可杀死精子；也应避免其他液体如雨水等流入精液。

当公猪射精时，开始射出的清亮液体部分应弃去不要，这部分液体是尿道球腺的分泌物，不含精子，用来冲洗尿生殖道的积尿，尿液对精子有害，因此开始射出的 20 mL 不应接取。当射出乳白色的液体时，即为浓精液，就要用采精杯收集起来。有些公猪射精的过程中，可射出 2～3 mL 乳白色的浓精液，应全部接取（见图 2-10）。

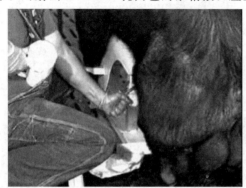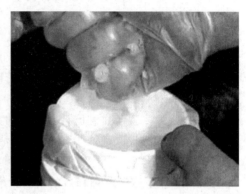

图 2-10　猪的采精

采精结束后，先将过滤纱布及上面的胶体丢掉，然后将卷在杯口的精液袋上部撕去，或将上部扭在一起，放在杯外，用盖子盖住采精杯，迅速传递到精液处理室进行检查、处理。

●●●●● 知识链接

种公猪的饲养注意事项

饲养种公猪要饲喂营养全面且平衡的种猪全价饲料，日粮中蛋白的含量不能少于16%。要保持公猪的体况适中，以不胖不瘦、体态轻盈为佳。胡萝卜是一种性价比极高的营养源，饲喂公猪效果很好，有条件的话可以按 500 g/d/头的标准进行饲喂。为了防止公猪便秘及有效的补充适量蛋白，可以在饲料里拌入用水泡过的苜蓿粉。用温水拌料和适量加喂食用油在冬天是有效抵御冷应激的好办法。

任务二　精液处理

子任务一　精液品质检查

一、进行精液的外观检查

（一）检查种公猪的一次射精量

以电子天平称量精液，按 1 mL/g 计，避免以量筒等转移精液盛放容器的方法测量精液体积。正常情况下，后备公猪的射精量一般为 150～300 mL，成年公猪为 200～600 mL。精液量的多少因品种、品系、年龄、采精频度、气候和饲养管理水平等不同而不同。

（二）检查精液的颜色和气味

观察精液颜色是否正常，猪的精液呈灰白色或淡乳白色；用手在集精杯口轻轻扇动并嗅闻精液气味是否正常，正常的公猪精液具有特有的微腥味，无腐败恶臭气味。

（三）检查精液的 pH

用移液器吸取一滴猪的精液滴在 pH 试纸上，1 min 内与标准比色板比对，确定 pH。猪精液的正常 pH 为弱碱性（7.0～7.8）。

二、检查精子活力

用平板压片法在 400 倍显微镜下检查精子活力，按 0.1～1.0 的十级评分法评分。公猪精子活力鲜精一般为 0.6 以上。

三、检查精子密度

（一）估测法

1. 制作精液平板压片。

2. 在 400 倍显微镜下观察，观察 2～3 个视野。

3. 估测出精子密度等级，推测出精子密度。

（二）血细胞计数法

1. 调节显微镜，看清血细胞计数板上的方格。

2. 用微量移液器吸取精液 100 μL 置于洁净的小试管内。

3. 用同一移液器吸取 3％氯化钠溶液 900 μL，与精液混匀。

4. 用 1 mL 注射器吸取稀释后的精液，推出一滴，将其滴入血细胞计数室。

5. 数出 5 个有代表性中方格的精子总数 A，计算出精子密度。原精液密度＝$A×5×10×1\,000×10$。

（三）精子密度仪测定法

四、精子畸形率的检查

（一）制作精液抹片

将一滴精液滴在一载玻片一端，用另一载玻片边缘快速推抹精液，使其在载玻片上形成一薄层。

（二）精子染色

用伊红或姬姆萨液将精液抹片上的精子染色并干燥 3 min。

（三）冲洗染色液

用缓缓的流水冲去抹片上的染色液。

（四）镜检

在 400 倍显微镜下检查，观察 500 个精子，计数出畸形精子数，计算出畸形率。畸形率一般不能超过 18％，否则弃去。

子任务二　稀释精液

一、确定稀释倍数

【案例】

某头公猪一次采精量是 200 mL，活力为 0.8，密度为 2 亿/mL，要求每个输精剂量是含 40 亿精子，输精量为 80 mL，稀释倍数为多少，应加入多少稀释液？

总精子数：200 mL×2 亿/mL＝400 亿

输精头份：400 亿÷40 亿＝10 份

稀释倍数：80×10 ÷ 200 mL＝4 倍

加入稀释液的量：10×80 mL－200 mL＝600 mL

二、配制稀释液

(一)用商品稀释粉配制稀释液

1. 根据本周配种计划、近期的配种情况和公猪使用记录等确定稀释液的配制量。

2. 称量蒸馏水。

3. 将稀释粉加入烧杯内，用双次蒸馏水溶解稀释粉。

4. 将恒温磁力搅拌器转速调到 5～7 级，搅拌 10～15 min。

(二)按稀释液配方配制稀释液

1. 选择稀释液配方。常用稀释液配方如表 2-1。

表 2-1　稀释液配方

成　　分	BTS(g)	Kiew	葡萄糖(mL)	葡柠液 G.D-5
葡萄糖	37	60	50	50
碳酸氢钠	1.3	—	1.2	—
氯化钾	0.4	—	—	—
柠檬酸钠	6	3.7	—	3.0
EDTA	1.3	3.7	—	1.0
蒸馏水	1 000	1 000	1 000	1 000
青霉素、链霉素	每 100 mL 加青霉素、链霉素各 5 万～10 万 IU			

2. 选备药品。

3. 称量药品，用双次蒸馏水溶解。

4. 用三连漏斗内加定性滤纸过滤药液。

5. 将药液放于 90℃以上水浴锅内水浴消毒 10 min。

6. 冷却后按比例加入抗生素。

三、稀释精液

(1)根据原精液量和稀释倍数，计算并量取所需量的稀释液。

(2)将精液与稀释液同放于 37℃的恒温箱或水浴锅内，使之同温化。

(3)将稀释液用玻璃棒引流或直接沿精液瓶壁缓缓加入精液中，同时用玻璃棒慢慢搅拌。稀释时精液应处于 37℃水浴锅内。

子任务三　精液的分装和保存

(1)精液稀释后，检查精液活率，若无明显下降，用精液分装机(见图 2-11)按每头份 80～90 mL 分装。

(2)瓶上加盖密封，并在输精瓶上标注公猪的品种、耳号，采精日期(见图 2-12)。

图 2-11　猪精液分装机　　　　　图 2-12　分装后的袋装精液

（3）置 22～25℃的室温 1 h 后（或用几层毛巾包被好后）直接放置 17℃冰箱中。

（4）保存过程中要求每 12 h 将精液混匀一次，防止精子沉淀而引起死亡。

（5）每天检查精液保存箱温度并进行记录，若出现停电应全面检查储存的精液品质。

（6）尽量减少保存精液保存箱关开次数，以免造成对精子的打击而死亡（见图 2-13）。

图 2-13　精液恒温积存箱

子任务四　精液的运输

一、检查

在运输之前进行精液检查。活力低于 0.7 的精液严禁调出，公猪站调出的精液必须标签清楚，标签不明或无标签的精液，不应发出。

二、包装

将精液瓶（袋）内空气排尽并密封好，放入专用运输箱（图 2-14）。

三、运输

选用防震性能好的车辆进行运输。运输过程中尽量减少震荡。

四、接收

精液运达后，先将其静置 15 分钟，再核对精液批号、检查质量。

图 2-14　精液运输箱

●●●●● 知识链接

稀释精液中对蒸馏水的要求

精子是一种对外界环境十分敏感的细胞，若稀释液中含有不纯物质如重金属、有机物和微生物都会损害精子，所以稀释液使用的水质是十分重要的。如果水质达不到要求，即使稀释剂是优良的，保存精液的效果仍会很差。自来水、饮用的纯净水、矿泉水等都达不到稀释用水的最低标准，其中所含的细菌、污物、无机盐份会改变稀释液本来的营养配方和渗透压平衡，造成精子在稀释后膜损伤、活力降低、保存时间缩短、甚至造成大量精子死亡。使用玻璃蒸馏器经过 2 次蒸馏的蒸馏水是配制稀释液的标准用水。新蒸馏的新鲜蒸馏水，pH 为 7.0，无微生物。蒸馏水要求用玻璃瓶储存。每批使用期在 3 d 左右，时间一长，空气中的 CO_2 溶入，蒸馏水会变酸，pH 下降，当 pH 下降到 6.6 以下时，要求重新蒸馏。蒸馏水储藏时间越长，微生物侵入的越多，就不宜使用。

任务三　输精

一、输精前的准备

（1）核对母猪号，再次鉴定发情状态。用 0.1％ 的高锰酸钾清洗母猪阴部，并用纸巾擦干。

（2）准备好一次性输精管。根据母猪情况选择不同规格的输精管（见图 2-15）。

（3）从 17℃ 保存箱取出的精液，轻轻摇匀，用已灭菌的滴管取 1 滴放于预热的载玻片，置于37℃的恒温板上片刻，用显微镜检查活力。

（4）输精人员消毒清洁双手。

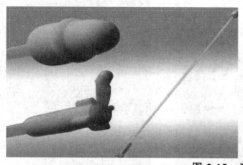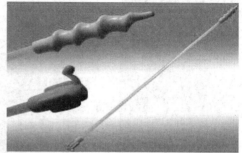

图 2-15　猪用输精管

二、输精方法

输精时，先将输精导管海绵头用精液或人工授精用润滑胶润滑，以利于输精导管顺利插入，并赶一头试情公猪在母猪栏外，刺激母猪提高性欲，促进精液的吸收。

用手将母猪阴唇分开，将输精导管沿着稍斜上方的角度慢慢插入阴道内。当插入25～30 cm时，会感到有点阻力，此时，输精导管已到了子宫颈口，用手再将输精导管左右旋转，稍一用力，顶部则进入子宫颈第2～3皱褶处，发情好的猪便会将输精导管锁定，回拉时则会感到有一定的阻力，此时便可进行输精。

输精时输精人员同时要对母猪阴户或大腿内侧进行按摩，实践证明，大腿内侧的按摩更能增加母猪性欲。

正常的输精时间应和自然交配一样，一般为3～10 min，时间太短。不利于精液的吸收，太长则不利于工作的进行。

为了防止精液倒流，输完精后，不要急于拔出输精导管，将精液瓶或袋取下，将输精导管局部对折，插入去盖的精液瓶或袋孔内，这样既可防止空气的进入，又能防止精液倒流（见图 2-16、图 2-17）。

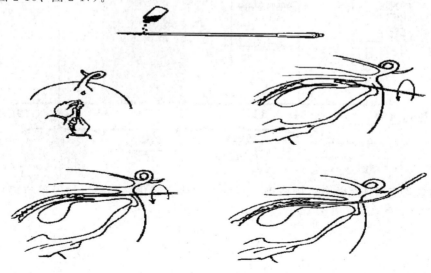

图 2-16　母猪的输精

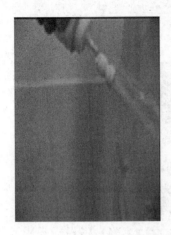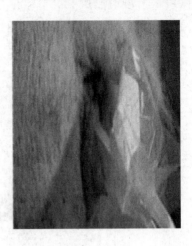

图 2-17　母猪现场输精操作
左：在输精管前端涂抹润滑剂；中：插入输精管；右：输精结束将管对折

三、深入企业，掌握最前沿的动物繁殖技术，推陈出新，强化企业科技创新主体地位
引入猪场适时输精和配种原则。

（1）断奶母猪发情时间越早，发情期和排卵期越长，开始排卵的时间越迟。这就要求要把握好早发情迟配，迟发情早配的基本原则。

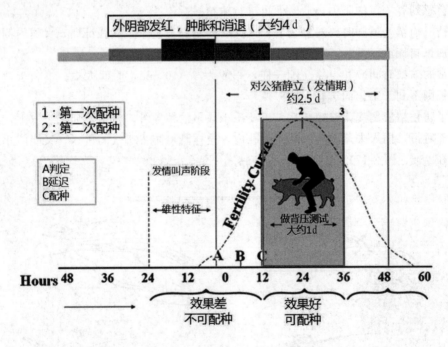

（2）后备猪应以外阴颜色、肿胀度、皱折度、粘液变化来判断发情及确定输精时间，静立反射仅作参考。

母猪类型及发情时间	发情静立时间	第一次配种时间	第二次配种时间	第三次配种时间
后备母猪	上午	当日下午	次日下午	输精后 24h 内，如果母猪还出现静立表现，对其进行重复输精
	下午	次日上午	三日上午	
断奶 4 d	上午	次日上午	三日上午	
	下午	次日下午	三日下午	
断奶 5 d	上午	当日下午	次日下午	
	下午	次日上午	三日上午	
断奶 6—7 d	上午	当天上午	当天下午	
	下午	当天下午	次日上午	
问题母猪（返情、流产等）	上午	当天上午	当天下午	
	下午	当天下午	次日上午	

●●●●● 知识链接

精液被污染的途径

采精过程、稀释过程、镜检、输精时都可使精液被污染。

(1)公猪体表不干净，可能有灰尘，灰尘会在采精时进入集精杯。

(2)采精前给公猪表皮周围消毒时未用温水清洗或者清洗后未用干净的纸巾或布擦干，会导致消毒液或水滴进入集精杯。

(3)采精时要戴上双层手套，除去公猪阴茎周围脏东西之后应脱掉外层被污染的手套再进行采精。

(4)公猪开始射精时开始部分的精液较稀，且有可能被污染，应弃之不用。

(5)注意采精环境的卫生，尽量做到采精室的清洁无尘，以避免室内灰尘进入集精杯。集精杯制作时如果不注意细节也可能造成精液污染。

①如果不采用一次性的对精子无害的塑料袋，集精杯清洁不到位会造成精液污染，因此生产过程中与精液接触的器具需尽量采用一次性耗材；

②集精杯口所用的过滤纸或纱布如果不洁净的话会造成精液在过滤时受到污染，所以准备集精杯时要注意洗手，尽量不要接触过滤精液的部分，如果用纱布过滤则要注意纱布消毒并做到干燥。稀释过程中要注意搅拌精液的玻璃棒要洁净干燥，稀释用水要新鲜、无菌。镜检时如果玻片不干净也会造成精液污染。

操作训练

1.采用手握法为公猪采精。

2.确定猪精液的稀释倍数并保存猪的精液。

3.确定母猪输精时间并完成母猪输精工作。

●●●●● 相关知识

一、公猪的生殖器官(见图 2-18)

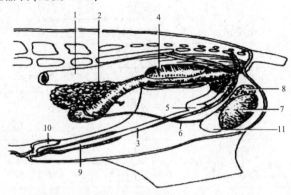

图 2-18　公猪的生殖器官

1. 直肠　2. 精囊腺　3. 阴茎　4. 尿道球腺　5. S状弯曲　6. 输精管　7. 睾丸
8. 附睾尾　9. 阴茎游离端　10. 包皮憩室　11. 附睾头

(一)睾丸

猪的睾丸为长的卵圆型,分散在阴囊中,睾丸的长轴倾斜,前低后高。睾丸的主要功能为产生精子和分泌雄激素。公猪睾丸生成精子的能力很强,每克睾丸组织每天可生成2 400万~3 100 万个。

(二)附睾

附睾附着于睾丸的附着缘,分为头、体、尾。主要的功能为储存精子和运送精子。

(三)输精管

输精管是由附睾管延伸而来,沿腹股沟管到腹腔,折向后方进入骨盆腔。主要功能是将精子从附睾尾部运送到尿生殖道。公猪的输精管没有壶腹部。

(四)副性腺

副性腺包括精囊腺、前列腺、尿道球腺。射精时,它们的分泌物与附睾液混合在一起组成精清。

1. 精囊腺

猪的精囊腺位于输精管末端,特别发达,为一对致密的分叶腺,腺体组织中央有一小腔,各腺管分别开口于尿道。

2. 前列腺

猪的前列腺与牛的相似,分为体部和扩散部,体部小,扩散部大。

3. 尿道球腺

猪的尿道球腺特别发达,呈圆筒状,为尿道肌覆盖。每侧尿道球腺有一排出管,通入尿生殖道背侧中线两侧。其分泌物量较其他动物大,可占到精液量的15%~20%。

(五)尿生殖道

尿生殖道是排精和排尿的共同管道,分为骨盆部和阴茎部,膀胱、输精管及副性腺体均开口于尿生殖道的骨盆部。

（六）阴茎和包皮

公猪的阴茎细长，在阴阴囊前方折成一"S"状弯曲，龟头呈螺旋状扭转，上有一浅的螺旋沟（见图 2-19）。包皮是由皮肤凹陷而发育成的皮肤褶，在不勃起时，阴茎头位于包皮腔中。猪的包皮腔很

图 2-19　公猪的阴茎

长，其前部背侧形成一椭圆形盲囊，称包皮憩室。包皮憩室内常常聚集尿液和上皮碎屑，具有特殊的腥臭味。

二、公猪的生殖生理

（一）初情期和性成熟

性的成熟期因品种不同和营养状况而异。在正常的饲养管理条件下，我国地方猪种性成熟早，一般在 3～4 月龄，体重在 25～30 kg 的时候。培育品种和国外引进的品种，一般在 6～7 月龄，体重在 65～70 kg 时。初情时，虽然已能产生成熟精子，但生育力是很低的，多数品种需至 8～10 月龄才具有正常生育力，这就是所谓性成熟。公猪性成熟并不一定等于可以配种。配种过早会缩短种公猪的利用年限，降低种用价值。因此，培育品种及引进品种的种公猪一般在 8～12 月龄开始配种，认为比较合适。我国地方品种的种公猪则可适当早些时间开始利用。

初情期到来之前，小公猪的阴茎和包皮的联系也出现解剖学上的演变过程。起初，龟头同周围的包皮组织发生分离，此后，龟头方能因阴茎的勃起而伸出包皮、公猪才能进行交配。

（二）公猪的性行为

公猪的性行为一般由性兴奋和性欲、求偶、勃起和射精、配种频率等过程所组成。

1. 性兴奋和性欲

公猪根据嗅觉、视觉和听觉特别是嗅觉去发现和识别母猪，尤其是发情母猪。发情母猪的阴道分泌物和尿道中可能含有某种能够引诱公猪并激发其性兴奋和性欲的物质，这类物质统称为外激素。公猪的包皮腺和下颌腺中也含有能够引诱发情母猪的另一种外激素。公猪分泌的这种物质对另一些公猪性欲的刺激作用甚至比发情母猪的阴通分泌物的作用更为强烈。因为，公猪只有在求偶和交配时才释放这种物质，另一些公猪闻到后，必然激发起性欲。在调教公猪爬跨假母猪或采精台时，最有力的引诱物质是陌生公猪的包皮腺分泌物或者精液，这比发情母猪的阴道分泌物或尿液更为有效。

视觉和听觉对激发性欲也起到重要作用，特别是已经习惯于用采精台采精的公猪，一旦来到采精室，立即表现性兴奋，也能顺利地去爬未经气味污染的、全新的采精台。

2. 求偶

一头有配种经验的公猪，遇到发情母猪后，总是先嗅闻一番，用吻部拱挑母猪的腹股沟部，并发出短促而有节律的求偶鸣声，口角溢出大量白沫，散发特殊臭味。如果母猪回避，那么，公猪就进一步加强这些信号，有时还抖动身躯、从包皮中排出少量尿状液体，顿时散发出强烈臭味。

发情母猪，只有在接受爬跨时才对公猪的求偶，以及下颌腺和包皮腺的分泌物有强烈反应，表现稳立、呆愣、两耳扇动或耸立，静待交配。大多数（90％）适配母猪，即使没有公猪出现，只要接受到上述求偶信号，由人去按压或骑坐其腰荐部，同样也出现静立反射。

3. 勃起和射精

公猪阴茎的海绵体不发达，但有 S 状弯曲和阴茎缩肌。勃起时，主要是依靠阴茎缩肌的松弛，松弛后，S 状弯曲立即伸直，阴茎随即伸出包皮。在荐部脊髓，有勃起中枢和射精中枢，除受高级中枢控制外，在阴茎特别是龟头上有大量感受器，当受到适当刺激后，即可反射性地引起勃起或射精。

引起射精中枢兴奋的刺激要求，同其他家畜不完全相同。压力刺激对公猪来说最为重要。在交配时，螺旋状龟头直接插入子宫颈管中，并固着在子宫颈的黏膜突起上，子宫颈频频收缩，对龟头产生一定压力刺激，从而引起射精中枢的兴奋。对温度的要求不很严格，也不敏感，只要不过冷，就无妨碍。所以，现行采精多为手握法，可以模拟子宫颈对龟头施加的压力，采精效果较好。近年来，假阴道的结构也有若干改进以求更适应公猪的射精特点。

4. 配种频率

在自由交配的情况下，公猪每天可交配数次，而后虽有交配行为，但精液稀少，受精能力急速降低。为取得最佳配种成绩，成年公猪以隔日采精或每周采精 2～3 次为宜，青年公猪可每周采精 1 次。

三、猪人工授精

(一)人工授精的发展概况

1948 年，伊藤、丹羽等最先报道了利用新鲜猪精液的实际应用技术。20 世纪 30 年代苏联国营农场开始应用猪的采精、精液稀释和输精技术。1975 年，发明了简便的冷冻及解冻方法后，冷冻精液便作为商品使用。与新鲜精液相比，用冷冻精液进行人工授精分娩率低，窝产仔数也少，所以冷冻精液的使用非常有限。不过，冷冻精液仍是一种能把优秀遗传学成果推广到世界上的有效手段。目前，世界上绝大部分猪的人工授精都采用新鲜精液。

我国的猪人工授精技术开始于 20 世纪 50 年代，采集后的公猪精液经稀释和常温保存后，再由专门的人工授精员进行授精。猪的品种基本上未经任何科学选育，大多数种猪的体型小、生长速度慢、瘦肉率低，与同期国外的优秀品种相比，生产性能指标相差很大。80 年代，中国开始引进优良的西方品种，通过它们与本地猪杂交，来改善我国猪的生产性能。在这个过程中，由于人工授精的应用，提高了种公猪的利用率，迅速推广了优良品种，增加了经济效益。目前，人工授精技术在国内已获普遍使用。

(二)人工授精的优越性

1. 减少饲养头数，充分发挥优秀公猪的遗传潜力

采用人工授精时，种公猪每头每次采精少则可供 4～5 头母猪输精，多则稀释后可供 10～20 头母猪输精，甚至达到 30～50 头母猪输精，这样就大大提高种公猪的利用率。用人工授精技术 1 头种公猪 1 年可配 300～1 000 头母猪，比自然交配提高效率 10 倍以上。采用人工授精，优良的种公猪被充分利用，就可以把低劣的种公猪淘汰掉，这样可以大大节省饲养种公猪的费用，降低养猪成本。通过人工授精就可以提高优良种公猪的配种利用效率，迅速扩大具有优良性状的后代数量，加快猪种改良工作。特别是冷冻精液的研究成功，精液可以储存数年之久，优良的种公猪便可发挥更大的作用。

2. 减少某些疾病的传播

人工授精公母猪生殖器官不直接接触，可以预防某些生殖疾病，同时人工授精采取最好的公猪精液进行配种，有利于实行重复输精及混合授精。因此，可以提高受胎率和产仔率，增加产仔头数，后代的生活力也比较强，使养猪效益获得较大幅度提高。

3. 与繁殖控制技术结合，利于现代化养猪技术体系建立

人工授精与诱导发情、同期发情和诱导分娩等繁殖控制技术结合应用，可以促进生产资源优化，有利于生产的组织管理，提高生产效率。现代化养猪技术体系建立的建立也提高了猪群的繁殖率。

4. 精液保存技术的发展，加快猪育种进程

精液保存技术的发展，可以使母猪配种不受地域限制，可以大大节省自然交配因路途遥远而浪费的人力和时间，甚至国际之间也可以航空运输精液，大大加快了种猪选育的进程。

5. 是实现科学养猪，养猪生产规模化、现代化的重要手段

在养猪业中，推广经济杂交，推行规模化、集约化生产。人工授精是实现规模化饲养、有效选种选配的手段。

四、精液检查

（一）精子活力检查

猪精液的活力检查与牛精液的活力检查相似，都可以使用平板压片法或悬滴法检查，用"十级一分制"进行评分。

（二）精子密度检查

猪正常精液的精子密度为 2 亿～3 亿/mL。检查精子密度可以用估测法、细胞计数法和精子密度仪测定法进行。

1. 估测法

估测法是生产中最为常用的检测精液密度方法，常常与活力检测同步进行。检查时可以根据显微镜视野中精子分布情况和稠密分为"密、中、稀"三个等级；

密：整个视野中布满精子，相临精子之间的空隙小于一个精子长度，看不清各个精子的活动，"密"级精液含有精子约 6 亿/mL 以上。

中：视野中精子较多，可见各个精子活动，相临精子之间的间隙在 1～2 个精子长度间，"中"级精液含有精子 3 亿～4 亿/mL。

稀：视野中精子很稀少，相临精子之间的间隙在 2 个精子长度以上，"稀"级精液含有精子约 2 亿/mL 以下。

2. 细胞计数法

将稀释后的精液滴入血细胞计数板内，在显微镜下计数精子的数量，计算精子密度的一种方法。猪的原精液密度比牛的低，所以检查时稀释 10～20 倍即可。

3. 精子密度仪测定法

精子密度仪是生产中常用的精液检查仪器，因其使用方便，检测快速，现使用已越来越广泛。

（三）精子畸形率检查

猪的正常精液的精子畸形率不超过 20%，生产中一般将畸形率在 18% 以上的精液即

评定为品质不良精液。精子畸形率检查是精液检查中重要的一项，对青年公猪最初几次采精，每次都要进行精子畸形率检查。成年公猪精液中精子畸形率每月测定一次即可，但夏秋季要每 2 周进行一次检查。

五、猪精液常温保存

常温保存主要是利用一定范围的酸性环境，或用冻胶环境来抑制精子的活动，以减少其能量消耗，使精子保持在可逆性的静止状态而不丧失受精能力。常温有利于微生物生长，因此还要用抗菌物质抑制微生物对精子的有害影响。加入必要的营养和保护物质，隔绝空气，也会有良好作用。猪的精液最宜进行常温保存，生产中常用 17～18℃ 专用精液储存恒温冰箱来储存精液。猪的精子比其他动物的精子对于低温更为敏感，低于 15℃ 精子活力会大幅下降，但高于 20℃ 会加速精子的新陈代谢水平，缩短精子的寿命，因此，储存猪的精液时要严格控制储存温度。

六、母猪的输精要求

（一）输精时间

输精时间关系到母猪的受胎率和产仔数。对断奶后 3～6 d 发情的经产母猪，发情出现站立反应后 6～12 h 进行第一次输精配种，间隔 8～10 h 再输精一次为；后备母猪和断奶后 7 d 以上发情的经产母猪，发情出现站立反应时即进行第一次输精，间隔 8～10 h 再输精一次为宜。

（二）精液要求

常温保存的精液活力在 0.6 以上才可进行输精。输精前应将保存的精液轻轻摇匀，用已灭菌的滴管取 1 滴放于预热的载玻片，置于 37℃ 的恒温板上片刻，用显微镜检查其活力。

（三）输精量及有效精子

猪的输精量要求为每次 80～90 mL，有效精子数为 20 亿～50 亿个。

（四）输精部位

输精时输精器要插入母猪的子宫颈管内，将精液灌注到子宫体和子宫角内。

●●●● 知识链接

影响猪人工授精的关键因素

1. 采精与输精人员

选择有耐心、细心和责任心的采精员与配种员是获得高品质精液与保证受胎率的关键，要经常选择实践经验丰富的行家对员工进行培训、提高。

2. 正确认真的操作

人工授精过程中每一步，采精、检查、稀释、包装、冷却、储存、输精等都非常重要，这是人工授精结果理想满意的前提。

3. 发情鉴定

发情鉴定是安排输精时间的基础性工作，最好的方法就是对母猪进行进行每天 2 次的试情，选用性欲旺盛，口角泡沫丰富的老年公猪试情，效果最好。

4. 及时评定猪群的繁殖率，统计配种率、分娩率、产仔数、畸形率等，分析存在的问题，提出改进措施。

项目三 妊娠诊断

【工作场景】

工作地点：实训基地。

动物：配种后的母猪。

材料：A 型、B 型超声波诊断仪、耦合剂、消毒药水、水盆、纸巾、毛巾、温水等。

【工作过程】

任务一 超声波诊断法

一、A 型超声诊断仪诊断

（一）准备工作

调试好便携式兽用 A 型超声波诊断仪（图 2-20），准备好耦合剂（专用耦合剂或菜籽油、石蜡油）。将待检母猪驱赶至宽敞的场地。

（二）检查方法

1. 安抚母猪，使其安静站立。

2. 在母猪右腹侧最后肋下腹部、最后一对乳头上方，涂抹耦合剂或石蜡油。

3. 把超声仪探头紧贴被检部位皮肤，转动探头，对子宫进行弧形扫描。扫描角度大约与母猪体成 45 度，并对准对侧前肩。

图 2-20 猪用 A 型超声波诊断仪

4. 当发出稳定声音后，记录结果。

5. 在左侧再检测一次，以验证结果。

（三）结果判定

1. 当听到连续的"嘟嘟"声，则诊断为妊娠。

2. 当听到断续的"嘟嘟"声，多次调整探头方向，仍无连续响声，则诊断为未孕。

（四）注意事项

1. 每测试一头母猪前必须抹上油，这样可以保证探头和猪体接触良好。

2. 最好选择在母猪安静情况下测试，将使测试工作更加顺利。初次测试时为无孕时，请隔些时日（7～10 d），再复测以进行确定。

3. 最早可在母猪配种 18 d 进行测试，最晚不能超过母猪配种后 75 d。在配种后 18 d 进行测试应该在 30 d 后再重复一次以保证精确的测试结果

4. 该诊断方法仅能检测出是否妊娠，不能确定妊娠个数。

二、B 型超声诊断仪诊断

（一）准备工作

打开 B 型超声诊断仪，调节好对比度、灰度和增益，使其适合当时当地的光线强弱及检测者的视觉。准备好耦合剂（专用耦合剂或菜籽油、石蜡油）。使待检母猪于限位栏内或在运动场上安静站立、侧卧。

（二）检查方法

1. 使待检母猪安静站立或侧卧，将其大腿内侧、最后乳头上方腹壁洗净，涂上耦合剂。毛多时，要剪毛后再涂耦合剂。

2. 将探头涂抹耦合剂后置于最后一对乳头上方区，紧贴母猪腹部皮肤，调整探头前后上下位置及入射角度，首先找到膀胱区，再在膀胱顶上方寻找子宫区，观察 B 超显示屏上子宫区的图像，记录检测结果。

3. 当出现清晰图像时，冻结图像，测量胎囊或胎儿长度，按产科表提示判断出妊娠时间。

（三）结果判定

如在显示屏上出典型的孕囊暗区即可确认为妊娠。母猪妊娠各阶段的 B 超图像如图 2-21。

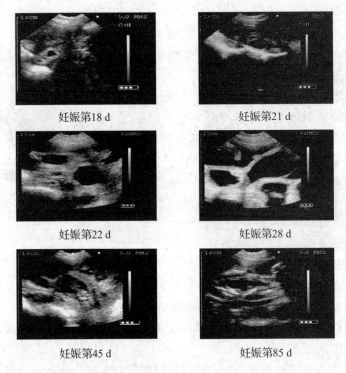

妊娠第18 d   妊娠第21 d

妊娠第22 d   妊娠第28 d

妊娠第45 d   妊娠第85 d

图 2-21 母猪妊娠各阶段 B 超图像

（四）注意事项

1. 早孕阴性的判断须慎重，因为在受胎数目少或操作不熟练时难以找到孕囊。未见孕囊不等于没有受孕，因此会存在漏检的可能。

2. 放在判断早孕阴性时应于两侧大面积仔细探测，并需几天后多次复检。

3. 估测怀胎数时更需双侧子宫全面探查，否则估测数不准。

4. 探测怀胎数的时间在配种后 28～35 d 最适宜，此时能观察到胎体，而且胎囊并不很大，在一个视野内可观其全貌，随着胎龄增加和胎体增大，一个视野只能观察到胎囊的一部分，而估测误差也会增大。

B 型超声波诊断仪如图 2-22 所示，猪的 B 超妊娠诊断操作如图 2-23 所示。

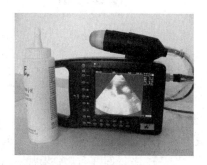

图 2-22　B 型超声波诊断仪

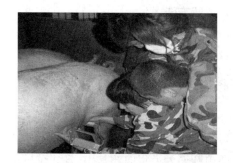

图 2-23　猪的 B 超妊娠诊断操作

操作训练

1. 利用 A 型超声诊断仪为母猪做妊娠诊断。

2. 利用 B 型超声诊断仪为母猪做妊娠诊断。

●●●●● 知识链接

超声波和超声诊断仪

超声诊断仪是利用超声波的反射特性来获得畜体组织内的有关信息，从而诊断组织器官状态或妊娠情况的。频率高于 20 000 MHz 的声波称为"超声波"，通常用于医学诊断的超声波频率为 1～5 MHz。超声诊断仪是利用脉冲电流引起超声探头同时发出多束超声波，当超声波束在畜体组织中传播遇到不同声阻抗的两层邻近介质界面时，在该界面上就产生反射回声。反射声波经转换、放大后输出，或经探头转换为脉冲电流信号，以回声形式在显示屏上形成明暗不同的光点。根据回声波幅的高低、多少、形状等即可对组织状态作为判断。超声诊断仪有 A 型、B 型、M 型、C 型和 D 型等，家畜妊娠诊断中多用 A 型和 B 型。A 型超声诊断仪是幅度调制型，显示单声束界面回波的幅度，以声音形式输出或形成反映一个方向的一维图像。一般兽用 A 型超声诊断仪的体积都比较小，是一种便于携带，操作简单的妊娠诊断仪器。此类仪器可以在母猪妊娠的早期做出诊断，诊断准确率高，据报道，在配种 30 d 时，妊娠阳性准确率达 80％，在配种 75 d 时，妊娠阳性准确率可达 95％。B 型超声诊断仪是辉度调制型，以光点的亮度表示回声的强弱，能显示脏器的活动状态，分为线型扫描，扇型扫描，凸弧扫描。B 型与 A 型超声仪有以下不同：一是 B 型超声诊断仪将回声脉冲电信号放大后送到显示器的阴极，使显示的亮度随信号的大小而变化；二是 B 型超声诊断输出的是二维切面声像图。便携式兽用 B 型超声诊断仪在生产实践中应用广泛，除用于妊娠诊断外，还可用于子宫、卵巢、肝、胆、肾等器官的健康检查。在妊娠诊断中，B 型超声诊断仪不但准确率高，还可在妊娠一定时期后，确定胎儿性别。

任务二　腹壁触诊法诊断妊娠

一、诊断时间

在母猪妊娠中、后期，用手按压母猪腹壁，触摸到胎儿，从而可以判断是否妊娠。

二、诊断方法

先用抓痒法使母猪侧卧，然后手掌展平，在母猪最后一对乳头上部下压，同时前后滑动，如触摸到一连串大小相似的硬块，即可确诊为妊娠。

任务三　预产期推算

一、快速推算法

母猪预产期可以用配种月份加 4，配种日数减 6，如一头母猪在 4 月 16 日最后一配种受胎，则预产期为当年的 8 月 10 日。也可按"三、三、三"法，即 3 月、3 周加 3 天的方法来推算。

二、利用数据处理软件推算

当前很多种畜场管理软件都有繁殖数据记录和处理功能，对有准确配种记录的母畜，可以给出预产时间。一些常用办公软件也有此功能，对大群体母畜的预产期可用计算机软件处理。现以 Excel 为例，说明如何推算预产期。

1. 将配种日期列（B）和预产期列（C）设置为日期格式，见图 2-24(a)。
2. 将配种日期录入 B 列，见图 2-24(b)。
3. 于"C2"单元格编写公式"=B2+114"，见图 2-24(c)。
4. 回车，拖动"C2"单元格，计算出其他母猪的预产期，见图 2-24(d)。

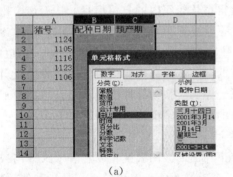

(a)　　　　(b)

(c)　　　　(d)

图 2-24　预产期推算

●●●● 知识链接

母猪妊娠期的饲养

母猪妊娠期的饲养按妊娠前期和妊娠后采取不同的策略。妊娠前期是指从配上种到怀孕 80 d。此阶段饲料的控制对配种受胎、增加产仔数起促进作用。空怀母猪经配种后继续限量饲喂，定时定餐，每日饲喂 2～2.5 kg 为宜(视母猪肥瘦体况而定)，适当增加青饲料。喂至 20 d 后，逐渐恢复母猪正常食料量。禁喂发霉、变质、冰冻、有刺激性的饲料，以防流产。妊娠后期是指怀孕 80 d 后到胎儿分娩阶段。此阶段胎儿发育迅速，钙质、营养需要迅速增加。饲料选择不好极易引起母猪瘫痪、仔猪弱小多病。饲料逐渐转换成哺乳料，可在每日的饲料中添加干脂肪或豆油，以提高仔猪初生重和存活率。饲喂方式是定时定餐，定量采食，每日喂料 2.5～2.8 kg 为宜(视母猪膘情而定)。另外要注意的是，怀孕母猪在产前 7 d 增减料。对膘情上等的母猪，在原饲料的基础上减料，以免产后乳汁过多过浓，造成仔猪吮吸不全而引起乳房炎；对膘情较差的母猪，适当加料，以满足产后泌乳的需要。

●●●● 相关知识

一、早期妊娠诊断的意义

母畜配种或输精后，及早进行妊娠诊断，对保胎防流、减少空怀、提高母畜繁殖率具有重要意义。通过妊娠诊断，对确诊为妊娠的母畜可以按怀孕母畜所需要的条件，加强饲养管理，预防流产；对确诊未孕的母畜，要查明原因，及时改进措施，在下次发情时复配。

二、妊娠母畜的生理变化

母畜妊娠期间，由于胎儿和胎盘的存在，内分泌系统出现了明显的变化，大量的孕激素和少量的雌激素的协调平衡是维持妊娠的基础。由于胎儿的逐渐发育及激素的相互作用，使母畜在妊娠期的生殖器官和整个机体都出现了特异变化。

(一)生殖器官的变化

1. 卵巢

母畜妊娠后，卵巢上的周期黄体转变为妊娠黄体。妊娠黄体经一段时间的发育，体积比周期黄体略大，质地变硬。妊娠黄体存在于整个妊娠期，并分泌孕酮以维持妊娠。

2. 子宫

在妊娠期，随着胎儿的发育，母畜子宫也日益膨大，这种增长主要体现在子宫角和子宫体。妊娠的前半期，子宫体积的增大主要是子宫肌纤维的增长，后半期由于胎儿的增大使子宫扩张，子宫壁变薄。猪在妊娠时扩大的子宫角最长可达 1.5～3 m，盘曲于腹腔底部。子宫颈在妊娠期间收缩紧闭，其内部腺体数目增加，分泌的黏液变浓稠，充塞在颈管内形成栓塞，称子宫栓。子宫存在于整个妊娠期，可防止外来异物和微生物进入子宫，有保胎作用。母猪妊娠时，附着在子宫阔韧带上的通往子宫的血管变粗。动脉内膜增厚，与肌层的联系变疏松，血液流动时出现的脉搏由原来清楚的跳动变为间隔不明显的颤动。母畜在妊娠期中、后期间子宫动脉出现的这种颤动脉搏称为妊娠脉搏。

3. 阴道与外生殖器官

在妊娠期间，母畜的阴道黏膜苍白、干涩。在妊娠初期，母畜阴门紧闭，阴唇收缩有皱纹。随着妊娠期的进展，阴唇水肿程度增加，到后期出现明显的水肿。

（二）母体的变化

在母猪妊娠后，由于妊娠黄体能持续分泌孕酮，母猪规律性发情停止；由于胎儿的发育及母体本身代谢的增强，母畜食欲变旺盛，经过一段时间后，其膘性转好，被毛变光亮，体重增加。在妊娠期间，母猪性情变温顺，行动谨慎、安稳，怕拥挤，易离群。在妊娠中、后期，由于胎儿发育迅速，需要的营养物质量增大，有时母畜的膘性会有所下降。

三、超声诊断仪类型

超声诊断仪有 A 型、B 型、M 型、C 型和 D 型等，家畜妊娠诊断中多用 A 型和 B 型。

（一）A 型

A 型超声诊断仪是幅度调制型，显示单声束界面回波的幅度，以声音形式输出或形成反映一个方向的一维图像。一般兽用 A 型超声诊断仪的体积都比较小，是一种便于携带，操作简单的妊娠诊断仪器。此类仪器可以在母猪妊娠的早期做出诊断，诊断准确率高，据报道，在配种 30 d 时，妊娠阳性准确率达 80%，在配种 75 d 时，妊娠阳性准确率可达 95%。

（二）B 型

B 型超声诊断仪是辉度调制型，以光点的亮度表示回声的强弱，能显示脏器的活动状态，分为线性扫描，扇形扫描，凸弧扫描。B 型与 A 型超声诊断仪的不同点主要是：①B 型超声诊断仪将回声脉冲电信号放大后送到显示器的阴极，使显示的亮度随信号的大小而变化；②B 型超声诊断仪输出的是二维切面声像图。便携式兽用 B 型超声诊断仪在生产实践中应用广泛，除用于妊娠诊断外，还可用于子宫、卵巢、肝、胆、肾等器官的健康检查。在妊娠诊断中，B 型超声诊断仪不但准确率高，还可在妊娠一定时期后，确定胎儿性别。

四、母猪妊娠期

妊娠期是指从受精到胎儿成熟产出的时间。妊娠期的长短和很多因素有关，如品种、年龄、胎次、胎儿数目、饲养水平和环境条件等。母猪的妊娠期为 102～140 d，平均为 114 d。

●●●●● **扩展知识**

超声波诊断原理

超声诊断仪是利用超声波的反射特性来获得畜体组织内的有关信息，从而诊断组织器官状态或妊娠情况的。超声波是一种频率在 2～10 MHz 的高频声波。超声诊断仪是利用脉冲电流引起超声探头同时发出多束超声波，当超声波束在畜体组织中传播遇到不同声阻抗的两层邻近介质界面时，在该界面上就产生反射回声。反射声波经转换、放大后输出，或经探头转换为脉冲电流信号，以回声形式在显示屏上形成明暗不同的光点。根据回声波幅的高低、多少、形状等即可对组织状态做出判断。

项目四 分娩与助产

【工作场景】

工作地点：实训基地。

动物：临产母猪。

材料：产科器械、剪子、盆、肥皂、毛巾、棉花、纱布、注射器、体温表、碘酊、75％酒精、高锰酸钾或新洁尔灭溶液、照明设备、温水等。

【工作过程】

任务一 正常分娩的助产

分娩是母猪的正常生理过程，在自然状态下，正常的分娩不需要助产。但为了母子安全，减少母猪的体力消耗，给予适当的助产还是必要的。助产的目的在于对母猪和胎儿进行观察，并在必要时加以帮助，以免母子受到损伤。但须指出的是，助产的工作一定要根据分娩的持续性来进行，不要过多干预。

一、产前的准备

产前准备工作是母猪繁殖中一项很重要的工作，有时往往准备不足而造成母或子死亡，或发生疾病，给生产带来不应有的损失。因此在母猪分娩之前，应做好接产准备。

（一）产房的准备

应根据现行条件准备母猪分娩时用的专用房。产房要求清洁、干燥（产房的相对湿度最好是在65％～75％）、光线充足、通风良好而无贼风。在产前1周要对产房的墙壁、地面和饲槽等进行清扫消毒，并准备好清洁柔软的垫草。

（二）药械、用具准备

在母猪分娩前1周，就要准备好接产用的药械和用具，把它们消毒后存放在固定的干净处，以便随时取用。药械及用具主要包括：肥皂、毛巾、棉花、纱布、注射器、70％～75％酒精、体温表、高锰酸钾或新洁尔灭溶液和照明设备等，如果有条件，最好准备一套常用的产科器械。

（三）保暖工作的准备

仔猪抗寒能力很弱，特别是在严寒的冬季。因此，必须给它增设适当的保暖设备，保暖设备有许多种，可根据具体条件选定。目前，一般常用的有红外线灯、温水循环和电加热板等方法。从多年来的使用效果看，红外线灯设备简单，除有保温效果外，红外线还有预防和治疗皮肤病的作用。当用250 W的灯泡时，加热灯要安装在离地面45 cm的地方，以保证提供34℃的环境温度。当灯悬挂的较高时，只能起到光源的作用，当灯悬挂低于45 cm时，灯下温度太高，容易灼伤仔猪的皮肤，因此要确保加热灯具有适当的高度。

（四）接产人员的准备

接产人员应选择有接产经验、责任心强的人担任，新手应事先进行培圳，让其熟练母猪的分娩预兆和分娩规律。随时观察和检查母猪的健康状况，发现有异常情况要及时报告诊治，严格遵守接产操作程序。母猪的分娩多在夜间，因此，要做好晚间的值班工作。

（五）分娩母猪的准备

母猪进入产房前要用温和的肥皂水清洗全身，这不仅可以清除脏物和病原体，还可以控制外部寄生虫，如疥癣和虱子。在清洗的过程中检查母猪是否乳房损坏、乳头内翻，从而确定母猪的哺乳能力。在产前 1 周将母猪转入产房，这样可以使它们熟悉新的环境。产前要细心地照料母猪特别是初产母猪，可以使初产母猪习惯于接产人员的声音和活动，有利于分娩时助产。同时对母猪的健康状况要进行检查。

二、接产

当母猪临近分娩时，若天气寒冷，产房内要进行保暖。同时母猪身后的及身下的粪便要清除干净，接产人员做好助产准备。一般情况下，母猪分娩较顺利不需多加干预，接产人员的任务是监视母猪的分娩情况和护理初生仔猪。

（一）正常分娩与接产

当母猪分娩顺利产下仔猪时，接产人员立即用洁净的毛巾或纱布将口、鼻内的黏液掏除并擦拭干净，然后再用毛巾或垫草迅速擦干皮肤。这对促进血液循环，防止仔猪体温过多散失和预防感冒非常重要。偶尔，当仔猪裹在胎衣里或被胎膜盖住嘴时，就要把仔猪从胎衣中取出来，把胎膜从仔猪的鼻子和嘴上拿开，防止仔猪窒息。然后对仔猪进行断脐。仔猪离开母体时，一般脐带会自行扯断，但仔猪端仍拖着 20～40cm 长的脐带，此时应及时人工断脐带，其正确的方法是先将脐带内的血液向仔猪腹部方向挤压，然后在距腹部 4～5cm 处用手钝性掐断，仔猪断端用 5％碘酒消毒。由于钝性掐断，血管受到压迫而迅速闭合，故一般断脐后不会流血不止，不必结扎，以便尽快干燥脱落，避免细菌侵入，但生产中有些厂家习惯结扎，结果造成脐带中的少量血液和渗出物无法及时排出，干燥时间大大延长，这样反而容易发炎。仔猪断脐后，尽快让其吃上母乳。

（二）假死仔猪的急救

有的仔猪出生后全身发软，奄奄一息，甚至停止呼吸，但心脏仍在微弱跳动，此种情况称为仔猪的假死。造成仔猪假死的原因，有的是母猪分娩时间过长，子宫收缩无力，仔猪在产道内脐带过早扯断而迟迟产不出来，造成仔猪窒息；有的是黏液堵塞气管，造成仔猪呼吸障碍；有的是仔猪胎位不正，在产道内停留时间过长。遇到这样的仔猪应立即进行抢救，急救的方法是：接产人员迅速将仔猪嘴和鼻中的黏液取出，通过拍打其胸部使仔猪兴奋起来；也可将仔猪倒过来摇晃，使黏液从肺中排出；或者接产人员对着仔猪的嘴适度用力吹气，反复吹 20 次左右；也可将假死

图 2-25　假死仔猪急救

仔猪仰卧在垫草上，用两手提住其前后肢反复作腹部侧屈伸，直到其恢复自主呼吸；也可用酒精或白酒擦拭仔猪的口鼻周围，刺激其复苏。据报道，近几年来采用"捋脐法"抢救仔猪效果很好，救活率可达 95％以上。具体操作方法是：擦干仔猪口鼻黏液，将头部稍抬高置于软垫草上，在距腹部 20～30 cm 外剪断脐带，术者一手捏紧脐带末端，另一手自脐带末端向仔猪体内捋动，每秒 1 次反复进行，不得间断，直到救活（见图 2-25）。

●●●●● 知识链接

提高母猪产仔数的措施

1. 调控好猪舍温度

一般后备母猪的适宜温度为 $17\sim20℃$，妊娠母猪的适宜温度为 $11\sim15℃$，因为高温能引起母猪体温升高，子宫温度高不利于受精卵的发育和胚胎附植，胚胎死亡率高，产仔数少。

2. 适时配种

过早或过迟配种都会损失部分卵子，从而降低产仔数。待母猪发情征兆明显，允许公猪爬跨或人工测试不动或见到公猪不走动时配种，之后 12 h 再复配 1 次，一般都会取得较好配种效果和较高产仔数。

3. 掌握适宜的初配年龄

后备母猪初配年龄不低于 8.5 月龄，体重应在 110 kg 以上。以第 3 次发情期配种较为理想，过早配种会影响产仔数和第 2 胎配种，过晚配种会影响受胎率和使用年限。

4. 实施早期断奶缩短哺乳期

一般经产母猪在产仔后 $21\sim28$ d 断奶较为合适。此时断奶，对母猪膘情和下一窝产仔数影响较小，对仔猪的不良刺激也较小。青年母猪的断奶时间应推迟到 35 日龄左右，这样有利于维持或提高第 2 胎的产仔数。

5. 合理淘汰生产性能低的母猪

有计划调整生产母猪的品种结构和年龄结构，及时将优质后备猪补充进去，保持合理健康的母猪群体结构。对习惯性流产或子宫炎久治不愈的母猪、连续 3 次配种不受胎或两次情期发情拒配的母猪、7 胎以上生产性能下降的母猪、断奶后两个月不发情的母猪、哺乳性能差的母猪都应及进淘汰。

6. 控制疾病

规模化养猪场要采取自繁自养，严防繁殖疾病的传入。从外地猪场引进种猪须严格隔离观察 1 个月以上，确保购进种猪的健康水平。对后备母猪在配种前应进行细小病毒病、伪狂犬病、乙脑等疫苗注射，防止繁殖障碍疾病的发生。对患阴道炎、子宫炎的母猪应及时治疗。

任务二　难产的救护

一、难产的检查

为了判明难产的原因，除了检查母畜全身状况外，还要重点对产道和胎儿进行检查。

(一)产道检查

检查产道是否干燥、有无损伤、水肿或狭窄，子宫颈开张程度，硬产道有无畸形、肿瘤，查看产道流出液体的性状及气味。

(二)胎儿检查

首先要了解胎儿进入产道的程度，检查正生或倒生以及姿势、胎位、胎向的正常与否，然后要判定胎儿是否存活。检查胎儿是否存活的要领是：正生时，将手指伸入胎儿口中轻拉舌头，或按压眼球，或牵拉前肢，注意有无生理反应，如口吸吮、舌收缩、眼转动、肢伸缩等，也可触诊颌下动脉或心区有无搏动；倒生时，最好触到脐带查明有无搏动，或将手指伸入肛门，或牵拉后肢，注意有无收缩反应。如胎儿已死亡，助产时可不顾忌损伤胎儿。

二、难产时的助产方法

（1）产力不足时，可用催产素或拉住胎儿前置部分将胎儿拉出体外。

（2）硬产道狭窄或子宫颈有疤痕引起的难产，可实行剖腹产术；软产道轻度狭窄引起的难产，可向产道内灌注石蜡油，然后缓慢拉出胎儿。

（3）胎儿过大引起的难产，可采取拉出胎儿的办法助产。如拉不出胎儿，可实行剖腹产；胎儿死亡时可施行截胎手术。

（4）对胎势、胎向、胎位异常引起的难产，应先加以矫正，然后拉出胎儿，矫正困难时，可实行部腹产或截胎术。

三、助产的注意事项

（1）向外拉仔猪助产时应与母猪的努责同步进行，母猪不努责，一般不要强硬拉出。

（2）对胎儿已死亡多日的助产，产道一般比较干涩，必要时应加入温肥皂水作润滑。

（3）助产时助产人员手臂上下应无障碍物，以防母猪突然起卧而扭伤手臂。

（4）使用产科钩时，母猪必须保定确实并且要由技术人员亲自操作，以免钩尖损伤母猪产道，或损伤操作人员手臂。

（5）助产时操作人员手臂和助产工具应严格消毒。

●●●● 知识链接

预防难产的措施

预防母猪难产应从以下几方面着手。第一，选择后备母猪时，要选后躯丰圆、外阴发育良好的母猪；第二，切忌过早配种，后备母猪配种时应达到 8 月龄，体重 110 kg 以上；第三，要进行合理的妊娠期饲养。母猪妊娠期间要供给营养水平适宜的全价饲料，特别注意与繁殖机能密切相关的矿物质和维生素的供给。要根据体型大小、胎次、季节等综合因素调控饲料喂量，防治过肥或过瘦；第四，做好妊娠期间的管理。要保证猪舍的温度、湿度适宜，每日有 1 h 以上的自由活动；第五，要做好防疫，按免疫程序接种好各种疫苗，及时治疗普通病，预防死胎、木乃伊胎和畸形胎的发生。

操作训练

1. 母猪难产的救助。
2. 新生仔猪如何护理？
3. 假死仔猪如何救护？

●●●● 相关知识

母猪妊娠期满，胎儿发育成熟，母体将胎儿及其附属物从子宫排出体外的生理过程称为分娩。为了保证猪的正常繁殖，有效防止分娩期和产后期疾病，必须熟悉和掌握正常的分娩过程及接产方法。

一、分娩预兆

母猪分娩前，在生理和形态上发生一系列变化，称为分娩预兆。根据这些变化的全面观察，往往可以大致预测分娩时间，以便做好助产的准备。

（一）乳房的变化

母猪产前 15 d 左右，乳房就开始从后向前逐渐膨大下垂，到临产前，富有光泽，其基部在腹部隆起呈两条带状，乳头向两外侧开张，呈"八"字分开，皮肤紧张。一般情况下，当母猪前面的乳头能挤出少量浓稠乳汁后 24 h 左右可能分娩，中间乳头出现浓乳汁后 12 h 左右可能分娩，后边乳头出现浓乳汁 3～6 h 分娩，若用于轻轻挤压母猪的任意一个乳头，都能挤出很多很浓的黄白色乳汁时，可能马上就要分娩了（见图 2-26）。

图 2-26　母猪产前泌乳

（二）外阴部的变化

母猪在分娩前 3～5 d，阴唇逐渐柔软、肿胀、阴唇皮肤上的皱褶展平，皮肤变红。阴道黏膜潮红。有的母猪尾根两侧塌陷。

（三）行为上的变化

母猪在分娩前表现不安，有衔草作窝现象，一般在 6～12 h 将要产仔。若突然停食、紧张不安，时起时卧、性情急躁、呼吸加快、频频排粪排尿等情况出现时，说明即将产仔。此时应严密观察，做好接产准备。

二、分娩过程

分娩过程是从子宫开始出现阵缩起，到胎衣排出为止。可以分为准备阶段、胎儿产出阶段和胎衣排出阶段 3 个阶段。

（一）准备阶段

准备阶段以子宫颈的扩张和子宫纵肌及环肌的节律性收缩为特征。运动方向朝着子宫颈扩张。在准备阶段初期，收缩以每 15 min 左右周期性地发生，每次持续约 20 s，随着时间的推移，收缩频率、强度和持续时间增加，一直到每隔几分钟重复收缩。在此阶段结束时，由于子宫颈扩张而使子宫和阴道间的界限消失，成为一个相连续的管道，从而胎儿和尿囊绒毛膜被迫进入骨盆入口，尿囊绒毛膜在此处破裂，尿囊液就顺着阴道流出阴门外（见图 2-27）。

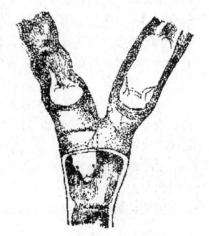

图 2-27　尿囊液流出

（二）胎儿产出阶段

这一时期包括子宫颈完全开张到排出胎儿为止。在此期内，子宫肌的阵缩更加剧烈、频繁。母猪多为侧卧，有时也站起来，但随即又卧下努责。有的胎儿在排出过程中猪的胎膜不露出阴门之外，胎水极少，每排一个胎儿之前有时只能看到有少量胎水流出。母猪努责时伸直后腿，挺起尾巴，每努责一次或数次产出一个胎儿。一般是每次排出一个胎儿，少数情况下可连续排出 2 个，偶尔有连续排出 3 个的。此期持续的时间根据胎儿数目及其产出相邻 2 个胎儿的间隔时间而定。第一个胎儿排出较慢，从母猪停止起卧到排出第一个胎儿为 10～60 min。产出相邻 2 个胎儿的间隔时间，以我国地方猪种为最短，平均为 2～3(1～10)min；引进的国外品种平均 10～17(10～30) min；杂种猪介于二者之间，5～15 min。当胎儿数较少或个体较大时，产仔间隔时间过长，应及时进行产道检查，必要时采用人工助产(见图 2-28)。

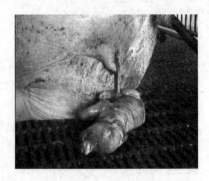

图 2-28　仔猪产出

母猪产出全窝胎儿通常需要 1～4 h。猪的胎盘为弥散型胎盘，胎儿胎盘和母体胎盘的联系不紧密，子宫的强烈收缩容易使二者分离开来，因此，胎儿的产出相当快，否则，胎儿可因缺氧而窒息死亡。

(三)胎衣排出阶段

胎衣是胎儿的附属膜的总称，其中也包括部分的断离脐带。胎衣排出期，是指全部胎儿产出后，经过数分钟的短暂安静，子宫肌重新开始收缩，在产后 10～60 min，从两子宫角内分别排出一堆胎衣。猪一侧子宫角内所有胎儿的胎衣是相互粘连在一起的，极难分离，所以生产上常见母猪排出的胎衣是非常明显的两堆胎衣。排出后应及时进行清点，看其是否完全排出。清点时将胎衣放在水中观察，这样就能看得非常清楚，通过核对胎儿和胎衣上的脐带断端的数目，就可以确定胎衣是否排完；若未排完，应继续等待。检查完毕后应将胎衣及时地妥善处理，也可以将其洗净后煮熟拌料喂给母猪，这样既补充蛋白质，又有催乳之功效。

三、胎儿产出间隔及其同死产的关系

死胎中有 5%～10%死于分娩过程中。这些死胎估计是因为胎儿同母体的联系中断继而又未能及时产出以致因窒息而死亡。产出时，一旦两个胎儿之间的间隔延长，则死产的概率就增大。两个活胎儿的间隔平均为 13～18 min，而同一个死胎的间隔为 45～55 min。当时间间隔延长后，最后 3 个胎儿中，死产率高达 70%。此外反凡每窝产仔数少于 4 个或者多于 9 个时，死胎率也相应增高。

四、产后期

分娩期间释放的催产素有促进放乳的作用。以使初生仔猪可以获得充分的乳供应。分娩后头 24 h 期间分泌的乳(初乳)比以后提供的乳含有较高的抗体和蛋白质。最初，母猪每天分泌乳汁大约 4 kg。到哺乳第 4 周，其乳量逐渐增加到 7 kg 左右，然后下降。

有些母猪在分娩后 1～3 d，表现出发情迹象，但卵子并未成熟，不能释放。因此在这个时间交配是无效的。

泌乳量随哺乳仔猪数的增加而增加。哺乳频率(放奶次数)在分娩后头 6 h 内是最大的，到哺乳第 3 d 时逐渐下降到大约每小时 1 次的水平。

分娩后，头 24 h，母猪通过一系列柔和的叫声将仔猪吸引到乳房处，开始哺乳。可是，到第 3 d 结束时，则是仔猪通过用其鼻子按摩乳房或在其母猪头部周围发出声音来促使母猪哺乳。这样的活动引起母猪旋转身体露出所有乳头，当乳房被有力按摩时，快速哼叫几分钟。这些活动达到最高峰，随着放乳开始，这些活动突然平息，仔猪吮吸大约1 min。哺乳过程就结束了。

同窝仔猪间的乳头顺序在头一天内就排定了。争夺乳头最激烈的争斗发生在分娩后头4 h内，此后争斗快速下降。最经常争夺的乳头是乳房前部的乳头，这些乳头分泌较多的乳。一般地，较重、较健壮的仔猪占有前部的乳头，因为它们在争斗中最容易成功。每一头仔猪凭着视觉、嗅觉和邻近仔猪的识别显然能够识别自己的乳头，结果形成同窝仔猪间的"乳头次序"。

实践中，仔猪在3～6周龄断奶。大多数母猪在哺乳期间不表现发情。这表明仔猪的吮吸刺激阻止了母猪若干激素的释放，因而阻止了卵子的成熟和排出。一般哺乳早期诱导发情较困难，因为分娩后至少15 d，母猪的卵巢才准备好产生更多的卵子。虽然有些母猪在分娩后几天可能出现发情，但这类情况很少伴有排卵。如果排卵确实发生了，附植也不会发生，因为直到分娩后21 d，母猪子宫才会从分娩过程中完全恢复。因此，在分娩后21 d内给母猪配种是没有结果的。大多数母猪在仔猪断奶后4～7 d内表现发情。初产母猪通常更晚一些，主要是由于体况较差。哺乳期长度明显影响断奶和再发情之间的间隔。少于10 d和多于35～40 d的哺乳将增加断奶到再发情之间的间隔。当哺乳期为21～35 d时，这个间隔最短。哺乳期长度还影响早期胚胎死亡。早期断奶(3～4周)比晚期断奶(4周后)少产活仔猪0.25头。

五、难产的救助原则

实践中，家畜难产的种类很多也很复杂，所以救助时要根据情况因势利导，但无论采用哪种方法，都必须遵守一定的操作原则。

(1)要避免产道的感染和损伤，使用的器械必须进行消毒。

(2)母畜横卧保定时，尽量使胎儿异常部分向上，以利操作。

(3)为了便于推回或拉出胎儿，尤其在产道干燥时，就向产道内灌注润滑剂。

(4)矫正胎儿姿势时，应尽量将胎儿推回到子宫内进行。推回时应在母畜努责和阵缩的间歇期。

(5)拉出胎儿时，应随母畜的努责用力。

●●●●● 扩展知识

母猪产程过长的原因及防治

母猪从产出第一头仔猪到排出完整的胎衣的时间一般为2～3 h。每头仔猪产出的间隔时间一般为10～20 min。在生产实践中，有部分母猪由于某种原因产程过长。常见的产程过长的因素有：①胎次。初产母猪，尤其是早配体重较小的母猪产仔时，子宫和腹部肌肉的间歇性收缩力较小，骨盆腔口和阴道较狭窄，母猪疼痛，肌肉收缩，其产程大多在10 h左右。因此，母猪初配过早，不仅易造成产程过长，且后代生活力和成活率都较低，所以母猪应以10～12月龄，体重100 kg以上，经过2～3个情期后配种为宜。②年龄。8胎次以上的经产母猪，有的在产仔后期疲劳乏力，子宫收缩和腹压减弱，产程往往延长到10多个小时，且产仔数量、初生重越来越小，经济效益较低，一般8胎次以上的母猪应淘汰处理。产仔后期，疲劳过度，无力产仔时，用10%葡萄糖注射液500～1 000 mL静脉滴注，同时用垂体后叶素20～50单位肌内注射催产，同时有及时排出死胎、胎衣、加速子宫复原和催乳作用。③死胎。当母猪感染乙型脑炎、细小病毒、伪狂犬病等繁殖障碍疾病时，妊娠中期或后期胎儿死在母猪腹中，往往数小时产出 1 头由腐烂胎衣包着的死胎或木乃伊，有的产程达 3～4 d，甚至更长时间。用氯前列烯醇注射液 2～4 mL 催产，还可加快死胎排出。上述几种病可接种疫苗预防。④配种时间过长。青年母猪性欲旺盛，发情持续期 3～5 d，有的母猪开始接受爬跨即配种，因迟迟不落情，有的间隔 2～3 d 又复配，由于复配时间过长，产程也略有延长。双重配种是提高受胎率和产仔数的一项新措施，两次配种间隔 8～12 h 为宜。⑤胎儿过大。妊娠母猪喂得过肥，胎儿较大，产出吃力，产程延长，如遇难产应尽快人工助产。⑥分娩干扰。产仔时多数母猪精神紧张、敏感，产房内若有生人，更会加重其紧张状态，惊恐不安，站而不卧，产程延长。因此，母猪产仔时禁止生人进入产房。

项目五 繁殖力评定

【工作场景】

工作地点：实训基地。

材料：电脑、猪群繁殖数据资料。

【工作过程】

任务一 猪场正常繁殖力指标的统计

1. 收集猪场繁殖数据资料。

2. 统计情期受胎率、第一情期受胎率、总受胎率、年产仔窝数、窝产仔数、断奶成活率、繁殖率等繁殖力指标。

【案例】

猪常用繁殖力的统计

完成以下案例中的繁殖力统计，并分析该猪场的繁殖管理情况。

【案例一】

某猪场，在 2010 年内，有繁殖母猪 500 头，共繁殖了 1 180 窝仔猪，请统计下，该猪场在 2010 年度内的平均产仔窝数是多少？

1. 计算

平均产仔窝数（窝）＝年度内分娩的窝数/年度内的繁殖母猪数＝1 180/500＝2.36

2. 结论

该猪场在 2010 年度内平均产仔窝数为 2.36 窝。

【案例二】

案例一中的猪场，在 2010 年度内共繁殖得到了 13 580 头仔猪（包括木乃伊胎和死胎），问该猪场在 2010 年度内平均窝产仔数是多少个？

1. 计算

平均窝产仔数＝年度内的产仔总数/年度内的产仔窝数＝13 580/1 180＝11.51

2. 结论

该猪场在 2010 年度内平均窝产仔数为 11.51 个。

【案例三】

案例一中的猪场，在 2010 年度内繁殖所得仔猪 13 580 头，其中有 98 头死胎和木乃伊胎儿，其他仔猪在 28 日龄断奶，其中共存活了 12 996 头，问该猪场在该年度内的产活仔数及仔猪成活率是多少？

1. 计算

产活仔数＝出生的仔猪数－死胎或者木乃伊胎儿数量＝13 580－98＝13 482 头

仔猪成活率＝断奶成活仔猪数/出生活仔猪数＝12 996/13 482×100％＝96.40％

2. 结论

该猪场在 2010 年度内仔猪成活率为 92.24％

【分析】

1. 平均产仔窝数直接反应该猪场的繁殖育种计划。该猪场数值为 2.36，正常的产仔窝数为 2.2～2.5，该数值在正常范围内，证明该猪场的配种计划设计合理。

2. 平均窝产仔数直接反应繁育人员的配种水平，主要包括发情鉴定、精液处理、适时配种及妊娠管理的水平。该猪场平均窝产仔数为 11.51，看下该猪场饲养的猪品种的平均窝产仔数范围值，如在范围内，证明配种技术人员技术水平能力及工作责任心强。

3. 仔猪成活率直接反应仔猪在断奶前的饲养管理情况，主要包括饲养人员责任心、防疫制度、管理水平等方面。该猪场的仔猪成活率为 96.40，符合正常的管理水平的成活率。

任务二　繁殖障碍的防治

子任务一　防治公猪的繁殖障碍

1. 收集患病公猪的症状。

2. 调查分析患病公猪的病因。

3. 根据症状和病因判断出公猪的患病类别，提出防治措施。

【案例】

(一)性欲减退或丧失

1. 病因

饲养管理不当，交配或采精过频，运动不足，饲料中微量元素配比不合理，维生素 A、维生素 E 缺乏，种公猪衰老、过肥、过瘦，天气过热，睾丸间质细胞分泌的雄性激素减少等。表现为不愿接近或爬跨发情母猪。

2. 预防及治疗

(1)科学饲养

营养是维持公猪生命活动和产生精液的物质基础。种公猪饲料要以高蛋白为主，粗蛋白含量在 14％～18％或更高。维生素、矿物质要全面，尤其是维生素 A、维生素 D、维生素 E 三种。不能使用育肥猪饲料，因育肥猪饲料可能含有镇静、催眠药物，种公猪长期饲用，易致兴奋中枢麻痹而反应迟钝。

(2)营造舒适环境

青年种公猪要单圈饲养，避免相互爬跨、早泄、阳痿等现象。要远离母猪栏舍，避免外激素刺激而致性麻痹。栏舍要宽敞明亮，通风、干燥、卫生。夏季高温季节要注意防暑降温。

（3）科学调教

对种公猪应在7～8月龄开始调教，10月龄正式配种使用，过早配种可缩短种猪利用年限。调教时要用比公猪体型小的发情母猪，若母猪体型过大，造成初次配种失败，而影响公猪性欲。调教时，饲养员要细心、有耐心，切忌鞭打等刺激性强的动作。

（4）使用激素

因激素分泌异常的种猪主要为雄性激素分泌减少，在维持猪体健康的同时，用绒毛膜促性腺激素80 mg，或用孕马血清100 mg，或用丙酸睾丸酮80 mg，3种药可任选1种，肌内注射。

(二)精子异常而不受精

1. 症状与病因

少精、弱精、死精、畸形精等现象。种公猪一次性精液量为200～500 mL，约有8亿个精子，经显微镜检查，精子数少于1亿个，则为少精。多见于乙脑、丹毒、肺疫、中暑等热性疾病后遗症。

2. 预防及治疗

（1）选种

在选购和选留种猪时应认真挑选，睾丸大小不一，或睾丸发育不良等先天性生殖器官发育不良者应予淘汰。

（2）科学饲养

营养丰富合理，应使用专用的种公猪饲料。饲料中应特别注意蛋白质、维生素、矿物质等。

（3）注意饲养环境

最好单圈饲养种公猪。要远离母猪栏舍。栏舍要宽敞明亮，通风、干燥、卫生。夏季高温季节要注意防暑降温，冬季要保暖防寒。

（4）运动

后备种公猪要给予适当的运动，每天早晚各运动一次，每次运动1 h，保证每天运动时间不少于2 h。通过运动可锻炼肢蹄，保证种用体形。

（5）防治疾病传播

减少猪猪之间的接触，采精器械等应消毒彻底。

（6）合理使用

合理使用种公猪，防止采精及配种频率过高。

（7）及时治疗

如继发于其他疾病且发热时间长，可致睾丸肿大，灭活精子。对发热疾病应对症治疗，用抗菌素配合氨基比林、柴胡等解热药治疗。也可用冷水、冰块等冷敷阴囊。

子任务二　防治母猪繁殖障碍

1. 收集患病母猪的症状。

2. 调查分析患病母猪的病因。

3. 根据症状和病因判断出母猪的患病类别，提出防治措施。

【案例】

(一)卵巢发育不全

1. 症状

长期不发情,发情不呈规律性。

2. 病因

脑垂体机能障碍,卵巢对性腺激素敏感性降低而引起。猪的正常卵巢重量为 5 g 左右,发育不全的在 3 g 以下。

3. 处理

此类疾病多发现较晚,生产中一般不进行治疗,确诊后即淘汰。

(二)卵巢囊肿

1. 症状

发情不规律,青年母猪占一半。

2. 治疗

肌内注射促黄体素 200 ～500 μg/次,注射 1～4 次。治疗到发情的间隔时间为 22 d,发情率一般为 77.4%,受胎率可达 70.2%。

(三)持久黄体

1. 症状

母猪长期不发情。

2. 治疗

先用前列腺素 3 ～5 mg 肌内注射,经 3 ～5 d 后阴部肿胀时再注射性腺激素 1 000 单位,大多数在 3 ～4 d 内发情,配种即可受胎。

(四)卵泡发育障碍

包括卵泡机能减退、萎缩及硬化,不发情母猪中有 69% 为卵泡发育障碍所引起。

1. 症状

不发情。

2. 治疗

用性腺激素 200～1 000 IU 肌内注射或人绒毛膜促性腺激素 500～1 000 IU,隔天注射。

●●●●● **知识链接**

种猪主要疫苗的使用方法

1. 猪瘟、猪丹毒、猪肺疫三联苗接种

经产母猪断奶后 1 周,后备母猪配种前 10～20 d 注射三联苗,一次 2 头份。

2. 伪狂犬病疫苗接种

待配头胎母猪,配种前 21 d 注射灭活苗 1 头份,怀孕母猪前 15 d 注射灭活苗 1 份。

3. 乙脑疫苗接种

每年 4 月对后备母猪、已配种和未配种的头一胎、二胎母猪注射乙脑疫苗 1 头份首免,2 周后再注射 1 头份二免。

4. 猪繁殖和呼吸综合征疫苗接种

于配种前 15 d 或妊娠 70 d 接种 PRRS 弱毒疫苗 1 头份。

5. 猪细小病毒疫苗接种

母猪配种前 30～40 d 注射细小病毒灭活苗 1 头份首免，2 周后进行二免。

●●●●● 相关知识

一、猪场正常繁殖力指标

母猪的正常情期受胎率一般是 75%～80%，总受胎率可达 85%～90%，平均窝产仔数 8～14 头，年产仔 2.2～2.4 窝。我国地方品种的繁殖力高于培育品种，培育品种高于引入品种。地方品种经产母猪窝产仔数平均为 14～17 头，引入品种平均为 8～11 头。

二、母猪繁殖障碍类型

母猪繁殖障碍是母猪的主要疾病，其临床症状主要表现为不孕、流产、胚胎早期死亡、木乃伊、畸形、弱仔及少仔等。病因可分为先天性、机能性、营养性、机械性和疾病性。在疾病性繁殖障碍中以传染性疾病危害最大，常呈大面积地方性和流行性感染，导致大量的妊娠母猪流产和新生仔猪死亡，造成巨大的经济损失。

(一)先天性繁殖障碍

主要表现为生殖器官畸形，妨碍精子和卵子的正常运行，阻碍精子和卵子的结合。常见的生殖器官畸形有卵巢系膜和输卵管系膜囊肿、输卵管阻塞、缺乏子宫角、子宫颈闭锁、双子宫体、双子宫和双阴道，这些都是难以治疗的，只能在选育过程中进行淘汰。

(二)营养性繁殖障碍

高能量饲料使母猪过肥，尤其在缺乏运动的情况下，导致肥胖性不育。如能量和蛋白质供应不足，母猪瘦弱，则发情期向后推迟或不发情，卵泡停止发育，形成卵泡囊肿，配种前一周每天给母猪增加饲料，消化能为 12MJ/kg 可获较高胚胎存活率。

维生素 A、B 族维生素、维生素 D、维生素 E 是母猪维持正常繁殖机能不可缺少的维生素，严重缺乏会影响受胎和胎儿的正常发育。

(三)疾病性繁殖障碍

1. 细小病毒病

它的主要特征取决于在哪个阶段感染该病毒。感染后母猪可能再发情，或既不发情，也不产仔，或窝产仔只有几头，或产出木乃伊胎儿。唯一的症状是在怀孕中期或后期胎儿死亡，胎水被吸收，母猪腹围减小。而其他表现为不孕、流产、死产，新生仔猪死亡和产弱仔。70 d 后感染可正常产仔，仔猪带毒。

2. 钩端螺旋转体病

该病能引起胎儿死亡、流产和降低仔猪存活率。潜伏期是 1～2 周，在怀孕第一个月感染，胎儿一般不受影响。第二个月感染，引起胎儿死亡、木乃伊或流产。第三个月感染引起流产、迟月、产弱仔。

3. 乙型脑炎

除青年母猪以外，其他猪感染后多为亚临床症状，经产母猪血液抗体高，无其他症状。青年母猪死胎、木乃伊的发生率高达 40%，新生仔猪死亡率为 42%。

4. 非典型猪瘟

猪体免疫力下降，母猪感染猪瘟病毒常引起繁殖障碍。妊娠 10 d 感染，胚胎死亡和吸收，母猪产仔头数少或返情。妊娠 10～50 d 感染，死胎多。产前一周感染不影响仔猪存活，但影响发育。后备母猪在配种前两周或一个月免疫猪瘟疫苗，剂量两头份即可预防非典型猪瘟的发生。

5. 鹦鹉热衣原体病

该病为地方性流行，病猪或潜伏感染猪的排泄物和分泌物均可带毒传染，可危害各种年龄的猪，但对妊娠母猪最敏感，病原可通过胎盘屏障渗透到子宫内，导致胎儿死亡。初产青年母猪的发病率为40%～90%，而基础母猪往往无恙。发病母猪呼吸困难，体温高，皮肤发紫，不吃或少食。该病可用四环素进行治疗。

三、母猪繁殖障碍的防治措施

1. 做好选种留种

发育不好的个体应在留种时淘汰。

2. 调整母猪营养

营养搭配合理，注意矿物质及微量元素的添加。

3. 减少疾病传播

最好使用人工授精技术，减少公母猪的直接接触，发现病猪及时隔离。

4. 强化消毒防疫观念

必须树立预防为主的观念，搞好栏舍及环境卫生，每周对栏舍内外进行一次消毒。注意灭鼠、灭蚊。

5. 按时接种疫苗

加强防疫接种工作。

●●●● 扩展知识

主要猪品种的繁殖性能

东北民猪是东北地区的一个古老的地方猪种，有大、中、小三种类型。母猪3～4月龄即有发情表现。发情周期为18～24 d，发情持续期3～7 d。成年母猪受胎率为98%，妊娠期为114～115 d，窝产仔数14.7头，活产仔13.19头，双月成活11～12头。

太湖猪属于江海型猪种，产于江浙地区太湖流域，是世界上产仔数最多的猪种，享有"国宝"之誉。太湖猪是我国猪种繁殖力强，产仔数多的著名地方品种。太湖经产母猪平均窝产仔16头以上，三胎以上，每胎可产20头，优秀母猪窝产仔数达26头，最高纪录产过42头。太湖猪性成熟早，公猪4～5月龄精子的品质即达成年猪水平。母猪两月龄即出现发情。

大白猪又称大约克夏猪，母猪初情期165～195日龄，适宜配种日龄220～240 d，体重120 kg以上。母猪平均窝产仔数初产9头以上，经产13头以上；21日龄窝重，初产40 kg以上，经产45 kg以上。

长白猪又称兰德瑞斯猪，母猪初情期170～200日龄，适宜配种的日龄230～250 d，体重120 kg以上。母猪窝产仔数，初产9头以上，经产13头以上；21日龄窝重，初产40 kg以上，经产45 kg以上。

杜洛克猪是当代世界著名瘦肉型猪种之一，母猪初情期170～200日龄，适宜配种日龄220～240 d，体重120千克以上。母猪总产仔数，初产8头以上，经产9头以上；21日龄窝重，初产35 kg以上，经产40 kg以上。

●●●● **拓展阅读**

猪人工授精技术规程

计划单

学习情境二	猪繁殖技术		学时	20
计划方式				
序号	实施步骤		使用资源	备注
制定计划说明				
	班 级		第 组	组长签字	
	教师签字		日 期		
计划评价	评语：			

决策实施单

学习情境二		猪繁殖技术					
讨论小组制定的计划书，作出决策							
计划对比	组号	工作流程的正确性	知识运用的科学性	步骤的完整性	方案的可行性	人员安排的合理性	综合评价
	1						
	2						
	3						
	4						
	5						
	6						

制定实施方案

序号	实施步骤	使用资源
1		
2		
3		
4		
5		
6		

实施说明：

班级		第　　组	组长签字	
教师签字			日　期	
	评语：			

效果检查单

学习情境二	猪繁殖技术			
检查方式	以小组为单位，采用学生自检与教师检查相结合，成绩各占总分(100分)的50%			
序号	检查项目	检查标准	学生自检	教师检查
1	资讯问题	回答准确、认真		
2	种公猪调教	方法正确、认真		
3	采精	操作正确、熟练、规范		
4	发情鉴定	方法正确、判断准确		
5	发情控制	方案制定具有可操作性		
6	精液处理	方法正确、操作熟练		
7	输精	输精时间确定合理、方法正确		
8	妊娠诊断	判断准确，方法正确、规范		
9	分娩及助产	方法正确、规范，判断准确		
10	假死仔猪救治	方法正确、判断准确、效果明显		
11	繁殖障碍诊治	方法正确、操作规范		
	班 级	第 组	组长签字	
	教师签字		日 期	
检查评价	评语：			

评价反馈单

学习情境二			猪繁殖技术			
评价类别	项目		子项目	个人评价	组内评价	教师评价
专业能力 （60%）	资讯 （10%）		查找资料，自主学习（5%）			
			资讯问题回答（5%）			
	计划 （5%）		计划制定的科学性（3%）			
			用具材料准备（2%）			
	实施 （25%）		各项操作正确（10%）			
			完成的各项操作效果好（6%）			
			完成操作中注意安全（4%）			
			使用工具的规范性（3%）			
			操作方法的创意性（2%）			
	检查 （5%）		全面性、准确性（2%）			
			生产中出现问题的处理（3%）			
	结果（10%）		提交成品质量（10%）			
	作业（5%）		及时、保质完成作业（5%）			
社会能力 （20%）	团队 合作 （10%）		小组成员合作良好（5%）			
			对小组的贡献（5%）			
	敬业、吃 苦精神 （10%）		学习纪律性（4%）			
			爱岗敬业和吃苦耐劳精神（6%）			
方法能力 （20%）	计划能 力（10%）		制定计划合理（10%）			
	决策能 力（10%）		计划选择正确（10%）			
意见反馈						
请写出你对本学习情境教学的建议和意见						

评价 评语	班级		姓　名			学号		总评	
	教师 签字		第　组		组长签字			日期	
	评语：								

学习情境三

羊繁殖技术

●●●●● 学习任务单

学习情境三	羊繁殖技术			学　时	10
布置任务					
学习目标	1. 会用试情法对羊进行发情鉴定； 2. 会利用激素对羊进行同期发情处理； 3. 能独立完成羊的采精操作； 4. 完成精液检查和处理，学会精的低温保存方法； 5. 会羊开腔器法输精； 6. 会用腹部触诊法、超声波法对羊进行妊娠诊断； 7. 会羊正常分娩的助产及难产救助； 8. 会羊手术法胚胎移植技术； 9. 会统计、评定羊繁殖力				
思政育人目标	1. 通过介绍育种专家的故事和精神，增强爱国情怀，教育学生爱农村、爱农民，服务农村。增强民族自豪感、责任感和使命感。 2. 敬畏生命、尊重生命、珍爱生命。 3. 两性之美，自然之美和母爱教育。 4. 培养精益求精的品质精神、爱岗敬业的职业精神、协作共进的团队精神和追求卓越的创新精神。 5. 培养医德医风、恪守职业道德、博爱之心的工匠精神。				
任务描述	在实训基地或实训室，按照操作规程，完成羊繁殖技术。具体任务： 1. 发情鉴定与控制； 2. 人工授精； 3. 妊娠诊断及分娩与助产； 4. 胚胎移植； 5. 繁殖力评定				
学时分配	资讯：2学时	计划：1学时	决策：1学时	实施：4学时	考核：1学时　评价：1学时
提供资料	1. 张周. 家畜繁殖. 北京：中国农业出版社，2001 2. 中国农业大学. 家畜繁殖学. 北京：中国农业出版社，2000 3. 王锋，王元兴. 牛羊繁殖学. 北京：中国农业出版社，2003 4. 张忠诚. 家畜繁殖学. 北京：中国农业出版社，2000 5. 耿明杰. 动物遗传繁育. 哈尔滨：哈尔滨地图出版社，2004 6. 丁威. 动物遗传繁育. 北京：中国农业出版社，2010				

对学生要求	1. 以小组为单位完成工作任务，充分体现团队合作精神； 2. 严格遵守羊场消毒制度，防止疫病传播； 3. 严格遵守操作规程，保证人、畜安全； 4. 严格遵守生产劳动纪律，爱护劳动工具

●●●●● 任务资讯单

学习情境三	羊繁殖技术
资讯方式	通过资讯引导，观看视频，到精品资源共享课网站、图书馆查询，向指导教师咨询
资讯问题	1. 试情法鉴定母羊发情的要点是什么？ 2. 同期发情处理母羊群的方案是什么？ 3. 超数排卵使用哪些激素？ 4. 母羊是属于全年发情动物还是季节性发情动物？ 5. 羊采精要点是什么？ 6. 适合羊精液保存的方法有哪些？ 7. 羊输精采用什么方法？输精要点是什么？ 8. 利用直肠—腹部触诊法诊断妊娠母羊的要点是什么？ 9. 羊子宫黏膜上的子叶与牛有什么不同？ 10. 羊胚胎移植的技术程序是什么？ 11. 羊正常分娩应如何助产？ 12. 羊难产应如何救护？
资讯引导	1. 在信息单中查询； 2. 进入黑龙江职业学院动物繁殖技术精品资源共享课网站； 3. 家畜繁殖工职业标准； 4. 养殖场的繁育管理制度； 5. 在相关教材和报刊资讯中查询； 6. 多媒体课件

●●●●● 相关信息单

项目一　发情鉴定与控制

【工作场景】

工作地点：实训基地。

动物：试情公羊、成年母羊。

材料：保定栏、保定绳、开腔器、手电筒、盆、毛巾、肥皂、75%酒精、温水、手术器械、试情兜布、兽用套管针、阴道海绵栓或硅胶栓、PMSG、18-甲基炔诺酮、硅胶、消炎粉、氯前列烯醇、LH、FSH、LRH-A$_2$ 或 LRH-A$_3$、0.25%奴夫卡因等。

【工作过程】

任务一　发情鉴定

试情公羊

一、试情公羊的选择

(一)准备工作

首先根据饲养的母羊数量计算出需要选择试情公羊的数量，一般根据每 20~30 只母羊配备一只试情羊，算出数量后，在种公羊群中挑选。

(二)选择标准

1. 体况

公羊应选择在中上等体况、健壮，不能过肥或者过瘦。

2. 性欲

选择性欲旺盛，没有交配恶癖的。

3. 疾病

健康个体，没有生殖器官疾病，没有传染病的个体。

4. 年龄

一般选择在 2~5 岁龄，可以在后备的公羊群中挑选出精液品质不好的作为试情公羊，或者在种群中挑选出精液品质下降的个体。

二、试情公羊的处理

(一)试情公羊输精管结扎术

1. 准备工作

(1)保定

公羊行右侧卧保定，将四蹄捆绑在一起，充分暴露睾丸。

(2)消毒

在睾丸后上方与腹部间剔毛消毒。

(3)麻醉

0.25%奴夫卡因 20 mL 术部行直线浸润麻醉。

2. 操作方法

在睾丸一侧，基部与腹部皮肤连线的中点上，纵向向下向上各切 1 cm 切口，用带钩镊子提起鞘膜并剪开，暴露精索，仔细分清并辨认出乳白色圆形输精管，用手术刀柄将其从精索中挑起，然后用 6 号缝合线分两端进行结扎，两端点相距 2 cm，将两端结扎线间的输精管约 1 cm 剪除，再鞘膜连续缝合，打一支 160 万 IU 粉剂青霉素钾，最后皮肤结节缝合，用同样的方式结扎另一侧的输精管，手术结束。

3. 术后护理

术后需单圈喂养，适当增加青绿多汁和精饲料，避免接近母羊，术后 20 d 方可参加试情，术部如有炎症，对症疗法即可。

(二)戴试情兜布法

1. 准备工作

准备试情兜布，试情布用长 40 cm、宽 30 cm 的白布，四角系上带子。

2. 操作方法

把试情布系在试情羊腹下，使其爬跨后无法进行交配。不试情时要解下试情兜布，并定期清洗，防止感染或擦伤试情公羊的阴茎。

(三)试情公羊阴茎移位法

1. 准备工作

手术前将公羊仰卧保定，在其腹部剪毛、消毒。

2. 操作方法

距右侧阴茎包皮 1.5～2 cm 处切开皮肤，剥离阴茎旁侧组织直达基部，再从腹下右侧基部与原阴茎成 45°角切开皮肤进行剥离，其切口大小、粗细以恰好容纳阴茎为度，并将阴茎移位缝合，原阴茎切口处的皮肤也照样缝合，术后用碘酊消毒，涂上消炎粉，防止感染。

以上三种方法各有长处，解、系试情布比较麻烦，定期清洗，否则试情布变硬擦伤阴茎，容易感染；割断输精管的方法，试情几天后，阴囊有肿胀情况，故要定期休息；阴茎移位术稍麻烦，角度一定要移好，否则，也会出现偷配，但仍以阴茎移位后的试情羊方便得多，性欲也好。

试情法

一、准备工作

挑选出 1 只 2～5 周岁、体格健壮、无疾病、性欲旺盛、已经处理的试情公羊。

二、检查方法

将试情公羊按照 1：(20～30)的比例放入母羊群中。

三、结果判定

当公羊开始嗅闻母羊(见图 3-1)，如果发现公羊爬跨母羊(见图 3-2)而母羊站立不动接受爬跨，则该母羊为发情母羊。如母羊躲避爬跨，则为不发情或发情不好的母羊。用这种方法试情，可以将母羊群中 90％以上的发情母羊挑选出来。

图 3-1　羊的试情

图 3-2　公羊爬跨母羊

四、注意事项

1. 应保证试情公羊有旺盛的性欲及试情的积极性。

2. 试情公羊与母羊群的比例应保持在 1∶(20～30)，最多不要超过 60 只，防止因公羊疲劳而影响试情的准确性。

3. 要保证试情时间和试情次数。一般情况下，每群羊应早晚各试情 1 次，对于 1～2 周岁的母羊，应根据情况酌情增加 1 次试情，每次试情应保证在半小时以上。

4. 发现试情公羊爬跨母羊，应将该母羊立即挑出圈外，避免公羊射精影响性欲。

5. 试情公羊的管理、补饲，应参照配种采精公羊的标准。

另外，还可以采用外部观察和阴道检查法鉴定发情母羊。

任务二　发情控制

同期发情

一、准备工作

选择健康、成年、未孕、未发情的母羊。

二、操作方法

（一）阴道栓塞法

使用经孕激素处理的扎有细绳的阴道海绵栓或硅胶栓（见图 3-3），用消毒食用油浸泡后放入母羊阴道 10～15 cm，放置 12～14 d，孕激素抑制卵泡发育，取出栓塞，在取出栓塞的前一天或当天可注射 300～500 IU PMSG，在去栓后 1～3 d 内 80％以上可出现发情。

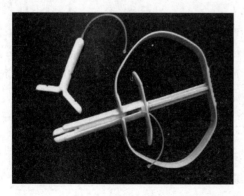

图 3-3　左：羊用阴道栓和放置器；右：将阴道栓放入母羊的阴道

（二）埋植法

将含有 3～5 mg 18-甲基炔诺酮硅胶埋植物及少量消炎粉，利用兽用套管针埋入耳部皮下，经 12～14 d，取出埋植物，在取出埋植物的同时可注射 300～500 IU PMSG，去栓后的 1～3 d 内多数母羊可出现发情。

（三）前列腺素注射法

每天将一定量的药物皮下或肌内注射，连续若干天后停药。

母羊发情季节开始后，对羊肌内注射两次氯前列烯醇，其间隔时间 9～10 d，每次肌内注射量 100～200 μg。

三、结果

放入试情公羊（按 2%），在处理后的 1～3 d 内，约有 85%～95% 的母羊发情。发情母羊即可人工输精。使用孕激素处理后第一次发情的母羊受胎率往往低于常规发情母羊，为此，可采用处理后的第二个情期，一般在第二情期的 6～7 d 内有 80%～90% 的母羊发情，这时的受胎率与常规相同。使用孕激素前列腺素注射法处理后，可使母羊高度化同期发情，但受胎率较低。

四、注意事项

1. 同期发情处理应用的药物很多，方法也有多种，基本上都是先用孕酮或孕激素处理，接着注射促性腺激素，刺激卵泡生长与排卵。大多采用孕酮、甲孕酮、氟孕酮等做成海绵栓。

2. 对母羊常用和较有效的方法是阴道海绵栓法和前列腺素注射法，但这两种处理方法往往干扰精子的运动，造成情期受胎率偏低。

3. 用前列腺素对羊进行同期发情，其先决条件是繁殖季节已到，母羊已开始有发情周期。绵羊在情期的 8～15 d，山羊在 9～18 d，肌内注射 PG 处理才有效果。

超数排卵

母羊超数排卵开始处理的时间，应在自然发情或诱导发情的情期第 12～13 d 进行。

一、准备工作

母羊应符合品种标准，具有较高的生产性能和遗传育种价值。年龄一般为 2.5～7 岁，青年羊为 18 月龄。体格健壮，无遗传及传染性疾病。繁殖机能正常，经产母羊没有空胎史。

二、操作方法

（一）促卵泡素（FSH）减量处理法

母羊在发情前的 4 d 开始肌内注射 FSH，早晚各一次，间隔 12 h，采用递减法分 4 d 注射。使用国产 FSH 总剂量为 200～400 IU。母羊一般在开始注射后的第 4 d 表现发情，发情后立即静脉注射（或肌内注射）促黄体素（LH）75～120 IU，或促性腺激素释放激素的类似物 50～75 μg，LH 的剂量一般为 FSH 的 1/3。超排剂量及激素比例可根据不同厂家和批号稍作调整。

（二）孕马血清促性腺激素（PMSG）处理法

在发情周期前 4 d，一次肌内注射 PMSG 1 500～2 500 IU，发情后 18～24 h 肌内注射等量的抗 PMSG 或前列腺素 200 μg。超排剂量及激素比例可根据不同厂家和批号稍作调整。

三、结果检查

通过手术，观察卵巢表面排卵点和卵泡发育（见图 3-4），详细记录，并判断操作是否成功。

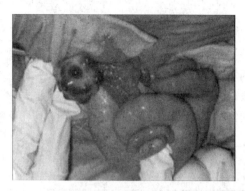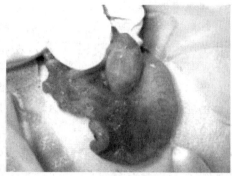

图 3-4　羊超数排卵后的效果

四、影响因素

1. 促性腺激素

除激素的种类、剂量、效价、投药时间和次数外，制造的厂家、批号以及药剂的保存方法和处理程序也都影响超排效果。使用同一厂家生产的两个批号的 FSH 处理母羊，剂量和处理方法相同，排卵数和可用胚数可能差异显著。

2. 个体差异

羊的品种、年龄和营养状况等都会影响超排效果。一般繁殖力高的品种对促性腺激素的反应比繁殖力低的品种好，成年羊比幼龄羊的反应好，营养状况好的比营养差的反应好。山羊的超排效果优于绵羊。

3. 季节

一年中，母羊在春季（3 月）排卵效果差，秋季（9 月）最好。

4. 供体本身的 FSH 水平

在自然情况下，发情前出现 FSH 和 LH 的分泌峰值，排卵率高的羊此峰值明显高于排卵率低的羊，而且分泌的 FSH 量与 17 d 后卵巢上的有腔卵泡数量呈正比。

诱导发情

处于乏情的母畜，其垂体前叶 FSH 和 LH 的分泌量少，活性低，不足以引起卵泡的发育和排卵。此时卵巢上既无卵泡发育，也无黄体存在。因此，对哺乳期、季节性等乏情的母羊，利用外源性激素或某些环境条件刺激，通过内分泌和神经调节作用，激发卵巢活动，促使卵泡正常发育和排卵。

一、准备工作

可用于季节性乏情、哺乳期乏情、病理性乏情的母羊。

二、操作方法

1. 对产后长期不发情的母羊，采用 LRH-A$_2$ 或 LRH-A$_3$ 肌内注射，每天 1 次，连用 2～3 d，即可发情，总剂量不能超过 50 μg/头。

2. 对季节性乏情的绵羊，可连续 14 d，使用孕激素栓塞法处理，在停药当天一次肌内注射 PMSG 500～1 000 IU，即可引起发情排卵。

三、检查结果

使用试情法对处理后的母羊进行发情鉴定。

四、注意事项

从理论和实践角度看，孕激素-PMSG 法应当作首选方案。孕激素最好选用：繁殖季节采用甲孕酮海绵栓（MAP），非繁殖季节采用氟孕酮（FGA），剂型以阴道海绵装置为最好。对不适宜埋栓的母羊，也可采用口服孕酮的方法。PMSG 的注射时间，应在撤栓当天进行，这样才可能消除因突然撤栓造成的雌激素峰而引起排卵障碍。这种处理方法符合安全、可靠的要求。第一个情期不受胎，还会正常出现第二、第三个情期，不至于对母羊的最终受胎造成影响。

操作训练

1. 采用试情法鉴定母羊是否发情。
2. 制定羊同期发情、超数排卵方案。

●●●●● 相关知识

一、母羊生殖器官的特点（见图 3-5）

羊属于双分子宫。子宫颈发达，子宫颈为极不规则的弯曲管道。绵羊的子宫角黏膜有时有黑斑，绵羊子宫肉阜为 80～100 个，山羊子宫肉阜为 160～180 个，阜的中央有一凹陷。羊的子宫颈阴道部仅为上下两片或三片突出，上片较大，子宫颈外口的位置多偏于右侧，为极不规则的弯曲管道。宫颈管成为螺旋状。子宫颈黏膜是由柱状上皮细胞组成，发情时分泌活动增强。

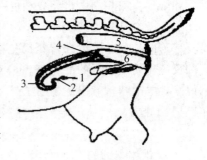

图 3-5　母羊生殖器官
1. 卵巢　2. 输卵管　3. 子宫角
4. 子宫颈　5. 直肠　6. 阴道

二、羊的性机能发育阶段

（一）初情期

山羊和绵羊的初情期都为 4～8 月龄。

（二）性成熟

羊的性成熟时间与品种、饲养管理以及气候、环境等因素有关，一般为 5～10 月龄。

（三）初配适龄

当母羊体重达到其成年体重的 70% 时，可进行第一次配种，一般山羊为 10～12 月龄，绵羊为 12～18 月龄。

（四）繁殖机能停止期

在正常饲养管理条件下，绵羊繁殖机能停止的时间为 8～10 岁，山羊的繁殖机能停止期为 11～13 岁。

三、羊发情周期的特点

羊属季节性多次发情动物，每年发情的开始时间及次数，因品种及地区气温不同而异。例如我国北方的绵羊发情多集中在 8、9 月，而我国温暖地区饲养的湖羊及寒羊发情季节不明显，但多集中在秋季。南方地区农户饲养的山羊发情季节也不明显。

发情季节初期绵羊常发生安静排卵，但山羊发生安静排卵现象比绵羊少。接近繁殖期时，将公羊与母羊合群同圈饲养，能诱发母羊性活动，使配种季节提前，并缩短产后至排卵的时间间隔。

四、发情周期和发情持续期

（一）发情周期

绵羊的发情周期为 14～20 d，平均为 17 d。山羊的发情周期为 18～23 d，平均为 21 d。

（二）发情持续期

绵羊的发情持续期为 24～36 h，山羊的发情持续期为 26～42 h。青年母羊发情期较短，年老母羊较长。绵羊的发情征状不明显，仅稍有不安、摆尾，阴唇稍肿胀、充血，黏膜湿润等。山羊发情较绵羊明显，阴唇肿胀、充血，且常摇尾，大声哞叫，爬跨其他母羊等。

●●●●● 扩展知识

一、羊的异常发情及原因

1. 隐性发情

隐性发情又称安静发情，亦称安静排卵。主要是母羊外观无发情表现或外观表现很不明显，非常微弱，如不细心观察，很容易被忽视。但这种羊实质上卵巢上有卵泡发育并能正常排卵，所以会出现这种隐性发情现象。其主要原因在于脑下垂体前叶分泌的促卵泡素量不足，以及卵泡壁分泌的雌激素量过少，致使这两种激素在血液中含量过少。另外，每头母羊激发其发情阈值不同，有的个体所需阈值较大，以致激素分泌量虽不少，但仍未达到发情阈值也会出现隐性发情。另外泌乳旺盛的母羊，营养差的母羊也会发生隐性发情。对于容易发生隐性发情的母羊，一要注意调节日粮，保证供给充足的营养物质，特别是蛋白质、能量及维生素。二要根据产羔时间，推算和掌握可能出现的发情时间，并注意观察母羊的表现，有条件的可用试情公羊反复试情，也可以事先为母羊注射有关性激素促使其正常发情，要防止漏配失配，保证及时配种受胎。

2. 假发情

假发情有两种情况，一是妊娠期发情，即孕后发情，母羊怀孕 2～3 个月后，又突然表现出的一种发情现象；二是母羊外观上有明显的发情表现，实际上卵巢根本无卵泡发育的一种假发情。出现妊娠期发情，主要是因母羊体内分泌的生殖激素失调造成的。在正常情况下，妊娠黄体和胎盘都分泌孕酮，同时胎盘又分泌雌激素。孕酮有保胎作用，雌激素有刺激发情作用。通常两者分泌量保持相对平衡状态，因此母羊在妊娠期不会出现发情现象。但当两种激素相对平衡状态失调，孕激素减少或是雌激素量增多，即可使个别母羊出现妊娠期发情。这是一种异常的生理现象，要做好保胎工作。对于无卵泡发育的假发情现象，主要有以下两种情况，一是有些小母羊虽然已性成熟但卵巢发育机能不全；二是母羊患有子宫内膜炎，在子宫内膜分泌物的刺激下，会出现假发情。属于以上两种情况的，一是要供给营养全面的日粮，促其全面发育，进入正常发情期；二是采取正确有效的治疗措施，尽量消除子宫炎症。

3. 持续发情

造成母羊持续发情的原因有：(1)卵巢囊肿(主要是卵泡囊肿)。这种情况是卵巢有卵泡发育，而且越发育越大，但就是不破裂。在卵泡壁持续分泌雌激素的作用下，母羊的发情时间延长并大大超过正常时限。这类羊发情表现非常强烈，呈现慕雄狂症状。相反，另一种属沉郁型，即外观看不出有发情表现，必须通过特殊的检查，加以确认。凡属卵巢囊肿的母羊，应尽快采取措施，消除囊肿，可注射雌激素，使囊肿尽快破裂。注射孕酮，促使囊肿尽快萎缩。(2)两种卵泡不同时发育。这种母羊发情时，一侧卵巢有卵泡发育，但发育几天后又停止了，而另一侧卵巢接着又有卵泡发育，从而使发情期持续延长。这种卵泡交替发育的情况，虽发情时间长，但有可能使卵子发育成熟，如定期检查确诊，及时进行人工授精，还能受孕。如果发现个别适龄母羊有持续发情问题时，还要注意日粮的调节，满足蛋白质及维生素的供应，以改善营养状况。

4. 短促发情

短促发情是母羊的发情期非常短，原因就是母羊的卵泡发育很快成熟而排卵，缩短了发情期。此时，要加强试情工作，及时配种。另一个原因是由卵泡发育停止或受阻引起的，一经发现要及时治疗。

二、产后发情

母羊的产后发情多在羔羊断奶后 2～3 个月，即下一个发情季节。

●●●●● 知识链接

一、羊的品种类型

世界各地山羊的品种和类型繁多。据目前所知，全世界已形成的山羊品种达 150 个。按经济用途分为：肉用山羊、奶用山羊、绒用山羊、毛用山羊、羔皮用山羊、裘皮用山羊和普通山羊。肉用山羊主要有南江黄羊、马头山羊、波尔山羊；奶用山羊有崂山奶山羊、关中奶山羊；绒用山羊有辽宁绒山羊、内蒙古白绒山羊；毛用山羊有安哥拉山羊等；羔皮用山羊有济宁青山羊；裘皮用山羊有中卫山羊；普通山羊有新疆山羊、西藏山羊等。

世界各国现有主要绵羊品种有 600 多个，通常根据绵羊主要产品及经济用途，可将绵羊分为细毛羊、半细毛羊、粗毛羊、肉用羊、羔皮羊和裘皮羊等类型。细毛羊有澳洲美利奴羊、中国美利奴羊、新疆毛肉兼用细毛羊、东北毛肉兼用细毛羊、内蒙古毛肉兼用细毛羊、德国美利奴羊、泊力考斯羊等。半细毛羊有罗姆尼羊、考力代羊、青海半细毛羊、茨盖羊等。粗毛羊有蒙古羊、哈萨克羊、西藏羊等。肉用羊我国的有阿勒泰羊、乌珠穆沁羊、寒羊、兰州大尾羊等地方良种；国外有许多早熟肉用品种，如夏洛来肉用羊、道赛特羊、萨福克羊、林肯羊等。

二、羊的优良品种介绍

波尔山羊产于南非的干旱亚热带地区。从 1959 年开始，经过数十年严格的选育，已成为当今世界上最受欢迎的肉用山羊品种，有"肉羊之父"的美称。现已被引进到许多国家和地区，显示出很好的肉用性能和广泛的适应性。波尔山羊一般头颈为红褐色，其余被毛为白色，面部至鼻端有一白色毛带。头平直，鹰钩鼻，耳宽下垂，角向后弯如镰刀状。体躯长、匀称，呈圆桶状，肌肉发达，后躯丰满，四肢短而强健。生产性能优于其他任何一个山羊品种，公、母羊体长分别为 85～95 cm，70～85 cm，体高分别为 75～100 cm，

65～75 cm。6 月龄公羊体重可达 42 kg(平均为 37.5 kg)，母羊体重 37 kg(平均为 30.7 kg)。日增重可达 200 g 以上。屠宰率高，肉质鲜嫩。波尔山羊常年发情，一年两胎或两年三胎，且一胎多羔。母羊产羔率为 180％～200％，优良个体产羔率达 225％。

　　沙能奶山羊是世界著名的奶山羊品种之一，沙能奶山羊原产于瑞士柏龙县沙能山谷，分布极广，除气候炎热的地带和酷寒的地区以外，几乎遍布世界各地。用它改良本地山羊，效果十分显著。目前我国的沙能山羊分布很广，大部分集中在黄河中下游，以陕西、山东、河南、山西、黑龙江、河北等省份较多，约占全国奶山羊的 30％以上。沙能山羊原产地干燥、凉爽，因而怕严寒不耐湿热，冬季气温不低于－16 ℃，夏季不高于 36 ℃的地区最适宜饲养。沙能奶山羊的体型呈楔形。毛色纯白，偶有毛尖带有土黄色，毛细而短，皮薄而柔软，皮肤呈肉色。随年龄增长，鼻尖和乳房上常出现色素沉积的铁灰色斑点，多数山羊无角而有须，有的山羊颈下有肉垂。沙能山羊体格高大，体躯深高，背长而直，四肢长而坚实。母羊乳房基部附着宽广，向前后延伸，乳房松软，乳头附着良好。成年公羊体高 85 cm 左右，体长 95～114 cm；母羊体高 76 cm，体长 82 cm 左右；成年公羊体重 75～110 kg，母羊 50～65 kg。沙能奶山羊繁殖力高，第一胎产羔率 160％以上，第二胎以上达 200％～290％。沙能奶山羊的年泌乳量在 800 kg 左右。

　　湖羊源于北方蒙古羊，主要分布江苏省苏南的吴江、常熟、无锡、张家港、江阴、吴县、太仓、昆山、宜兴、溧阳、武进等县、市。湖羊以生长快、成熟早、四季发情、多产多胎、所产羔皮花纹美观而驰名于世，是我国特有的羔皮品种，也是世界上少有的白色、平毛波浪形花纹的羔皮品种。湖羊头型狭长，鼻梁隆起，耳大下垂，公母羊均无角，颈躯干四肢细长，肩胸不发达，背腰平直，尾为扁圆形短脂尾，全身被毛白色，是世界上目前唯一的白色羔皮用羊品种。湖羊对潮湿、多雨的气候和常年小圈喂养的独特饲养管理条件具有极强的适应能力。成年公羊平均体重为 48.7 kg，母羊平均为 36.5 kg。性成熟早，母羊 4～5 月龄就能发情配种，四季发情，但配种多集中于春末和秋初。繁殖率高，平均产羔率 228.92％，年产两胎，每胎 2 只羔以上，产羔率为 229％。羔皮花纹呈波浪状，分大花、中花和小花型，羔羊生后 1～2 d 内宰杀剥制、加工的羔皮(小湖羊皮)质量最优，毛纤维束弯曲呈水波纹花案，弹性强，洁白美观，是制作皮衣的优质原料，被誉为软宝石而驰名中外。

项目二　人工授精

【工作场景】

工作地点：实训基地、实训室。

动物：种公羊、母羊。

仪器：显微镜、恒温干燥箱、电热鼓风干燥箱。

材料：计算板、酒精灯、假阴道、开腔器、玻璃输精器、载玻片、盖玻片、擦镜纸、0.1％高锰酸钾溶液、鸡蛋、甘油、葡萄糖、青霉素、双氢链霉素、二水柠檬酸钠、羊奶、磺胺嘧啶钠、明胶、鲜脱脂牛奶、乳糖、蒸馏水、洗衣粉、75％的酒精棉球等。

【工作过程】

任务一　采精

一、准备工作

(一)器械的清洗与消毒

1. 清洗

人工授精所用的器材在使用前均应彻底清洗。每次使用后也必须及时清洗干净。新的金属器械要先擦去油渍后洗涤。首先用清水冲去残留的精液或灰尘,再用少量洗衣粉洗涤,然后用清水冲洗干净,最后用蒸馏水冲洗 1～2 次。

2. 消毒

人工授精所用的器材在每次使用前必须经过严格的消毒。

(1)玻璃器皿消毒

将玻璃器清洗干净后,控去剩余水分,再放入电热鼓风干燥箱内,要求温度在 130～150 ℃下消毒 80 min。也可使用高压灭菌器煮沸或蒸汽消毒。消毒后的器皿可放在恒温干燥箱内,使其表面的水渍蒸发、干燥。使用前器皿表面没有任何污渍,才能使用。

(2)橡胶制品的消毒

可放在水中煮沸,也可以使用 75％的酒精棉球擦拭消毒。须注意的是,一定要在酒精完全挥发后方可使用。最好在使用前用生理盐水冲洗后再用。

(3)金属器材的消毒

可用 75％的酒精棉球进行擦拭消毒,也可用水煮沸消毒。开腔器可以用酒精灯火焰进行消毒。

(二)采精场地

要有良好的固定采精场所,以便使公羊建立巩固的条件反射。采精场地应宽敞、明亮、平坦、清洁、安静以及采精架。

(三)台羊准备

最好选择发情母羊作台羊较为理想。要求母羊体格健壮、体型大小适中、健康无病,也可使用假台羊。

(四)假阴道准备

羊假阴道的形状结构基本与牛相同,只是大小有所不同。同样要经过洗涤、消毒、安装与调试,即可以使用(见图 3-6)。

图 3-6　假阴道的准备

（五）种公羊的准备

在采精前擦拭其下腹部，用0.1%的高锰酸钾溶液清洗包皮内外并擦干。

二、假阴道采精的操作方法

与牛基本相似（见图3-7）。

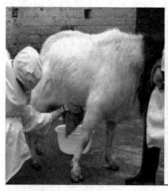

图3-7　羊的假阴道采精

采精时假阴道的温度一定要控制在38～40 ℃。一般采精人员站在公羊的右侧，右手握住假阴道，这样较方便采精。

任务二　精液处理

一、精液品质检查

（一）精液的外观性状检查（见图3-8）

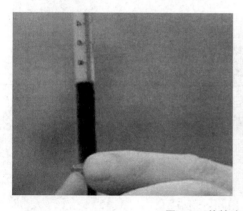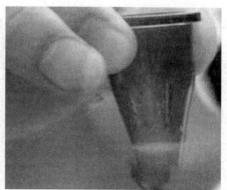

图3-8　羊精液外观性状检查

1. 采精量

羊的采精量较少，如果集精杯带有容量刻度，采精后可直接读取，或者是放在有刻度的小试管中读取。绵羊每次的采精量为0.8～1.5 mL；山羊为0.5～1.5 mL。

2. 色泽

羊精液正常情况下呈乳白色或灰白色，少数也有呈乳黄色的。如果颜色发生改变，如出现淡红色或褐色，则说明混有血液，可能是由于生殖器官损伤造成的出血；如果出现浅绿色，说明可能混有尿液或脓汁。如果出现这些异常颜色的精液，应废弃不用，并马上停止采精，查找原因对症治疗。

3. 气味

羊的精液一般无味或略带腥味，对于气味异常的精液应废弃不用。

4. 云雾状

羊精液虽然射精量少，但精子密度较大。刚采出的新鲜精液放在容器中，用肉眼可看到精液呈翻滚的现象，似云雾状。云雾状越明显，说明精子密度越大，活力越好。

（二）精子活力检查

由于羊精子密度大，检查时可用等温的生理盐水对精液进行稀释。然后可以利用平板压片法或悬滴法对精液进行活力检查，采用"十级一分制"对精液进行评定。一般羊新鲜精液精子活力为 0.6～0.8。具体检查方法请参照牛繁殖技术。

（三）精子密度检查

分别采用估测法、血细胞计数法及光电比色法对羊精液进行密度检查。羊精子密度等级划分（见表 3-1）。具体检查方法请参照牛繁殖技术。

表 3-1　羊精子密度等级划分

动物类别	精子数（亿/mL）		
	密	中	稀
羊	25 以上	20～25	20 以下

（四）精子畸形率检查

凡是形态和结构不正常的精子都属于畸形精子。羊畸形精子不能超过 14％，如果畸形精子超过 20％，则该精液视为精液品质不良，不能用作输精。具体检查方法请参照牛繁殖技术。

二、精液稀释与保存

（一）绵羊、山羊稀释液配方（见表 3-2 至表 3-4）

表 3-2　绵羊、山羊精液常温保存稀释液

成　分	绵羊		山羊	
	葡一柠一卵液	RH 明胶液	明胶羊奶液	羊奶液
基础液				
葡萄糖（g）	3.0	—	—	—
二水柠檬酸钠（g）	1.4	—	—	—
羊奶（mL）	—	—	100	100
磺胺嘧啶钠（g）	—	0.15	—	—
明胶（g）	—	10.00	10.00	—
蒸馏水（mL）	100	100	—	—
稀释液				
基础液（容量%）	100	100	100	100
卵黄（容量%）	20	—	—	—
青霉素（IU/mL）	1 000	1 000	1 000	1 000
双氢链霉素（μg/mL）	1 000	1 000	1 000	1 000

注：　*　充入 CO_2，20 min，将 pH 调整至 6.35。

表 3-3 绵羊、山羊常用低温保存稀释液

成　分	绵羊		山羊	
	葡—柠—卵液	卵—奶液	葡—柠—卵液	奶粉液
基础液				
葡萄糖(g)	0.8	—	0.8	—
二水柠檬酸钠(g)	2.8	—	2.8	—
奶粉(g)	—	10	—	10
蒸馏水(mL)	100	100	100	100
稀释液				
基础液(容量%)	80	90	80	100
卵黄(容量%)	20	10	20	—
青霉素(IU/mL)	1 000	1 000	1 000	1 000
双氢链霉素(μg/mL)	1 000	1 000	1 000	1 000

表 3-4 绵羊、山羊精液常用冷冻稀释液

成　分	绵羊		山羊	
	配方 1	配方 2	配方 1	配方 2
Ⅰ液				
鲜脱脂牛奶(mL)	—	20	—	—
乳糖(g)	5.5	10	6	3.8
葡萄糖(g)	3.0	—	—	2.6
柠檬酸钠(g)	1.5	—	1.5	1.3
卵黄(mL)	—	20	—	—
蒸馏水(mL)	100	80	100	100
Ⅱ液				
Ⅰ液(容量%)	75	45	80	80
卵黄(容量%)	20		20	20
甘油(容量%)	5	5	5	5
葡萄糖(g)		3		
青霉素(IU/mL)	1 000	1 000	1 000	1 000
双氢链霉素(μg/mL)	1 000	1 000	1 000	1 000

(二)稀释倍数的确定

羊精液的稀释倍数一般为 2～4 倍,而波尔山羊精液与稀释液的比例则为 1:10。稀释精液时,精液与稀释液二者的温度要保持一致。稀释前必须将两种液体置于同一温度(30 ℃)中,并在此温度下进行稀释。

(三)精液的稀释方法

请参照牛繁殖技术。

(四)精液保存

羊精液的低温保存方法具体操作。

首先把稀释后的羊精液按照 10～20 个输精量分装，封口，再包以数层脱脂棉或纱布，最外层装上防水套，扎紧，防止水分渗入，放入冰箱冷藏室即可。如无冰箱或特殊需要，可用广口保温瓶代替，在保温瓶中加入水和冰块，把包装好的精液放在上面，注意要定期添加冰源。也可采用化学制冷，在水中加入一定量的氯化铵或尿素，可使水温达到 2～4 ℃。

任务三　输精

一、输精前的准备工作

1. 母羊准备

经过发情鉴定确定已到输精时间的母羊，由助手用两腿夹住母羊的头部，两手提起母羊后肢，即倒提羊（见图 3-9）。或者使用专用的输精架将母羊固定，将外阴清洗消毒，并擦干外阴。

2. 器械准备

首先将输精器械进行清洗消毒。金属材质的用火焰消毒后，再用 75％的酒精棉球擦拭消毒；玻璃输精器用高压灭菌器煮沸或蒸汽消毒，使用前用生理盐水冲 2～3 次即可（见图 3-10）。

图 3-9　倒提羊

图 3-10　输精器械准备

3. 精液准备

如果使用冷冻精液，应先解冻，活力在 0.3 以上方可使用。新鲜精液经检查。活力要求在 0.6～0.8，然后将精液吸入玻璃输精管中备用（见图 3-11）。

4. 输精人员准备

三人为一小组，穿好工作服。将手臂清洗消毒，要求动作熟练。

图 3-11　精液准备

二、输精操作

（一）开腔器输精法

1. 插入开腔器

助手倒提羊，输精员将已消毒的开腔器旋转插入母羊阴道内，同时将开腔器把柄朝向输精员，打开开腔器，并找到子宫颈外口（见图 3-12）。

2. 注入精液

输精员用另一只手拿着吸有精液的玻璃输精器，沿开腔器插入子宫颈口 0.5～1.0 cm 缓慢注入精液，然后撤出输精器（见图 3-13）。

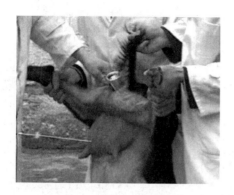

图 3-12　插入开腔器图

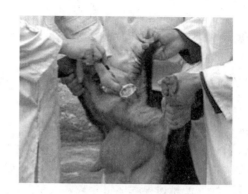

图 3-13　注入精液图

3. 拿出开腔器

注入精液后，开腔器关闭一半，即呈半开半闭的状态，将开腔器缓缓拿出（见图 3-14）。然后输精员用手轻拍母羊的腰背部（见图 3-15），防止精液发生倒流。最后将母羊放下，输精结束。

（二）输精器阴道插入法

有些母羊由于阴道狭小或初次配种的少数母羊，使用开腔器很难打开阴道，可以模拟自然交配的方法，把装有精液的输精器直接插入阴道深部输精。如果出现精液流入较缓慢，可轻轻转动输精器，略微改变其角度或来回拉动几下，以便让精液流入。少数母羊精液流入也会困难，这时可借助于洗耳球等将精液强行压入子宫颈口内，并可适当增加精液的输入量，以保证受胎率。输精完毕后，输精员用手轻拍母羊的腰背部，防止精液倒流。

图 3-14　拿出开腔器图

图 3-15　轻拍母羊腰背部

操作训练

1. 利用假阴道法为公羊采精。
2. 利用开腔器输精法为母羊适时输精。

●●●● **相关知识**

一、种公羊的采精频率

公羊配种季节短，其附睾的储存精液的量大而射精量少。因此，公羊的采精频率可较其他动物的采精次数要多。刚开始为每周采精 1 次，逐渐增至每周 2 次，以后每日可采精数次，绵羊采精 7～25 次/周；山羊采精 7～20 次/周，且连续数周都不会影响精液的质量。种公羊每天可采精 1～2 次，持续 3～5 d，休息 1 d。必要时每天可采精 3～4 次，每次采精应有 1～2 h 的间隔时间。

二、羊精液保存

精液保存方法有三种：常温保存、低温保存和冷冻保存。

绵羊精液常温保存的时间在 48 h 以上，精子活力为原精液的 70%；使用葡萄糖、甘油、卵黄稀释液等，温度分别在 12～17 ℃、15～20 ℃精液可保存 2～3 d。具体保存方法请参照猪繁殖技术；羊精液冷冻保存效果不理想，具体操作请参照牛繁殖技术；低温保存一般要比常温保存时间长，下面主要介绍羊精液的低温保存。

1. 低温保存的原理

随着温度的缓慢下降，精子的代谢机能和活动力逐渐减弱，温度降至 0～5 ℃时，精子几乎处于休眠状态。可利用低温来抑制精子活动，降低其代谢和能量的消耗，同时也能抑制微生物的生长，当温度回升后精子又能逐渐恢复正常的代谢机能并维持其受精能力。

2. 注意事项

低温保存时要防止冷休克的发生。精子由体温状态急骤下降到 10 ℃以下，精子会不可逆的失去活力的变化，称为冷休克。避免冷休克发生的方法：一是必须使用含有卵黄的稀释液；二是缓慢降温，把分装好的精液瓶（30 ℃）经保温处理，将其放入冰箱冷藏室，经 1～2 h，精液温度降至 0～5 ℃即可。

三、输精

（一）输精时间的确定

母羊的输精时间主要是依据试情制度来确定。如果每天试情一次的，在发现母羊发情后的当天及半天后各输精一次；如果每天试情两次的，绵羊和山羊有所不同，绵羊经过试情确定发情的，可在发情后半天输精。即早晨发情的母羊，下午输精；傍晚发情的母羊，第二天早上输精；然后间隔半天再输精一次。山羊最好在发情开始后的第 12 h 输精，如果第二天仍然发情的，可再输精一次，可以提高受胎率。

（二）输精要求

输精量和输入的有效精子数，应根据年龄、胎次等生理状况及精液的不同保存方法而有所不同。体型大的、经产的、子宫松弛的母羊，应适当增加输入精液的量；液态保存的精液要比冷冻保存精液的输精量多；经超数排卵处理的母羊与一般配种的母羊，无论是输精量和有效精子数都要有所增加（见表 3-5）。

表 3-5 输精要求

事 项	绵羊、山羊	
	液态	冷冻
输精剂量(mL)	0.05～0.1	0.1～0.2
有效精子数(亿)	0.5～0.7	0.3～0.5
适宜输精时间	发情开始后 10～36 h	
输精次数(次)	1～2	
输精间隔时间(h)	8～10	
输精部位	子宫颈口内	

●●●●● 扩展知识

一、自然交配与人工授精

羊的配种方式有两种，即自然交配和人工授精。

(一)自然交配

自然交配指公、母羊直接交配，也称为本交。根据人为干预的程度又分为以下四种方式。

1. 自由交配

公、母羊常年混牧放养，不分群。一旦母羊发情就会与公羊随机交配。自由交配是最原始的一种交配方式。会出现系谱混杂，群体生产力下降，在偏远的山区、牧区，这种配种方式依然保留着。

2. 分群交配

在配种季节里，将母羊分成若干小群，每小群放入经严格选择的一只或数只种公羊，让公、母羊在小群内自然交配。这样公羊的配种次数得到了适当的控制，配种公羊得到了一定程度的挑选。在偏远的新疆、内蒙古牧区，这种配种方式较为普遍。

3. 围栏交配

将公、母羊分群饲养，当母羊发情时，放入经特定的公羊进行交配。

4. 人工辅助交配

公、母羊严格分群饲养，只有在母羊发情配种时，才按照原定的选种选配计划，让其与特定的公羊进行交配。与上述三种配种方式相比，人工辅助交配较为科学、合理。增加了种公羊的可配母羊数，延长了种公羊的使用年限，而且在一定程度上防止了疾病的传播，可有计划地进行选种选配，建立系谱，有利于品种改良。

(二)人工授精

每头公羊可配母羊数(见表 3-6)。

表 3-6 每头公羊一年可配母羊数 单位：只

动 物	自由交配	人工辅助交配	人工授精平均数
羊	30～40	80～100	300～400

二、人工授精概述

人工授精技术能大大提高优秀种公羊的配种效率，减少种公羊的饲养数量，节省了大量的饲料、场地及饲养管理等费用，从而降低了生产成本；防止因自然交配而造成的生殖器官疾病的传播；人工授精使用的精液都是经过严格的品质鉴定，从而保证了精液质量；克服因公、母羊体型悬殊而造成的交配困难；人工授精不受地区的限制，有效地解决了种公羊不足地区的母羊配种问题。

三、羊人工授精的发展状况

我国绵羊人工授精的规模及冷冻精液的研究水平居世界先进行列。1976年由7省区共10个单位联合成立了"全国绵羊冷冻精液技术科研协作组"，1981年进行大规模的生产试验，绵羊的冷冻精液情期受胎率达到56.4%～60.9%，与对照组鲜精的平均情期受胎率69.5%相差不大。

四、提高种公羊精液质量的措施

1. 保证种公羊的营养均衡

种公羊的日粮组成应多样化，日粮中至少应包含优质青干草、青贮饲料、多汁饲料和精饲料补充料。在配种或采精期，每日应供给优质青干草1.5～2 kg，胡萝卜等多汁饲料0.5 kg，精饲料400～600 g，其余由青贮饲料补充。其中精饲料最好单独配制，应含有足够的矿物质营养。

2. 保证种公羊的充足运动

充足运动是保证种公羊性欲旺盛，生产高品质精液的重要条件。种公羊最好采用放牧的方式进行饲养，对于舍饲饲养的种公羊应设置运动场，每天进行2 h以上的强制驱赶运动。

3. 实行单独饲养

种公羊应单独组群由专人负责进行饲养管理，不得与母羊混合饲养，以保证种公羊具有旺盛的性欲。

4. 合理利用

在繁殖季节，自然交配每天最多可配种2次，每周至少休息2 d。常年生产冷冻精液的种公羊，每2 d采精1次。

5. 注意防暑降温

要注意夏秋季的防暑降温，由于环境温度高，种公羊在夏季极易出现性欲低下、精液品质大幅度降低的现象。放牧饲养时，应采取早晚放牧的方式避暑；舍饲饲养时，应加强羊舍通风，同时在运动场外植树、加设遮阳棚等。

6. 定期防疫、驱虫

种公羊的防疫、驱虫不仅关系着种公羊本身的健康，也与整个羊群的健康有密切关系。做好种公羊的防疫与驱虫工作是关系种公羊种用价值、羊群疫病预防的重要环节。

五、种羊的利用

(一)种羊的选择

1. 种公羊的选择

种公羊应体质健壮、精力充沛、敏捷活泼、食欲旺盛。其头应略粗重，眼大且突出，颈宽且长，肌肉发达，背平直，肋骨拱张，背腰平宽，四肢端正，被毛较粗而长，具有雄性的悍威。种公羊睾丸大小适中，包皮开口处距阴囊基部较远。种公羊鸣声高昂，骚味重是其性欲旺盛的表现。

2. 种母羊的选择

种母羊应灵敏，神态活泼，行走轻快，头高昂，食欲旺盛，生长发育正常，皮肤柔软富有弹性。作为奶用的种母羊应外貌清秀、骨细、皮薄、鼻直、嘴大、体躯高大、胸深而宽、肋骨拱张、背腰宽长、腹大而不下垂、后躯宽深、不肥胖。乳房发育良好，青年羊的乳房圆润紧凑，紧紧地附着于腹部。老龄羊的乳房多表现下垂、松弛，呈长圆桶状。山羊乳房以紧凑大型为好。

(二)种公羊的调教

为了使公羊适应爬跨假台羊，一般要经过一定时间的调教训练，使其逐渐习惯，并建立稳定的条件反射。以波尔山羊为例，种公羊一般在 10 月龄开始调教，体重达到 60 kg以上时应及时训练配种能力。调教时地面要平坦，不能太粗糙或太光滑，最好选择与其匹配的发情母羊做台羊。具体调教方法：一是利用有正常行为的羊进行采精，让被调教公羊站在一旁观摩，然后训练其爬跨；二是将不会爬跨的公羊和若干只发情母羊混群饲养，几天后公羊便开始爬跨；三是在假台羊的旁边拴系一只发情母羊，让待调教公羊爬跨发情母羊，然后反复几次拉下，当公羊的性兴奋达到高峰时，将其牵向假台羊，这种方法成功率较高。

六、腹腔镜子宫输精技术

绵羊冷冻精液子宫颈口输精法受胎率偏低。随着输精深度的增加，受胎率有显著的提高，然而由于绵羊子宫颈管道皱褶多，形状各异，只能在部分母羊中进行子宫颈内输精。近几年澳大利亚等国借用腹腔镜进行绵羊冷冻精液子宫内输精，受胎率可达70%。其方法是：将母羊用保定架固定好，使母羊仰卧，剪去术部（乳房前 6～12 cm 腹中线两侧3～4 cm)的被毛后用碘酒消毒。在乳房前 8～10 cm 处用套管针将腹腔镜伸入腹腔观察子宫角及排卵情况，在对侧相同部位再刺入一根套管针，把输精器插入腹腔，将精液直接注入两侧的子宫角内。输精完毕取出器械，母羊术部伤口消毒即可。

●●●●● **知识链接**

一、种公羊的饲养管理

种公羊的性欲、生精机能及精液品质与气温、光线、营养等因素密切相关。蛋白质能影响种公羊的性机能，蛋白质不足会使公羊的生殖器官发育迟缓和生精机能下降，因此，饲料中应含有适量的蛋白质。在配种期要给种公羊准备牛奶、鸡蛋等动物性蛋白饲料，以保证种公羊性机能旺盛；矿物质缺乏会使精子发育不全，活力下降，在饲料里添加贝壳粉、碳酸氢钙等矿物质饲料。钙、磷是形成正常精液所必需的物质。钙、磷比例控制在2：1。维生素缺乏会降低公羊的性欲，可适当增加青绿多汁饲料来提高维生素的含量，比如胡萝卜、青贮饲料等。

除了饲料的影响外，随着季节性的差异，管理也是一个很重要的指标。在夏季以防暑降温为主，比如有条件的应安装通风换气扇或吊扇，在走廊内洒水。在饮水中加入少量的食盐，水槽内必须保证全天有充足的清洁饮水，以防止种公羊中暑。若因饮水过多而造成圈舍潮湿，可在羊舍的一角放石灰吸潮；或在地面上撒少量的石灰。

高温对公羊的性机能有不良的影响。山羊比绵羊的耐热温度要高 3 ℃。在持续 30 ℃以上的气温下，会使公羊的射精量下降，精子数减少，畸形精子也会增多。采精要在傍晚或早上进行，当气温超过 32 ℃时，中午可用凉毛巾敷睾丸并按摩（见图 3-16），以提高公羊的性欲和防止热伤害。低温季节在保证室温 0 ℃以上情况下，要多通风，勤垫圈。在大风雪天气，不宜出去运动，防止睾丸冻伤。冬季因羊发情较少，配种任务轻，可以安排种公羊适当的休息。

图 3-16　冷敷睾丸

为了使种公羊的体况尽快恢复，在配种后的 1～2 个月内日粮应与配种期保持一致。还可适当增加一些优质干草或青绿饲料的比例。种公羊在非配种期对饲料的要求并不高，只要高于正常饲养标准就可满足种公羊的营养需要。在有放牧条件的地方，非配种期的饲养，可以放牧为主，适当补喂一定的精料和优质干草，要加强种公羊的运动，使种公羊的体质得到很好的锻炼。春夏季节应以放牧为主，每日补给混合精料，每日 500 g，分 3～4 次饲喂，在冬季除放牧外，如波尔山羊每日需补混合精料 500 g、干草 3 000 g、胡萝卜 0.5 kg、食盐 5～10 g，非配种期种公羊的放牧时间为 4～6 h。

根据种公羊的体况和精液品质来调整日粮和运动量。对于精子密度差的种公羊，要在日粮中增加蛋白质的比例。当出现种公羊过肥，精子活力在 0.4 以下时，要增强种公羊的运动和放牧。若经过 2 周的加强调整后，精液品质仍未得到提高，要考虑将其淘汰。完成了预备期种公羊，就进入了配种期，那么在配种期种公羊的饲养都要保持在相对较高的饲养水平，而且管理人员也要特别精心，要采取少喂勤添、多次饲喂的方法。

为保证种公羊的健康，还应做好种公羊的疫病预防工作，定期进行检疫和预防接种。做好体内外寄生虫病的防治工作，平时还应做好基本的管理工作，羊舍内外要经常打扫。舍内及运动场内的粪便要及时清理，不喂发霉的饲料和饲草。在夏天要及时检查种公羊吃剩下的饲料是否变质，如果有馊味应及时清理。

二、育成羊的培育

断乳以后，羔羊按性别、大小、强弱分群，增强补饲，按饲养规范采取不同的饲养计划，按月抽测体重，依据增重状况调整饲养计划。羔羊在断奶组群放牧后，仍需继续补喂精料，补饲量要依据牧草状况而定。刚离乳整群后的育成羊，正处在早期发育阶段，这一时期是育成羊生长发育最旺盛时期，这时正值夏季青草期。在青草期应充分应用青绿饲料，由于其营养丰厚全面，十分有利于促进羊体消化器官的发育，能够培育出个体大、身腰长、肌肉匀称、胸围圆大、肋骨之间间隔较宽而且具备各类型羊体型外貌的特征。因而夏季青草期应以放牧为主，并少量补饲。放牧时要留意锻炼头羊，控制好羊群，不要养成好游走，挑好草的不良习气。放牧间隔不可过远。在春季由舍饲向青草期过渡时，正值北方牧草返青时期，应控制育成羊跑青。放牧要采取先阴后阳（先吃枯草树叶后吃青草），控制游走，增加采草时间。在枯草期，特别是第一个越冬期，育成羊还处于生长发育时期，而此时饲草枯槁、营养质量低劣，加之冬季时间长、气温低、风大，耗费能量较多，需要摄取大量的营养物质才能抵御冰冷的侵袭，保证生长发育，所以必需增强补饲。在枯草期，除坚持放牧外，还要保证有足够的青干草和青贮料。精料的补饲量应视草场情况及补饲粗饲料状况而定，普通羊每天喂混合精料 0.2～0.5 kg。由于公羊生长发育快，需求营养多，所以公羊要比母羊多喂些精料，同时还应留意对育成羊补饲矿物质如钙、磷及维生素 A、维生素 D 的增加。

项目三　妊娠诊断

【工作场景】

工作地点：实训基地。

动物：配种后的母羊。

仪器：B 超诊断仪。

材料：探诊棒、肥皂水、75％的酒精棉球、润滑剂、消毒液等。

【工作过程】

任务一　直肠－腹部触诊法

一、准备工作

1. 母羊在腹部触诊前一夜进行停食。

2. 母羊仰卧保定。

3. 肥皂水灌肠，排除宿粪。

4. 探诊棒的准备　直径 1.5 cm、长 50 cm、前端弹头形的光滑木棒或塑料棒，用 75％的酒精棉球消毒探诊棒，然后用消毒液浸泡消毒，最后用 40 ℃的温水冲去药液并涂抹润滑剂使用。

二、诊断方法

待查母羊用肥皂灌洗直肠排出粪便，使其仰卧，然后用涂抹上润滑剂的触诊棒插入肛门，贴近脊柱，向直肠内插入 30 cm 左右。然后一只手用触诊棒轻轻把直肠挑起来以便托起胎胞，另一只手则在腹壁上触摸（见图 3-17）。

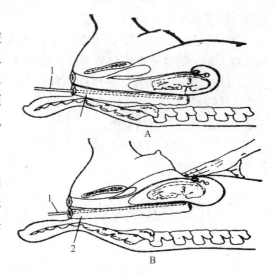

三、结果判定

直肠－腹部触诊时，如有胞块状物体即表明已妊娠；如果摸到触诊棒，将棒稍微移动位置，反复挑起触摸 2～3 次，仍摸到触诊棒即表明未孕。

四、注意事项

使用该方法时，动作要小心，轻缓，以防损伤直肠及胎儿，引起流产。

图 3-17　直肠－腹部触诊
1. 探诊棒　2. 直肠　3. 胎泡

另外，早期妊娠诊断也可以采用超声波诊断法，具体参照猪繁殖技术；还可以采用外部观察法、腹部触诊法来对母羊进行妊娠诊断。

操作训练

1. 采用直肠—腹部触诊法为母羊做妊娠诊断。
2. 利用B超诊断仪为母羊做妊娠诊断。

●●●●● 相关知识

一、妊娠识别

受精卵存在于子宫里，与母体之间发生着极为复杂的联系和微妙的变化，它以内分泌活动为基础。胎儿、胎膜和胎水之间构成的综合体是一个很活跃的激素生产单位，在妊娠的开始直到分娩，很大程度上起着主导作用，它不但控制着自身的发育，同时也影响着母体的生理状况。妊娠初期，孕体既能产生信号通过激素传递给母体，母体逐渐产生了相应的反应，从而识别胎儿的存在。由此孕体和母体之间就建立了紧密的联系。

二、妊娠期及预产期推算

母羊的妊娠期因品种、营养及单双羔等因素的影响有所不同。一般山羊的妊娠期稍长于绵羊，山羊的妊娠期平均为 152 d(142～157 d)，绵羊的妊娠期平均为 150 d(144～155 d)。

预产期推算是配种月份加 5，日数减 2，即为羊的预产期。

●●●●● 知识链接

预防妊娠母羊流产的措施

1. 供足营养。日粮中如缺乏某种营养物质常会导致营养性流产，故饲喂孕羊必须满足其对营养的需要，饲料要全价。

2. 保证饲料质量。不喂霉烂或酸性过大的饲料、冰冻饲料、不饮冰冷水。在怀孕后期不喂酒糟、带芽马铃薯和菜子饼、棉籽饼等饲料。

3. 细心管理防顶撞、挤压或摔倒，防止互相拥挤，严禁踢打或惊吓。

4. 注意羊病防治。切实搞好防疫、有病及时治疗。孕羊要适当运动、羊舍保持清洁干燥、增强体质和抗病能力。

5. 预防注射和药浴。合理安排预防注射时间，尽量做到不在怀孕后期进行防疫处理，严禁孕羊药浴等。

项目四 分娩与助产

【工作场景】

工作地点：实训基地

动物：待产母羊。

材料：盆、桶、肥皂、毛巾、刷子、绷带、5％的碘酒、消毒药、产科绳、剪刀、体温计、听诊器、注射器、强心剂、催产药物、产科器械等。

【工作过程】

任务一　正常分娩的助产

一、正常分娩

（一）准备工作

产羔前应准备好接羔用棚舍，要求棚舍宽敞、光亮、保温、干燥、空气新鲜。产羔棚舍内的墙壁、地面，以及饲草架、饲槽、分娩栏、运动场等，在产羔前3～5 d要彻底清扫和消毒。要为产羔母羊及其羔羊准备充足的青干草、质地优良的农作物秸秆、多汁饲料和适当的精饲料，或在产羔舍附近为产羔母羊留有一定面积的产羔草地。

（二）妊娠期及预产期

绵羊妊娠期范围在146～157 d，平均150 d，山羊妊娠期范围在146～161 d，平均152 d。预产期推算：配种月份加5，日数减2，即为羊的预产期。

（三）分娩过程观察

母羊临产前乳房胀大，乳头直立，用手挤时有少量黄色初乳，阴门肿胀潮红，有时流出浓稠黏液。骨盆部韧带松弛，已临产前2～3 h最明显。

在分娩前数小时，母羊表现精神不安，频频转动或起卧，有时用蹄刨地，排粪、排尿次数增多，不时回顾腹部；经常独处墙角卧地，四肢伸直怒责。放牧母羊常常掉队或卧地休息，以找到安静处，等待分娩。

母羊分娩时，在怒责开始时卧下，由羊膜绒毛膜形成白色、半透明的囊状物至阴门突出，膜内有羊水和胎儿。羊膜绒毛膜破裂后排出羊水，几分钟至30 min左右产出胎儿。正常胎位的羔羊出生时一般是两前肢及头部先出，头部紧靠在两前肢的上面。若产双羔，前后间隔5～30 min，但也有长达数小时以上的。胎儿产下后2～4 h排出胎衣。

（四）操作方法

羔羊产出后，首先把其口腔、鼻腔的黏液掏出擦净，以免因呼吸困难、吞咽羊水而引起窒息或异物性肺炎。羔羊身上的黏液。应及早让母羊舔干，既可促进新生羔羊的血液循环，又有助于母羊认羔。如果母羊恋羔性弱时，可将胎儿身上的黏液涂在母羊嘴上，引诱它舔净羔羊身上的黏液。

（五）注意事项

1. 在母羊产羔过程中，非必要时一般不应干扰，让其自行分娩。

2. 排出的胎衣要及时取走，以防被母羊吞食养成恶习。

二、助产

（一）准备工作

1. 产房

要求有单独的产房。并应具备阳光充足、干燥、宽敞、温暖、没有贼风的安全环境。场地要经常用消毒液喷洒消毒，垫草每天更换，保持清洁、干爽。

2. 接产人员

专人值班接产，并应具备接产的基本知识和兽医知识。

3. 药品及器械

产房内必须备有清洁的盆、桶等用具，及肥皂、毛巾、刷子、绷带、消毒用药、产科绳、剪子等，还应有体温计、听诊器、注射器和强心剂、催产药物等，有条件的最好准备一套产科器械。

4. 待产母羊。

(二)操作方法

接羔员蹲在母羊的体躯后侧，用膝盖轻压其肷部，等羔羊的嘴部露出后，用一只手向前推动母羊的会阴部，待羔羊的头部露出时再用一只手拉住头部，另一只手握住前肢，随母羊的努责向后下方拉出胎儿。母羊产羔后站起，脐带自然断裂，在脐带端涂5%的碘酒消毒。如脐带未断，可在离脐带基部约10 cm处用手指向脐带两边撸去血液后拧断，然后消毒。

(三)注意事项

1. 助产过程中，切忌用力过猛，或不根据努责节奏硬拉，防止撕裂母羊阴道。

2. 助产时机

(1)当羊水流出时，胎儿尚未产出时，若母羊阵缩及努责无力，即需要助产。

(2)胎头已露出阴门外，而羊膜尚未破裂。

(3)正常胎位倒生时，为防止胎儿的胸部在母羊骨盆内停留过久，脐带被挤压，因供血和供氧不足引起窒息，应迅速助产拉出胎儿。

(4)对产双羔和多羔的母羊，在产第二、第三只羔羊时，如果母羊乏力也需要助产。

任务二 难产的救护

一、准备工作

1. 产房

要求有单独的产房。并应具备阳光充足、干燥、宽敞、温暖、没有贼风的安全环境。场地要经常用消毒液喷洒消毒，垫草每天更换，保持清洁、干爽。

2. 接产人员

一些规模化的羊场，要有专人值班接产，并应具备接产的基本知识和兽医知识。

3. 药品及器械

产房内必须备有清洁的盆、桶等用具，及肥皂、毛巾、刷子、绷带、消毒用药、产科绳、剪子等，还应有体温计、听诊器、注射器和强心剂、催产药物、一套产科器械等。

4. 难产母羊。

二、操作方法

母羊骨盆狭窄，阴道过小，胎儿过大或母羊身体虚弱，子宫收缩无力或胎位不正等均会造成难产。难产救助时必须先了解情况。

1. 属于胎向、胎势、胎位不正的应及时调整，特别是胎位不正时，可先将胎儿露出部分推回子宫，再将母羊后躯抬高，伸手入产道，矫正胎位，随着母羊努责，拉出胎儿。

2. 胎儿过大时，可将胎儿的两前肢反复拉出和送入，然后一只手拉前肢，一只手扶头，随母羊努责缓慢向下方拉出。

3. 母羊身体虚弱分娩无力时，可人工助力。

4. 阴门过小的可斜上剪切阴户。

三、操作原则

1. 防撕

助产过程中，切忌用力过猛，或不根据努责节奏硬拉，防止撕裂母羊阴道。

2. 分清

在矫正和牵引过程中，一定要分清羔羊的前后肢或双羔不同胎儿的前后肢，必须保证所牵引的是同一胎儿的前肢或后肢。

3. 涂油

助产过程中，如果发现产道干燥，可向子宫注入消毒温肥皂水，并在产道内涂上无刺激性的润滑油、剂，然后再行牵引救助。

4. 手术

若确因胎儿过大而不能拉出，可采用剖腹术或截胎术。

5. 施药

助产完成后，向母羊子宫注入抗生素，并肌内注射缩宫素。

四、注意事项

1. 当发现难产时，应及早采取助产措施。助产越早，效果越好。

2. 使母羊成为前低后高或仰卧（有时）姿势，把胎儿推回子宫内进行矫正，以便利操作。

3. 如果胎膜未破，最好不要弄破。因为当胎儿周围有液体时，比较容易产出。但当胎儿的姿势、方向、位置复杂时，就需要将胎膜穿破，及时进行助产。

4. 如果胎膜破裂时间较长，产道变干，就需要注入石蜡油或其他油类，以利于助产手术的进行。

5. 将刀子、钩子等尖锐器械带入产道时，必须用手保护好，以免损伤产道。

6. 所有助产动作都不要过于粗鲁。一般来说，只要不是胎儿过大或母体过度疲乏，仅仅需要将胎儿向内推，矫正反常部分，即可自然产出。如果需要人力拉出，也应缓缓用力，使胎儿的拉出和自然产出一样。因为羊的子宫壁较马、牛薄，如果矫正或拉出时过于粗鲁，容易造成子宫穿孔或破裂。

7. 矫正之后，如果一个人用一定的力量还不能拉出胎儿，或者胎儿过大、畸形、肿大时，就需考虑施行截胎术或剖腹产术。

操作训练

1. 到实训基地为母羊接产。

2. 及时救助难产母羊。

●●●● **相关知识**

母羊难产的预防

1. 初配母羊不宜过早交配

母羊一般在 5～6 月龄达到性成熟，这时虽然已经具繁殖能力，但母羊身体尚未发育成熟，如果此时配种则会遏制其生长发育，增加难产率的发生。

2. 体型选配要正确

胎儿过大是引起母羊难产的主要原因，而胎儿过大多是由于用过大体型种公羊配种引起的，所以应坚持正确的体型选配原则。正确的体型选配原则应当是大、中型母羊选用大型公羊，小型母羊选用中型公羊。

3. 加强孕产期饲养管理

怀孕期间，保持母羊体况良好，不可过肥。对于接近预产期的母羊，应进行分群，特别多加照管，并准备好分娩场所。大牧场应备有较大的产圈或产棚，除了干燥及排水良好外，还应装置分娩栏。在分娩过程中，要尽量保持环境安静。当发现分娩时间过长时，应进行产道检查，根据反常情况进行助产。

● ● ● ● ● **知识链接**

提高母羊产双胎的措施

1. 通过选种选配提高母羊的多胎性

在繁殖力高的母羊后代中选留培育公羊，在多胎的母羊后代中选择优秀个体，通过双胎公羊配双胎母羊，可以获得多胎性能强的繁殖母羊。

2. 利用多胎基因

引进多胎品种与当地品种羊杂交　湖羊和小尾寒羊是我国优良的多胎多产品种，近年来不少省、市纷纷引进，用以改良当地羊的繁殖性能或直接用作肉羊生产的杂交母本。杂交的一代和二代母羊仍具有较高的繁殖能力。

3. 营养手段

在母羊配种前 1 个月，补饲催情，提高母羊营养水平，保证能量和蛋白质的供应，特别是补足蛋白质饲料，对中等以下膘情的母羊可以提高发情和排卵率，诱发母羊多产双胎，甚至多胎。在配种前母羊体重每增加 1 kg，其排卵率提高 2%～2.5%，产羔率提高 1.5%～2%。

4. 激素处理

单胎品种的绵羊，在母体正常发情到来的前 4 d，即发情周期的第 12～13 d，注射孕马血清促性腺激素，剂量按每公斤体重 20 IU，可诱发母羊排双卵。或者先用孕激素阴道栓处理，在撤栓前 48 h 时注射孕马血清促性腺激素。也可先用前列腺素处理，清除卵巢上的黄体，再注射孕马血清促性腺激素。在诱发母羊发情配种时注射促排卵的激素，如人绒毛膜促性腺激素，还可以提高诱产双胎的效果。

5. 胚胎移植

应用胚胎移植技术可以给经产单胎母羊移植 2～3 枚胚胎，使其产双羔或三羔。

项目五　胚胎移植技术

【工作场景】

工作地点：实训基地、实训室。

动物：供体母羊、受体母羊。

仪器：超净工作台、鲜胚保存运输仪、恒温水浴锅、体视显微镜、内窥镜、CO_2培养箱。

材料：羊手术架（自制）、羊常规手术器械、平皿、量桶、移液器、1/4 细管、20G 针头注射器、0.5％的利多卡因、CIDR 、PBS 冲卵液、PBS 保存液、FSH、LH、PMSG、HCG、氯前列烯醇、青霉素、双氢链霉素、蒸馏水、水温计、大方盘等。

【工作过程】

任务　羊手术法胚胎移植

（一）供、受体羊的选择

1. 供体母、公羊的选择

供体母羊应该选择健康的优质肉绵羊母羊，具有较高的育种价值，品质优良，遗传性稳定。体况中上等，繁殖周期正常，胎次为经产羊 2～5 产。供体公羊选择同品种、体质健壮、精液品质好、后裔遗传性能好的公羊。

2. 受体母羊的选择

受体母羊选用健康、无繁殖疾患的细毛羊、小尾寒羊等（见图 3-18）。

（二）供、受体母羊同期发情

鲜胚移植时，必须对供、受体母羊进行发情同期化处理，供、受体母羊发情周期最多相差±1 d。在供体母羊同期发情阴道放置"CIDR"的同时，受体母羊阴道内也放置"CIDR"。详见羊繁殖技术中项目一。

（三）供体母羊的超数排卵

详见羊繁殖技术中项目一。

（四）供体母羊的配种

首先利用试情公羊对供体母羊进行发情

图 3-18　受体母羊

鉴定，最好采用每天两次试情的方法。供体母羊一般在撤掉"CIDR"后 24～48 h 开始发情，并做好发情记录，同一天发情的要用油漆作好特殊标记，便于移植时操作。配种采用人工授精技术，在开始发情后 8～12 h 输精，间隔 10～12 h 输精一次，直到休情。

（五）手术法采集胚胎

1. 术前准备

要求在手术前 1 d 对供体母羊进行停食，并限制饮水，并于手术前 1 d 对供体术部剃毛。

2. 麻醉与保定

采用 0.5％利多卡因腰椎硬膜外麻醉结合术部浸润麻醉，现多采用鹿眠宝 3 号进行麻醉，待手术结束后再通过颈静脉注射苏醒灵快速解麻，麻醉效果比较好。一般将麻醉好的供体羊仰卧于自制的手术架上保定（见图 3-19）。

3. 手术部位和方法

手术部位可选择在腹下股内侧与乳房之间，也可选择在乳房前，腹中线一侧切口，切口长度一般为 4～5 cm，大小以能拉出子宫角为宜。

对供体母羊实施外科手术，手术部位先做常规消毒，然后盖上创巾。用手术刀逐层切开皮肤、皮下组织、腱膜，用刀柄分离肌肉，最后小心切开腹膜。将中指和食指并拢在一起伸入腹腔，找到子宫角，同时用两手指夹住子宫角将其牵拉到切口之外（见图 3-20），再顺着子宫角小心拉出一侧输卵管和卵巢，观察并记录卵巢上的排卵点及黄体的形成情况。

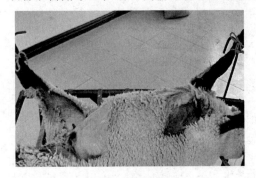

图 3-19　供体羊保定

图 3-20　将子宫角和卵巢拉到切口之外

手术法采集胚胎有输卵管与子宫角采集两种方式（见图 3-21）。

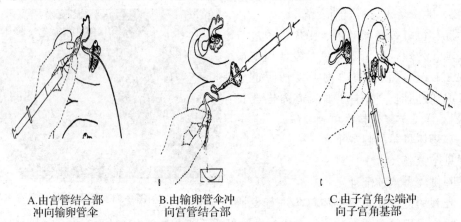

A.由宫管结合部
冲向输卵管伞

B.由输卵管伞冲
向宫管结合部

C.由子宫角尖端冲
向子宫角基部

图 3-21　手术法采集胚胎

（1）输卵管采胚法

采集胚胎的时间一般为第一次配种后 65～72 h，在输卵管的伞部插入冲胚管接取冲胚液，将注射器的磨钝针头刺入子宫角顶端向输卵管方向注入 10～15 mL 冲胚液。

（2）子宫角采胚法

当确认所有的胚胎都已进入子宫角内时，可采用冲洗子宫角的方式采集胚胎。在子宫角基部打孔，插入羊用二通管（见图 3-22）。根据子宫角粗细，从充气管注入 5～10 mL 空气，使气囊堵住子宫腔的缝隙，然后从子宫角上端注入冲胚液 30～50 mL，由基部插入的二通管内管中接取冲胚液（见图 3-23）。冲洗完一侧子宫角后再用同样的方法冲洗另一侧的子宫角。冲胚过程中，要求动作迅速、准确，同时要无菌操作，防止对伤口及生殖器官造成损伤。值得注意的是，术后生殖器官容易发生粘连，严重时会造成不孕，这是手术法采集胚胎的最大缺点。冲洗胚胎后，除去器械，同时将子宫角和卵巢送回腹腔并复位，并喷洒生理盐水，以防止粘连发生。先腱膜、肌肉、腹膜一起连续缝合后再缝合皮肤。

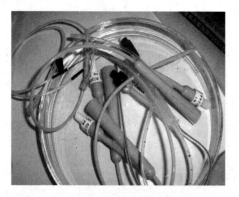

图 3-22　羊用二通管

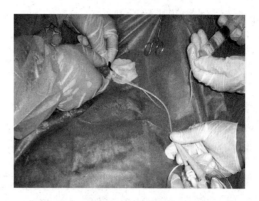

图 3-23　胚胎采集

（六）胚胎检查

从羊体收集的冲卵液，可能含有污染的微生物或子宫内感染的病原，所以采集的胚胎在检查前需要净化处理，即对胚胎进行清洗。清洗的方法：在体视显微镜下（20 倍），用吸管将检出的胚胎移入预先准备好的盛有 PBS 冲卵液液滴的小平皿中，利用吸移法经逐个小滴液清洗三次，然后移入 PBS 保存液中。经过净化的胚胎在体视显微镜下（40～200 倍）进行形态学检查，胚胎远距离运输移植要求胚胎的发育必须与胚龄相一致，采集 6～7 d 的胚胎应处于发育期，分别为桑葚胚、致密桑葚胚、早期囊胚和扩张囊胚四期。用形态学方法进行胚胎质量鉴定，分为 A、B、C、D 四级。只有 A、B 级胚胎可以用于鲜胚保存和远距离运输移植。

（七）胚胎装管、鲜胚保存和远距离运输

把经过鉴定符合胚胎远距离运输移植标准的 A、B 级胚胎进行装管，尽量减少胚胎在空气中的暴露时间，以减少污染。胚胎装管详见牛胚胎移植技术。装管后的胚胎进行编号记录，装入胚胎运输保存仪，并将温度调至 26～30 ℃，并保证温度的恒定。运输时防止剧烈震荡，并尽可能地减少运输时间。

（八）胚胎移植

1. 手术法移植

首先要做好受体羊场的手术前的准备工作，包括手术室、手术架、器械、药品及受体母羊空腹、剪毛剃毛等工作。受体母羊选择与供体母羊发情周期相差为±1 d，以同一天或晚一天发情的为好。手术方法和部位与供体母羊基本相同，取出卵巢后观察有无排卵点并记录。用自制移卵管吸取胚胎 1～2 枚，移植到受体母羊排卵侧的子宫角内，没有排卵点的受体母羊不移植。

2. 腹腔内窥镜移植（见图 3-24）

首先在乳房前方腹中线两侧各切开一个长 1 cm 的小口，一侧插入打孔器和腹腔镜，另一侧插入宫颈钳。观察卵巢上黄体的情况，选择有黄体且黄体发育良好侧的输卵管或子宫角移植。移

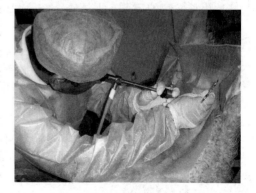

图 3-24　腹腔内窥镜移植

植部位必须与供体羊采集胚胎部位相对应。

(九)供、受体母羊的术后管理

供体母羊采集胚胎后，要求在周期第 9 d 左右肌内注射氯前列烯醇，用以溶解黄体，促进供体生殖器官的恢复。为提高供体母羊的再妊娠率和受体母羊的移植受胎率及产羔率。在手术时要严格按照外科手术的操作规程进行，为了防止术后继发感染，要对供、受体连续肌内注射青、链霉素 3～7 d。受体羊要单独组群加强饲养管理，做好保胎工作。

操作训练

1. 制定羊手术法胚胎移植实施方案。
2. 检查、鉴定胚胎。

●●●● 知识链接

评价羊胚胎移植效果的几个主要指标

1. 可利用胚胎数

使用外源激素诱发多卵泡发育并不是每个羊都对激素敏感，不同个体的反应差异很大。波尔山羊经过超排处理后，收集的有效胚胎数最少的为 0 枚，即卵巢无反映，而最多却为 64 枚，差别之大，一目了然。超数排卵理论上是越多越好，但排出的卵子数量太多，往往会出现受胎率和有效胚胎的收集率低的问题，原因可能是由于外源激素引起动物内分泌的紊乱，排出不成熟的卵子而造成的。一般经过超数排卵处理后，山羊可平均收集到有效受精卵数为 10～14 枚，绵羊为 6 枚左右。超排效果应取几次超排的平均数，不能以一次的超排结果来衡量其超排技术水平和供体羊对激素的敏感程度。

2. 受胎率

受胎率＝产羔受体数/移植受体数×100％。受胎率的高低是胚胎移植效果的直接体现。胚胎移植要求胚胎移植前后所处的环境要统一，即胚胎的生活环境和胚胎的发育阶段相适应，也就是说供体羊和受体羊在发育时间上要一致，移植后的胚胎与移植前的胚胎所处的生理条件尽量一致。除此之外，要想取得较高的受胎率，受体羊的后期饲养管理也非常重要，胚胎移植到受体羊后，要适应受体羊的内环境，受体羊要给予其充足的营养满足胚胎生长发育的需要。据调查，一般利用新鲜胚胎进行胚胎移植，山羊平均受胎率为 55％以上，绵羊平均为 65％以上。

3. 胚胎利用成功率

胚胎利用成功率＝产羔数(含流产的胎儿数)/移植的有效胚胎数×100％。胚胎利用成功率是有效反映胚胎移植过程中可利用胚胎的鉴别水平和移植技术的一项重要指标，这一指标一般在 55％以上。

项目六　繁殖力评定

【工作场景】

工作地点：实训基地。

材料：电脑及相关资料、计算器等。

【工作过程】

【案例】

某山羊场，有适配母羊 480 只，其中 249 只头一次发情配种受胎，141 只第二次发情配种受胎，71 只第三次发情配种受胎，其他一直没有受胎。在配种 120 d 之前，发现有 9 只母羊流产。在第二年春天，有 449 只母羊产羔，其中 367 只母羊产单羔，82 只母羊产双羔。羔羊到本年底，有 12 只羔羊出现死亡，试计算该羊场母羊的情期受胎率、第一次授精情期受胎率、总受胎率、受胎指数、流产率、产羔率、双羔率、繁殖成活率。

1. 情期受胎率　表示妊娠母羊只数与配种情期数的比率。

＝妊娠母羊只数/ 配种情期数×100%

＝(249＋141＋51)/[480＋(480－249)＋(480－249－141)]×100%＝55.06%。

2. 第一次授精情期受胎率　表示第一次配种就受胎的母羊数占第一情期配种母羊总数的百分率。

＝第一次情期受胎母羊只数/第一次情期配种母羊总数×100%

＝249/480×100%＝51.88%。

3. 总受胎率　年内妊娠母羊只数占配种母羊只数的百分率。

＝年受胎母羊只数/年配种母羊只数×100%

＝(249＋141＋51)/480×100%＝91.88%。

4. 受胎指数　是指每次受胎所需的配种次数。

＝配种总次数/受胎只数×100%

＝[480＋(480－249)＋(480－249－141)]/(249＋141＋51)×100%＝181%。

5. 流产率　是指流产的母羊只数占受胎的母羊只数的百分率。

＝流产母羊数/受胎母羊头数×100%

＝9/(249＋141＋51)×100%＝2.04%。

6. 产羔率　指产活羔羊数与参加配种母羊数的比率。

＝ 产活羔羊数 /参加配种母羊数×100%

＝(367＋82×2)/480×100%＝110.63%。

7. 双羔率　产双羔的母羊数占产羔母羊数的百分率。

＝产双羔母羊数/产羔母羊总数×100%

＝82/449×100%＝18.26%。

8. 繁殖成活率　分断奶成活率和繁殖成活率两种。

繁殖成活率＝年内成活羔羊数/产活羔数×100%

＝(367＋82×2－12)/(367＋82×2)×100%＝97.74%。

操作训练

根据羊场相关记录，计算该羊场情期受胎率、总受胎率、产羔率、双羔率和繁殖成活率等指标。

●●●● 知识链接

主要品种羊的繁殖性能

滩羊是中国裘皮用绵羊品种，母羊 7～8 月龄性成熟，18 月龄开始配种，每年 8—9 月为发情旺季。

湖羊是我国一级保护地方畜禽品种。湖羊性成熟早，四季发情、排卵，终年配种产羔。在正常饲养条件下，可年产二胎或两年三胎，每胎一般二羔，经产母羊平均产羔率 220%。

小尾寒羊是我国肉裘兼用型绵羊品种，常年发情，以春秋两季最旺盛，其发情周期平均为 19.3 d。小尾寒羊 6 月龄即可配种受胎，年产 2 胎，胎产 2～6 只，有时高达 8 只；平均产羔率每胎达 266% 以上，每年产羔率达 500%。

波尔山羊是世界上著名的生产高品质瘦肉的山羊，属非季节性繁殖家畜，一年四季都能发情配种产羔，但一般 5—8 月发情比例极少。妊娠期平均为 148.33 d。母羊 6 月龄成熟，平均窝产羔数为 1.93 只。

●●●● 拓展阅读

羊人工授精技术规程

计划单

学习情境三	羊繁殖技术		学时	10
计划方式				
序号	实施步骤		使用资源	备注
制定计划 说明				
计划评价	班　级		第　　组	组长签字	
	教师签字		日　　期	
	评语：				

决策实施单

学习情境三	羊繁殖技术					
	讨论小组制定的计划书，作出决策					
	组号	工作流程的正确性	知识运用的科学性	步骤的完整性	方案的可行性	人员安排的合理性	综合评价

	组号	工作流程的正确性	知识运用的科学性	步骤的完整性	方案的可行性	人员安排的合理性	综合评价
计划对比	1						
	2						
	3						
	4						
	5						
	6						

制定实施方案

序号	实施步骤	使用资源
1		
2		
3		
4		
5		
6		

实施说明：

班级		第　　组	组长签字	
教师签字			日　　期	
	评语：			

效果检查单

学习情境三	羊繁殖技术			
检查方式	以小组为单位，采用学生自检与教师检查相结合，成绩各占总分(100 分)的 50％			
序号	检查项目	检查标准	学生自检	教师检查
1	资讯问题	回答准确，认真		
2	试情法鉴定发情母羊	方法正确、操作规范		
3	制定发情控制方案	方案具有可操作性		
4	采精	方法正确、操作规范		
5	精液处理	方法正确、规范、准确		
6	开腔器法输精	操作熟练、输精部位准确		
7	B 超仪确定母羊妊娠	动作熟练、判断准确		
8	分娩及助产	判断准确、操作规范		
检查评价	班 级	第 组	组长签字	
	教师签字		日 期	
	评语：			

评价反馈单

学习情境三			羊繁殖技术			
评价类别	项目		子项目	个人评价	组内评价	教师评价
专业能力 (60%)	资讯 (10%)		查找资料，自主学习(5%)			
			资讯问题回答(5%)			
	计划 (5%)		计划制定的科学性(3%)			
			用具材料准备(2%)			
	实施 (25%)		各项操作正确(10%)			
			完成的各项操作效果好(6%)			
			完成操作中注意安全(4%)			
			使用工具的规范性(3%)			
			操作方法的创意性(2%)			
	检查 (5%)		全面性、准确性(2%)			
			生产中出现问题的处理(3%)			
	结果(10%)		提交成品质量(10%)			
	作业(5%)		及时、保质完成作业(5%)			
社会能力 (20%)	团队 合作 (10%)		小组成员合作良好(5%)			
			对小组的贡献(5%)			
	敬业、吃 苦精神 (10%)		学习纪律性(4%)			
			爱岗敬业和吃苦耐劳精神(6%)			
方法能力 (20%)	计划能 力(10%)		制定计划合理(10%)			
	决策能 力(10%)		计划选择正确(10%)			
意见反馈						
请写出你对本学习情境教学的建议和意见						

评 价 评 语	班级		姓　名		学号		总评	
	教师 签字		第　组	组长签字			日期	
	评语：							

学习情境四

马繁殖技术

●●●●● 学习任务单

学习情境四	马繁殖技术	学时	10
布置任务			
学习目标	1. 了解母马的生殖器官； 2. 会作马的发情鉴定； 3. 会利用直肠检查法判断母马发情； 4. 会判断母马卵泡发育时期，准确推算排卵时间； 5. 会精液处理及利用子宫灌注法为母马输精； 6. 会利用直肠检查法判断母马的妊娠情况； 7. 会母马的正常分娩、了解分娩调控		
思政育人目标	1. 通过介绍育种专家的故事和精神，增强爱国情怀，教育学生爱农村、爱农民，服务农村。增强民族自豪感、责任感和使命感。 2. 敬畏生命、尊重生命、珍爱生命。 3. 两性之美，自然之美和母爱教育。 4. 培养精益求精的品质精神、爱岗敬业的职业精神、协作共进的团队精神和追求卓越的创新精神。 5. 培养医德医风、恪守职业道德、博爱之心的工匠精神。		
任务描述	按照操作规程，深入实习基地。完成马发情鉴定、人工授精、妊娠诊断及分娩。具体任务： 1. 利用直肠检查法判断母马发情； 2. 马精液处理； 3. 利用直肠检查法检查母马妊娠情况； 4. 母马正常分娩		

学时分配	资讯：1学时	计划：1学时	决策：1学时	实施：5学时	考核：1学时	评价：1学时

提供资料	1. 张周. 家畜繁殖. 北京：中国农业出版社，2001 2. 中国农业大学. 家畜繁殖学. 北京：中国农业出版社，2000 3. 张忠诚. 家畜繁殖学. 北京：中国农业出版社，2000 4. 耿明杰. 动物遗传繁育. 哈尔滨：哈尔滨地图出版社，2004 5. 丁威. 动物遗传繁育. 北京：中国农业出版社，2010
对学生要求	1. 以小组为单位完成任务，体现团队合作精神； 2. 严格遵守养马场的消毒制度，防止疫病传播； 3. 严格遵守操作规程，保证人、畜安全； 4. 严格遵守生产劳动纪律，爱护劳动工具

●●●●● 任务资讯单

学习情境四	马繁殖技术
资讯方式	通过资讯引导，观看视频、到精品资源共享课网站、图书馆查询，向指导教师咨询
资讯问题	1. 母马的卵巢有什么特点？ 2. 母马子宫属于哪种类型？有哪些功能？ 3. 初情期、性成熟期的母马有何特点？ 4. 母马发情有哪些变化？ 5. 母马发情周期和发情持续期的特点是什么？ 6. 母马是属于全年发情动物还是季节性发情动物？ 7. 母马是长日照动物还是短日照动物？ 8. 利用试情法鉴定母马发情的要点是什么？ 9. 使用阴道检查法鉴定发情母马应注意什么？ 10. 直肠检查法鉴定母马发情的技术要点是什么？操作过程要注意哪些事项？ 11. 母马卵泡发育有哪些特点？ 12. 马精液稀释的倍数一般是多少？ 13. 马颗粒冻精有什么缺点？ 14. 马采用哪种输精方法？ 15. 马属于哪种射精型动物？ 16. 马的卵子有没有放射冠？ 17. 马的精子与卵子受精过程包括哪几步？ 18. 马的胎盘属于什么类型？ 19. 马与牛的胎膜结构有什么不同？ 20. 适合于马早期妊娠诊断的方法是什么？ 21. 马卵泡发育分为几个时期？ 22. 马妊娠期及预产期如何推算？ 23. 马分娩的特点是什么？
资讯引导	1. 在信息单中查询； 2. 进入黑龙江职业学院动物繁殖技术精品资源共享课网站； 3. 家畜繁殖工职业标准； 4. 养殖场的繁育管理制度； 5. 在相关教材和报刊资讯中查询； 6. 多媒体课件

●●●●● 相关信息单

项目一　发情鉴定

【工作场景】

工作地点：实训基地。

动物：母马。

材料：保定栏、母马生殖器官、开腔器、手电筒、保定绳、一次性长臂手套，毛巾、盆、肥皂等。

【工作过程】

任务一　直肠检查法

一、准备工作

1. 将母马牵到保定栏内进行保定，特别要注意后肢的保定，将马尾巴拉向一侧，清洗外阴。

2. 检查人员将指甲剪短磨圆，防止损伤母马的肠壁。同时，穿好工作服，戴上一次性长臂手套，清洗并涂抹滑润剂。

二、检查方法

检查者站立于母马后外方，左手呈楔形缓慢插入肛门并伸入直肠内，掏尽宿粪。将四指越过直肠狭窄部，拇指留在狭窄部的后方，寻找子宫和卵巢。具体做法：将手展平掌心靠向膁窝，手指向下弯曲向后移动，即可抓住如同韧带感觉的子宫角分叉处，左手手指沿着右侧子宫角向上移动，在子宫角尖端的外侧上方即可摸到右侧的卵巢。值得注意的是，检查马（驴）卵巢时，左侧的卵巢需要右手检查，而右侧的卵巢则需左手检查。依据卵巢的形状，有无卵泡，卵泡大小、质地等情况。来判断母马是否发情，卵泡发育的阶段，以便准确确定输精时间。

三、卵泡发育规律与发情期的判断

母马的发情持续时间比较长，其卵泡发育、成熟及排卵受外界因素影响较大，如只靠外部观察及阴道检查，判断其排卵期比较困难。但母马卵泡发育较大，规律性较明显，因此一般以直肠检查卵泡发育为主，其他方法为辅。马的卵泡发育一般分为六个时期：即卵泡出现期、发育期、成熟期、排卵期、空腔期和黄体生成期。

1. 卵泡出现期

发情周期开始时，卵巢表面就会有一个或数个新生卵泡出现，这些卵泡不是都能完成成熟排卵，只有其中一个（很少有两个）可以成为优势卵泡而达到成熟排卵。卵巢表面任何部位都有可能发生卵泡，但一般在卵巢的两端或背侧部发生较多，特别是在排卵窝周围。初期卵泡小且硬，表面光滑。呈硬球状突出于卵巢表面。

2. 发育期

此阶段，新生的优势卵泡体积增大，且充满卵泡液，表面光滑，此时卵泡内液体波动不明显，突出于卵巢部分呈正圆形，犹如半个球体扣在卵巢表面，并有较强的弹性。其直径为 3～6 cm，卵泡发育到这个阶段，母马一般都已发情。此阶段的持续时间：早春环境条件不良时，为 2～3 d；春末夏初条件良好时，为 1～2 d。

3. 成熟期

这是卵泡充分发育的最高阶段，成熟期的卵泡体积没有明显的变化，主要是性状的变化。性状的变化通常有两种情况：一种是母马卵泡发育成熟时，泡壁变薄，泡内液体波动明显，弹力减弱，完全变软，流动性增加。用手指轻轻按压可以改变其形状，这是即将排卵的表现。另一种是有部分母马的卵泡发育成熟时，泡壁薄而紧，弹力很强，触摸时母马有疼痛反应，有一触即破之感，这也是即将排卵的一种表现。这阶段的持续时间较短，一般为 1 d，也有的持续 2～3 d。

4. 排卵期

卵泡完全成熟后，即进入排卵期。这时的卵泡形状不规则，有显著的流动性，卵泡壁薄而软，卵泡液逐渐流失，完全排空需要 2～3 h。由于卵泡正在排卵，触摸时卵泡不成形，非常柔软，手指很容易塞入卵泡腔内，有时会出现卵泡液突然流失而瞬间排空的现象（见图 4-1）。

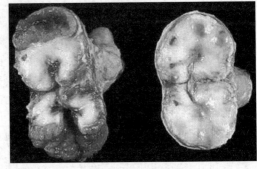

图 4-1　马卵巢上卵泡发育和排卵

5. 空腔期

卵泡液完全流失后，卵泡腔变空，可感到卵巢组织下陷，凹陷内有颗粒状突起。用手轻捏时，有两层薄皮之感，母马有疼痛反应，如回顾、不安、弓腰或四肢踏地。该期一般可持续 6～12 h。

6. 黄体生成期

卵泡液排空后，卵泡壁微血管排出的血液将排空的卵泡腔填充形成血体，使卵巢从

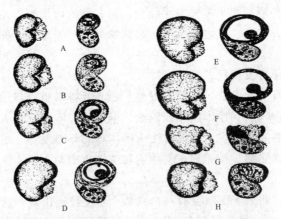

图 4-2　正常发情母马卵巢中卵泡发育过程中外观及剖面模式图

A. 发情期正常卵巢，无卵泡发育 B. 卵泡发育第一期，卵巢一端变大 C. 卵泡发育第二期，卵巢一端进一步膨大，深处有波动感觉 D. 卵泡发育第三期，卵泡端呈球形，波动明显，但较软 E. 卵泡发育第四期，为卵泡发育最高阶段，卵泡壁薄而紧张，弹性强 F. 卵泡开始破裂，为排卵阶段，卵泡腔压力降低，卵巢柔软无弹性 G. 卵泡液排空阶段，此时卵巢无固定形状

H. 黄体形成阶段，卵巢柔软有弹性，但无波动

"两层皮状"逐渐发育成扁圆形的肉状突起,形状和大小很像第二、第三期时的卵泡;但没有波动和弹性,触摸时一般没有明显的疼痛反应(见图 4-2)。

任务二　试情法

利用公马(驴)的形态、声音和气味等刺激来观察母马的反应。主要观察母马(驴)的食欲,行为表现,阴门是否红肿,是否有黏液流出及黏液的性状来判断。

（一）分群试情

把结扎输精管或施过阴茎转向术的公马放在母马群中,观察母马对公马的反应。此法适用于群牧马。

（二）牵引试情

一般是在固定的试情场内进行。把母马牵到公马处,让它隔着试情栏亲近,同时注意观察母马对公马的态度,从而判断发情表现。

（三）结果判定

1. 发情母马表现

母马在发情前期,食欲减退,阴唇皱褶变松,阴门充血下垂,经产母马尤为显著;发情期间阴唇肿胀,阴门努张程度增大。发情母马多主动接近公马,举尾,后肢张开,频频排尿,阴门外翻,阴蒂闪动,有分泌物从阴门流出。发情高潮时,很难将母马从公马身边拉开。栓系饲养条件下,发情母马常常在饲槽上或墙壁上摩擦外阴部,尾根处常因摩擦而蓬乱竖起,有时还可见丝状分泌物。

2. 不发情母马表现

对公马有防御性反应,又咬又刨,又踢又躲,不愿意接近公马。另外,还可以采用阴道检查法鉴定母马发情。

操作训练

1.利用直肠检查法鉴定母马是否发情。

2.利用试情法鉴定母马是否发情。

●●●● 相关知识

一、母马的生殖器官(见图 4-3)

（一）母马的卵巢

1. 形态位置

母马卵巢呈蚕豆形,较长,附着缘宽大,游离缘上有凹陷的排卵窝。右卵巢吊在腹腔腰区肾脏后方,左卵巢位于第 4、第 5 腰椎左侧横突末端下方,而右卵巢比左卵巢稍向前,位置较高。

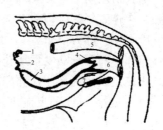

图 4-3　母马的生殖器官

1.卵巢　2.输卵管　3.子宫角　4.子宫颈

5.直肠　6.阴道　7.膀胱

2. 组织结构

马的卵巢组织随年龄增大有所改变，在卵巢门处有数毫米深的凹陷，形成排卵窝。在形态变化的同时，卵巢门的组织逐渐扩大增厚，这一部分相当于其他动物的髓质，表面有许多血管，浆膜覆盖的范围也逐渐扩大。因此原来的生殖上皮及其下面的皮质部都狭缩于排卵窝区，而髓质好像盖在皮质上面。

3. 卵巢变化的特点

母马卵巢在很多方面与其他动物有所不同，其中最突出的特点是皮质在内，髓质在外，并具有排卵窝，发育成熟的卵泡只能在排卵窝处破裂排卵。母马卵巢还有一个重要的特点，就是妊娠母马卵巢不但有主黄体，又叫原发黄体，而且还有辅助黄体。这是因为母马妊娠后子宫内膜杯状细胞分泌 PMSG，在妊娠期引起卵巢上新的卵泡生长发育、成熟，有些卵泡发生闭锁而黄体化，形成辅助黄体；另有一些卵泡则可发育至成熟并排卵，最后形成辅助黄体。

（二）母马的子宫

为双角子宫，两子宫角基部内没有纵隔，形成"Y"字形，子宫角与子宫体均呈扁圆管状。子宫角长 15～25 cm，宽 3～4 cm；前端钝，中间部稍下垂呈弧形。子宫体较其他动物发达，长 8～15 cm，宽 6～8 cm，子宫体前端与两子宫角交界处为子宫底。角及体均由子宫阔韧带吊在腰下部的两侧和骨盆腔的两侧壁上。子宫黏膜形成许多纵行皱襞，充塞于子宫腔。子宫颈较细，长达 5～7 cm，粗 2.5～3.5 cm，壁薄而软，黏膜上有纵行皱褶，子宫颈阴道部长 2～4 cm，黏膜上有放射状皱襞。不发情时，子宫颈封闭，但收缩不紧，可容纳一指，发情时开放很大。

二、季节发情

（一）母马（驴）性机能发育（见表 4-1）

表 4-1　母马（驴）性机能发育

动物	初情期（月龄）	性成熟期（月龄）	适配年龄（岁）
马	12	15～18	2.5～3.0
驴	8～12	18～30	2.0～2.5

（二）发情周期

1. 发情周期

母马的发情周期平均为 21 d(18～25 d)，发情持续期一般为 5～7 d。发情期的长短也会受品种、个体、年龄、饲养水平及使役情况等的影响。通常，老龄及饲养水平低的母马以及在发情季节早期发情的母马，其发情期一般较长，在发情结束前 24～48 h 排卵。马属于自发性排卵。引起母马发情期较长的主要原因：一是卵巢表面大部分被浆膜层包围，要使卵泡长大到足以达到排卵窝和卵泡破裂的程度，需要的时间较长，因而使发情持续时间较长；二是卵巢对 FSH 的反应不及其他动物（如牛、羊）敏感，卵泡发育至完全成熟需要较长时间；三是母马的 LH 分泌量比 FSH 少，引起排卵时间较迟。母马在发情期间无爬跨其他母马的现象，但喜欢寻找其他的母马和骟马做伴，表现出类似于雄性求偶的行为，并发出求偶的叫声。发情母马举尾，频频作出排尿姿势，排出少量尿液，并连续有节律地闪露阴蒂。

2. 影响发情周期的因素

雌性动物发情后，如果配种受精，便开始妊娠，发情周期自动终止。如果没有配种或配种后未受胎，便继续进行周期性发情。影响雌性动物发情周期的因素很多。

（1）遗传因素

同种动物不同品种以及同一品种不同家系或不同个体间的发情周期有所不同。对于季节性发情的马来说，只有在发情季节才出现发情周期。

（2）环境因素

光照时间的变化对于季节性发情动物马的发情周期影响较明显。在长日照或人工光照条件下，可使发情提早。气温几乎对所有动物的发情都有影响，适宜的温度最适合于雌性动物发情。蒙古马从气温较低的锡林郭勒草原南移至气温较高的两广珠江流域，多数母马的发情期提早至2月底前。黑龙江和内蒙古自治区的气温较低，所以这些地区的母马发情期开始较晚，一般须到4月份后才开始发情，而在云南丽江地区的母马，在2月中旬就开始发情，且发情季节持续时间较长。

（3）饲养管理水平

饲养管理水平对发情的影响，主要体现在营养水平及某些营养因子对发情的调控。一般情况下，适宜的饲养管理水平有利于动物的发情，饲养水平过高或过低，以致引起动物过肥或过瘦，均可影响发情。母马在饲养管理水平较高的情况下，可使发情季节提前开始，延期结束；反之，如果长期饲料供给不足，营养不良，则其发情季节开始较迟，结束较早，从而缩短了发情季节。

（三）发情季节

马（驴）属于季节性多次发情动物。季节变化是影响雌性动物生殖活动特别是发情周期的重要环境因素，它可通过神经系统发生作用（见图4-4）。一年中仅见于一定时期才表现发情，这一时期称为发情季节。我国北方的马（驴）从2—3月开始发情，4—6月发情旺盛，7—8月发情减少并逐渐进入休情期。南方地区的马（驴）从1—2月便开始发情。

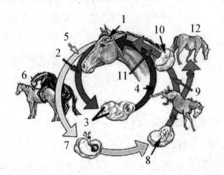

图4-4 母马季节性发情的内分泌调节示意图

1.GnRH作用于垂体，引起发情周期循环 2.垂体分泌FSH 3.卵泡发育、成熟

4.雌激素分泌量增加 5.垂体分泌LH 6.接受求偶 7.引起排卵 8.形成黄体

9.未妊娠 10.黄体分泌中断 11.进入下一个发情周期 12.已妊娠

三、马的发情鉴定

（一）直肠检查法

马卵泡发育的六个时期的划分是人为规定的，其实卵泡发育的过程是连续的，相邻两

个时期并没有明显的界限，只有熟练掌握卵泡发育规律，才能做出准确的判断。

为了便于判断母马的发情阶段和排卵时间，可将马的卵泡发育和排卵过程分为以下四种类型。

1. 单卵泡发育

单卵泡发育是常见的一种类型，卵巢上只有一个卵泡发育，且多在卵巢的一端，其发育过程有一定的规律，一般要经过卵泡发育的六个时期。

2. 双卵泡发育

在卵巢的左右两端各有一个卵泡出现，其中一个按上述各阶段一直发育到排卵，而另一个则在发育至略有波动时，退化转硬，最后消失。

3. 三卵泡发育

在卵巢的背部及两端各有一个卵泡发育，其中一个在稍有波动时即停止发育，另外两个则在到达发情初期，突出卵巢的表面比较明显，体积显著增大，而波动也非常明显，之后，其中一个停止发育，而另一个（多在卵巢）继续发育到排卵，其他均发生闭锁和退化。

4. 多卵泡发育

卵巢上有多个卵泡出现，常达 4～5 个。开始时大小相同，当发育到有波动的阶段时，只有一个继续发育（常在卵巢的一端），直到排卵，其他则在排卵前发生闭锁和退化。

利用直肠检查法鉴定卵泡的形态时，应注意不要把卵泡和黄体相混淆，有时必须加以细分，以作出准确的判断。在卵泡期，卵泡和黄体除形状和质地有所不同外，发育进展也有一定的差异。卵泡是进行性的变化，黄体是退行性的变化，经几次检查，前后对照，二者就很容易区别。但在黄体期，黄体发育到一定时期形状和质地极易和发育的卵泡相混淆。黄体和卵泡的主要区别：一是黄体几乎都呈扁圆形或不规则的三角形，而绝大多数卵泡呈圆形，只有少数与黄体相似呈扁圆形，卵泡有弹性或液体波动；二是黄体是肉样的感觉，在一定时期内黄体与卵巢实质部连接处四周感觉不到明显界限；三是黄体表面比较粗糙，卵泡表面光滑；四是黄体在形成过程中越变越硬，卵泡从发育成熟到排卵有越变越软的趋势。

有时在个别母马中可见到大卵泡或囊肿卵泡。大卵泡是指超出一般成熟卵泡的体积，且泡壁较厚，液体波动不是很明显。这种卵泡能正常发育至排卵，配种也能受胎，但成熟较慢，持续时间较长，在实践中易误诊为卵泡囊肿。对这种卵泡应连续检查，根据其变化情况来进行判断。大卵泡虽然发育较慢，但最后多数都能排卵，个别发生退化消失。卵泡囊肿则会持续很久，无明显变化。

母马的卵泡大小不一，至排卵时，有的卵泡直径仅 2 cm，大的达 7 cm 以上。因此，在判断卵泡的不同发育阶段时，除了考虑卵泡的大小外，还应该根据卵泡的波动情况、卵泡液充盈的程度、卵泡壁的厚薄及弹性的大小，以及卵泡在发育过程中与排卵窝的距离等进行综合分析和判断。

(二)阴道检查法

母马的子宫颈的变化在发情鉴定上有很大的意义。在间情期，子宫颈质地较硬，呈钝锥状，往往位于阴道下方，其开口处被少量黏稠胶状分泌物所封闭。在发情前期，分泌作用增强，周围积累很多的分泌物。在发情间期，尤其在接近排卵时，子宫颈位置则向后方移动，子宫颈肌肉的敏感性增强，检查时易引起收缩，颈口的皱壁由松弛的花瓣状变为较坚硬的锥状突起，随后又恢复到松弛状态，此时子宫颈括约肌收缩加强。这种收缩现象也可能发生在正常的交配过程中,并可能作用于公马阴茎龟头,以利于精液射入子宫内。母马在产后发情期间,子宫颈异常松弛,如果在这种情况下进行交配,可能不会发生以上收缩现象。母马如配种过早,子宫颈口未充分开张,精液常常被排在阴道里。而在发情盛期进行配种时,则在阴道中很少看见有精液滞留的现象,发情期以后,健康母马的子宫颈逐渐恢复正常状态。

在间情期,母马阴道壁的一部分往往被黏稠的灰色分泌物所粘连,此时如果想插入开腔器或手臂,就会感到有很大的阻力,阴道黏膜苍白,表面粗糙;在接近发情期时,阴道分泌物的黏性减小,在阴道前端有少许胶状黏液,黏膜略有充血,表面较光滑;发情前期及发情盛期,阴道黏液的变化更加明显。这时期黏膜充血更加明显;发情后期,阴道黏膜逐渐变干,充血程度逐渐降低。

阴道黏液的变化一般和卵泡发育有关,可作为发情鉴定的参考。卵泡发育各阶段的阴道黏液性状简述综合如下。

卵泡出现期:黏液呈灰白色,如稀薄的糨糊状,较黏稠。

卵泡发育期:黏液由稠变稀,初期为乳白色,后期则变为稀薄如水样透明。

卵泡成熟期与排卵期:卵泡接近成熟时,黏液量分泌显著增加,黏稠度也随之增强。

卵泡空腔期:黏液变为浓稠,当捏合于两指间张开时,可形成许多细丝,且很易断。黏液逐渐减少,并转为灰白色而失去光泽。

黄体生成期:黏液浓稠度更大,呈暗灰色,量更少,黏性较强而无弹性。

●●●●● 扩展知识

一、乏情

乏情是指雌性动物达到初情期后仍不出现发情周期的现象,主要表现于卵巢无周期性的活动,处于相对静止的状态。引起动物乏情的因素很多,有季节性的、生理性的和疾病性的等待。

1. 季节性乏情

季节性发情动物在非发情季节无发情或发情周期,卵巢和生殖道处于静止状态,这种现象称为季节性乏情。母马为长日照动物,多在短日照的冬季及早春出现乏情,卵巢小且硬,卵巢上既无卵泡发育又无黄体存在,血清中的 LH、孕酮和雌二醇的含量都处于较低的水平。在乏情季节诱导母马发情的方法,是通过人工逐渐延长白昼光照,可使季节性乏情的母马重新合成和释放促性腺激素,引起发情。

2. 产后发情

母马产后第一次出现发情时间是在分娩后的 $6 \sim 12$ d,一般发情征状不明显甚至无发情表现,但卵巢上有卵泡发育并排卵。可在产后第 5 天进行试情,第 7 天进行直肠检查,若有成熟卵泡即可配种。此时配种受胎率高,俗称"配血驹"。

3. 异常发情

雌性动物的异常发情多见于初情期后,性成熟前以及发情季节的开始阶段,使役过度、营养不良、饲养管理不当、环境温度和湿度的突然改变也易引起异常发情。马常见的异常发情有安静发情、孕后发情、"慕雄狂"、断续发情。

二、母马发情周期生殖激素的变化

马在发情周期的生殖激素变化主要有以下几个特点：首先是马在发情周期中会出现两个 FSH 峰，一个 FSH 峰发生在发情末期和间情期早期，另一个则发生在间情期中期。所以，当一个卵泡生长并排卵后，其他卵泡仍然可继续生长，有些卵泡可能在第一次排卵后 24 h 又排卵，有些在黄体期排卵，形成辅助黄体，也称副黄体或附加黄体，这是马属动物所特有的。有些在黄体期中期则发生闭锁和退化；其次是大多数哺乳动物 LH 峰出现时间很短，一般是在排卵前 12～14 h 出现排卵前的 LH 峰。而马的 LH 分泌是在排卵前数天就开始缓慢上升，并逐渐形成高峰，然后降低，大约持续 10 d，这是马的发情期较其他动物长的主要原因；最后是马的雌激素峰在接近发情期出现，而其他动物如牛、羊等在发情前期出现。

三、马的发情控制

（一）马的诱导发情

对于乏情母马可以应用促性腺激素、前列腺素对其进行诱导发情，也可以使用盐水冲洗子宫，也能诱导其发情。

（二）马的同期发情

一般使用前列腺素类似物效果较好。由于母马的发情持续时间较长，而且排卵后 5 d 内的黄体对前列腺素不敏感，因此一次处理后的同期发情率较低。采用间隔 12～16 d 使用二次前列腺素的方法效果虽然提高，但使用成本却大大增加。

●●●●● 知识链接

一、断乳驹的培育

断乳是幼驹生活上一个很大的转折，如果处理不好，会引起幼驹营养不良，生长发育受阻或其他不应有的损失，不能粗心大意。

断乳的时间一般是在其生后 6～8 个月。断乳过早，影响发育；反之，又影响母体内胎儿的发育，甚至损害母马的健康。

在断乳前几周，应给幼驹吃断奶后所需的饲料，并对幼驹普遍进行一次健康检查；还应及时编号、烙印。

断乳的方法：断乳厩应清扫消毒，铺设垫草，为马驹离乳后创造舒适的生活环境，以减轻其精神上的不安。门窗应坚固，围墙要高，防止逃跑造成事故。

在做好充分准备之后，选择晴天的中午或下午放牧回来，将母马群连同幼驹一同赶入离乳厩，然后将母马牵走。幼驹经 3～5 d，不安情绪开始好转。此时，可放入运动场自由活动，7 d 后便可到附近草场放牧。幼驹群设专人管理，并给以容易消化、营养丰富的饲料和充足的饮水。为减少幼驹的不安，可在离乳群放几匹温顺的无驹母马做伴。离乳厩应距母马厩远一些。

二、育成驹的培育

到了第二年春天，马驹经过冬季锻炼，提高了独立生活的能力。此时，年龄已满周岁，要按照品种、性别分群，以防止早交滥配。我国北方的早春，气温不定，风干土大，还常有暴风雪，马易发生感冒和消化不良等病，要加强护理，每天要喂饱，并保证充足的饮水和适当的运动。

放牧是培育马驹的一项重要措施，它可以锻炼肌肉、心肺，促进食欲，增强体质。如果牧地草质不良，可视幼驹发育情况每天补给精料 2～3 kg。1～2 岁的马驹，不仅体高还在增高，而且体长和胸围的发育强度也很大，如果营养不良，再加上锻炼不足，往往会造成短躯、窄胸。

项目二　人工授精

【工作场景】

动物：种公马、发情母马。

仪器：数码显微镜、光电显微镜、恒温水浴锅、恒温干燥箱、电热恒温板、电子天平等。

材料：液氮罐、氟板、假阴道、马鲜精、马颗粒冻精、鸡蛋、染料、甘油、葡萄糖、蔗糖、明胶、马奶、奶粉、青霉素、双氢链霉素、蒸馏水、输精管、一次性塑料手套、铁架台、定性滤纸、大方盘、玻璃漏斗、三角烧瓶、烧杯、量桶、注射器、移液器、小试管、玻璃棒、试管刷、擦镜纸、水温计、计算板、计数器、载玻片、盖玻片、药匙、擦镜纸、纱布等。

【工作过程】

任务一　采精

1. 将真台马固定于配种架内或用脚绊固定或直接使用假台马（见图 4-5）。如果使用真台马要注意对其后肢的保定以防蹴踢，并用绷带缠住马的尾巴，将其拉向一侧。

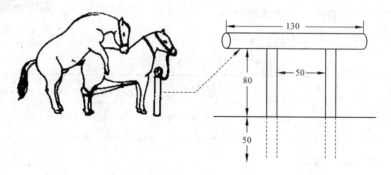

图 4-5　马采精横木架及母马保定（单位：cm）

2. 公马采精前，应首先使用温肥皂水清洗包皮和阴茎，然后用清水冲洗干净，最后用消毒纱布擦干。

3. 调节好假阴道的温度、压力及润滑度。

4. 当公马阴茎勃起并爬跨时，采精员左手握住龟头颈部，将阴茎导入假阴道内。这时采精员应以右肩部抵住假阴道的集精杯端，并用双手固定假阴道于台马的臀部。当其在假阴道内来回抽动时，应尽量使假阴道保持平稳。一般经 1～3 min 后阴茎基部和尾根呈现有节律性搏动即射精，这时将假阴道转为水平，射精完毕后，在公马从真（假）台马跳下之前，应将集精杯逐渐向下倾斜，为了减少假阴道的压力，先将气门打开缓慢放气，以利于阴茎从假阴道内抽出。随后轻轻取下，盖好纱布（见图 4-6）。

图 4-6　左：公马勃起的阴茎被手工偏转到假畜台一侧；右：公马的阴茎在假阴道内

5. 在室内取下集精杯，并及时送交精液处理室。

6. 公马射精前，后肢会经常移动，此时采精员应注意勿被踩伤。

任务二　精液处理

一、外观性状检查

（一）采精量

测量采精量之前，首先用纱布或特定的过滤纸对精液进行过滤，除去精液中含有的胶状分泌物，然后倒入有刻度的试管或集精杯中进行测量。马的采精量平均为 70 mL（30～100 mL）。

（二）色泽和气味

马精液稀薄，呈灰白色；无味或略带腥味。

二、精子活力、密度和畸形率检查（见表 4-2）

具体检查方法详见牛繁殖技术。

图 4-7　采集好的精液

表 4-2　马精子的密度和畸形率

动物	密度（亿/mL）			畸形率
	密	中	稀	
马	>2	1～2	1	不超过 12%

三、精液的稀释与保存

（一）稀释液的配制

以乳糖-卵-甘油液为例（见表 4-3）。

表 4-3　马、驴精液常用颗粒冷冻保存稀释液

成分	马		驴
	乳糖-卵-甘油液	乳-乙-柠-卵-甘油液	蔗糖-卵-甘油液
基础液：			
蔗糖(g)	—	—	10
乳糖(g)	11	11	—
乙二胺四乙酸钠(g)	—	0.1	—

续表

成分	马		驴
	乳糖-卵-甘油液	乳-乙-柠-卵-甘油液	蔗糖-卵-甘油液
3.5%柠檬酸钠(mL)	—	0.25	—
4.2%碳酸氢钠(mL)	—	0.2	—
蒸馏水(mL)	100	100	100
稀释液:			
基础液(容量%)	95.4	94.5	90
卵黄(容量%)	0.8	1.6~2.0	5
甘油(容量%)	3.8	3.5	5
青霉素(IU/mL)	1 000	1 000	1 000
双氢链霉素(μg/mL)	1 000	1 000	1 000

1. 基础液的配制

首先用天平称取 11 g 的乳糖放入烧杯中，然后用量桶量取蒸馏水 100 mL，将蒸馏水倒入烧杯中，搅拌至充分溶解。用三连漏斗(内放定性滤纸)过滤，用三角烧瓶接取滤液。最后将其放入 100 ℃的水浴锅中水浴消毒 10~20 min 即可。

2. 取冷却到 40 ℃的基础液 95.4(容量%)，然后分别加入卵黄 0.8(容量%)、甘油 3.8(容量%)、青霉素(1 000 IU/mL)、双氢链霉素(1 000 μg/mL)，将其充分溶解。

(二)稀释精液

常采用一次稀释法。将精液和稀释液分别装入三角烧瓶中，置于 30 ℃的水浴锅中，用玻璃棒引流，把稀释液沿着容器壁慢慢加入精液中，边加入边搅拌。稀释结束后，用显微镜检查精子活力，确认合格后方可制作颗粒冻精。

(三)降温平衡

降温是从 30 ℃经 1~2 h 缓慢降至 5 ℃；平衡的目的是使甘油充分渗入精子内部，达到抗冻、保护的作用。

(四)颗粒冻精的冷冻方法

将装有液氮的广口保温容器上置一铜纱网，距离液氮面 1~2 cm，预冷数分钟后，使铜纱网网面温度保持在 -120~-80 ℃。或用聚四氟乙烯凹板(氟板)代替铜纱网，先将其浸入液氮中几分钟后，置于距液氮面 2 cm 处。然后将平衡后的精液定量而均匀地进行滴冻(见图 4-8)，每粒 0.1 mL 左右。当滴冻后的精液停留 2~4 min 后颗粒颜色变白发亮时，用铲子铲下精液颗粒，将其置于液氮中，取出 1~2 粒解冻，检查精子活力，活力达到 0.3 以上则可收集到纱布袋中，并做好标记，储存于液氮罐中保存。滴冻时要注意滴管事先预冷，与平衡温

图 4-8　颗粒冻精的滴冻

度一致；操作时要准确迅速，防止精液温度回升，颗粒大小要均匀；每滴完一头公马的精液后，必须更换滴管、氟板等用具。

（五）颗粒冻精的解冻方法

1. 干解冻

将灭菌试管置于 35～40 ℃温水中恒温后，投入精液颗粒冻精，摇动至溶化，加入1 mL 20～30 ℃的解冻液即可。

2. 湿解冻

将 1 mL 的解冻液装入灭菌试管内，置于 35～40 ℃温水中预热，然后投入颗粒冻精，摇动至溶化，取出使用。解冻后活力在 0.3 以上即为合格。

3. 解冻液的配制

奶粉 3.4 g、蔗糖 6 g、蒸馏水 100 mL。

（六）稀释倍数

马精液的稀释倍数一般为 2～3 倍。

任务三　输精

一、子宫灌注法

1. 母马准备

首先将经过发情鉴定确定已到输精时间的母马牵到保定栏内保定，特别要注意后肢的保定，如图 4-9 所示。然后用绷带缠裹尾部，并将马尾拉向一侧。

2. 输精器材准备

将输精用具在使用前必须彻底清洗、消毒，再用稀释液进行冲洗。马使用的橡胶制成的输精胶管（长度为 60 cm 左右，内径为 2 mm）和玻璃注射器，不宜用高温消毒，用蒸气或酒精消毒即可。

3. 精液准备

用于输精的精液必须符合输精所要求的输精剂量、精子活力等级及有效精子数。

4. 输精人员准备

检查者穿好工作服，戴上一次性长臂手套，并涂抹润滑剂。同时清洗和消毒母马的外阴。

5. 取一根马的输精胶管，其后端连接盛装精液的注射器，输精人员左手持注射器与胶管的结合部，防止分离，如图 4-10 所示。

图 4-9　母马的保定

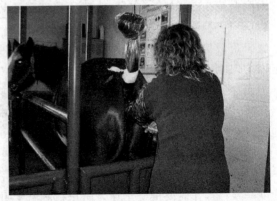

图 4-10　母马输精

6. 右手提起输精胶管，注意使胶管尖端始终高于精液面，并用食指和中指夹住尖端，使胶管尖端隐藏在手掌内，缓慢伸入阴道内，找到子宫颈的阴道部。

7. 用食指和中指扩开子宫颈口，同时左手将输精胶管前端缓慢导入子宫腔内 10～15 cm(驴 8～12 cm)深处。

8. 左手高持注射器将精液自然流下或轻轻压入，精液流尽后，从胶管上拔下注射器，再抽一段空气重新装在胶管上，继续推入，使输精管内的精液全部排尽。

9. 输精完毕后，缓慢抽出输精管，并轻轻按压子宫颈使其合拢，以防止精液倒流。

10. 最后拍下马背使其放松。

操作训练

1. 颗粒冻精制作流程。
2. 采用子宫灌注法为母马输精。

●●●● 相关知识

二、马(驴)采精

(一)采精方法

假阴道采精法。

(二)假阴道的特点

马(驴)的假阴道与牛、羊有所不同，它是用镀锌的铁皮为材料制成的。另外，假阴道的外筒还焊有手柄(见图 4-11)。

(三)采精特点

马(驴)对假阴道的温度、压力比较敏感。马精液第一部分不含精子；第二部分富含精子；第三部分精子很少，而胶状物较多，柠檬酸含量较多；最后一部分是公马射精后自台马爬下，从阴茎滴出的水样液体，精子含

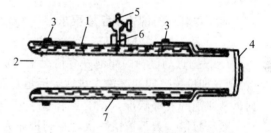

图 4-11　马用假阴道
1. 外壳　2. 内胎　3. 固定胶圈　4. 集精杯
5. 气嘴　6. 水孔　7. 温水

量很少，称为尾滴。在一次射精中，排出精液的时间只占全部射精时间的 1/4；第二部分精液的精子含量相当于射出精子总数的 4/5。

(四)采精频率

可以隔天采精 1 次。在繁殖旺季，短期内每周最多可以采精 6 次。但需要注意的是，连续采精几天后要休息几天，防止采精过频而对公马造成伤害，而影响种公马的使用年限。

三、马精液稀释与保存

1. 保存效果

马常温保存精液效果比较好。如果采用明胶稀释液(见表 4-5)，在 10～14 ℃呈凝固状态保存，马的精液可保存 120 h 以上，精子活力近 0.5。由于马精液本身的特性、季节配

种的影响以及这方面研究工作不足等原因，采用低温保存效果不理想；马精液冷冻保存效果一般，是将马精液制作成颗粒冻精进行冷冻保存。

表 4-5 马精液常温保存稀释液

成 分	明胶、蔗糖液	葡萄糖、甘油卵黄液	马奶液
基础液：			
蔗糖(g)	8	7	—
葡萄糖(g)	—	7	—
明胶(g)	7	—	—
马奶(mL)	—	—	100
蒸馏水(mL)	100	100	—
稀释液：			
基础液	90	97	99.2
甘油(容量%)	5	2.5	—
卵黄(mL)	5	0.5	0.8
青霉素(IU/mL)	1 000	1 000	1 000
双氢链霉素(μg/mL)	1 000	1 000	1 000

2. 颗粒冻精

制作简便。滴冻剂量不准确；精液暴露在外，容易污染；不易标记；解冻时需解冻液较麻烦。

四、母马(驴)的输精基本要求

(一)适宜的输精时间

1. 根据母马(驴)的卵泡发育情况来判定。母马(驴)的卵泡发育可分为 6 个时期，一般按照"三期酌配、四期必输、排后灵活追补"的原则合理安排适宜的输精时间。此原则是根据母马卵泡的发育状况，结合其体况、环境的变化等进行综合判定，应以接近排卵时为宜，然后每隔一天再输精一次，直到排卵为止。

2. 根据母马(驴)的发情时间来推算。可在母马(驴)发情后的 3~4 d 开始输精，连日或隔日进行，输精一般不超过 3 次。

(二)输精量及有效精子数

输精量和有效精子数应根据不同生理状况及精液的保存方式等确定(见表 4-6)。体型大、经产、子宫松弛的母马输精量大些；体型小、初配的母马输精量要小些，液态保存的精液输精量要比冷冻的多一些。

表 4-6 输精要求

事项	马(驴)	
	液态	冷冻
输精量(mL)	15~30	15~30
输入的有效精子数(亿)	2.5~5.0	1.5~3.0
输精次数	1~2~3	
输精部位	子宫内	

●●●●● 扩展知识

一、马人工授精发展概述

19世纪末和20世纪初，马的人工授精试验就获得了成功。20世纪60年代中期，马的冷冻精液研究也有了很快的进展，但是由于受胎率偏低而没有得到普及和推广。马人工授精每年在200万匹左右。我国马人工授精始于1935年，1951年以后得到推广。在我国北方很多地区开展了马的人工授精，在马的杂交培育中起到了重要作用。

二、精液的其他检查

(一)精子生存时间和生存指数检查

精子生存时间和生存指数检查与受精率关系密切，同时也是鉴定稀释液和精液处理效果的一种方法。精子生存时间是指精子在体外的总存活时间，而精子生存指数是指精子平均存活的时间，表示精子活力下降的速度。检查时，将稀释后的精液置于一定的温度(0 ℃或37 ℃)下，每隔8～12 h检查精子活力，直到没有活动精子为止。所有间隔时间累加后减去最后两次间隔时间的一半即为精子的生存时间；而相邻两次检查的间隔时间与平均活力的积之和则是生存指数。精子存活时间越长，指数越大，这说明精子活力强，品质优秀。

(二)精子代谢能力测定

活精子具有分解代谢的能力，即使在低温或冷冻的条件下，虽然精子停止了活动，但其代谢活动并没有绝对完全停止。自身所储存的能量有限。在正常情况下，精子代谢过程中主要利用其生活环境中的外源性的营养物质，其中以糖类为主，参与精子直接分解代谢的糖都是单糖，无论是在有氧或无氧的状态下，精子均可通过糖酵解或呼吸作用而获得能量。可见，精子代谢能力越强，消耗糖和氧气越多，表现活动力就越强，说明精子的活动力与其本身一些主要代谢机能是密切相关的。因此，精子的活力、密度与所消耗营养和氧气数量有一定的关系，检测精子的代谢能力，也可以评价精液品质。

目前可通过精液果糖分解测定实验、美蓝褪色实验、精子耗氧量测定实验检测精子的代谢能力。

(三)微生物检查

动物正常精液内不含任何微生物，但在体外受污染后，不仅使精子存活时间缩短，受精率下降，而且还严重影响其雌性动物的繁殖效率，特别是精液中含有病原微生物，人工授精后势必会造成动物传染病的人为扩散、传播。因此，精液微生物的检查已被列入精液品质检查的重要指标之一，是各国海关进出口精液的重要检查项目。精液中如果含有病原微生物，每1 mL精液中的细菌菌落数超过1 000个，则该精液为不合格精液。

检查方法严格按照常规微生物学检验操作规程进行，主要检测精液的菌落数及其病原微生物。目前国内外在动物精液内已发现的病原微生物有布氏杆菌、结核杆菌、副结核杆菌、钩端螺旋体、衣原体、支原体、传染性牛鼻气管炎病毒、传染性阴道炎病毒、蓝舌病毒、白血病毒、传染性肺炎病毒、牛痘病毒、传染性流产菌、胎儿弧菌、溶血性链球菌、化脓杆菌、葡萄球菌等。此外，还有假性单孢子菌、毛霉菌、白霉菌、麸菌和曲霉菌等。

三、提高母马受胎率的措施

（一）提高发情期受胎率

母马发情时间在 3—8 月，旺季主要集中在 5—6 月，做好发情旺期的配种工作。

（二）提高精液品质

加强对公马的饲养管理，满足营养需要，精子活力应在 0.7 以上，密度在 2 亿/mL 以上。

（三）适时输精

科学合理安排配种时间，根据发情鉴定方法，适时安排输精。实践证明，切忌在一个情期内多次配种，最多不超过 3 次，一般可采用两次配种，间隔 48 h。

（四）减少子宫疾病的发生

子宫疾病的发生，是母马受胎率低的一个主要原因，所以控制疾病发生，可提高受胎率，建议在配种前对母马进行体检，有病及时治疗，可保证受胎率提高。

●●●●● **知识链接**

一、种公马的饲养管理

（一）增加运动

种公马除注意营养外，还应重视运动，但在配种前后不能进行剧烈运动。每天运动 1 h，15～20 min 快步行走，余为慢步，免除跑步。

（二）控制使役

在配种期使役最要轻一些，使役时要加强控制，注意人、马安全。

（三）喂料

种公马在配种前及配种后 1.5～2 h 内，不宜喂料，以防影响马体健康和引起马匹胃肠疾病。另外，饲喂过饱也有碍马的配种动作。因此，只可给少量青草或优质干草。

（四）护理

在配种后还要及时牵遛和刷拭，以利消除疲劳。如天气炎热，牵遛后可给少量饮水。

二、空怀母马的饲养管理

在配种季节，母马应保持七成膘，就是说营养状况要在中等以上，以保证正常的发情和排卵。实践证明，长期不发情，或者发情不排卵的母马，其中大部分是由于营养不良、全身过重和生殖器官疾病造成的，应分清原因，妥善调整。营养不良和使役过重的马匹，应适当地补充些蛋白质、矿物质和维生素饲料，减轻或停止使役。放牧或补给表绿饲料对恢复体力和性机能有良好的作用，应尽量使其吃到青草。属于生殖器官疾病的应抓紧治疗，适时参加配种。

项目三　妊娠诊断及分娩

【工作场景】

工作地点：实训基地。

动物：配种后的母马、待产母马。

材料：开腔器、手电筒、消毒药物(煤酚皂、酒精、碘酊等)、纱布、绷带、药棉、毛巾、肥皂、水盆、剪刀和产科绳、工作服、乳胶手套等。

【工作过程】

任务一　妊娠诊断

直肠检查法

一、准备工作

1. 将母马牵到保定栏内进行保定，特别要注意后肢的保定，将马尾巴拉向一侧。清洗外阴。

2. 检查人员将指甲剪短磨圆，防止损伤肠壁。同时，穿好工作服，戴上一次性长臂手套，清洗并涂抹滑润剂。

3. 检查者站立于母马后外方，左手呈楔形缓慢插入肛门并伸入直肠内。

二、妊娠日龄诊断要点

1. 妊娠 16～18 d。子宫角收缩呈圆柱状，子宫角壁肥厚变硬，中间有弹性，在子宫角基部可找到大如鸽蛋的胎泡。孕角平直或弯曲，空角弯曲、较长。

2. 妊娠 20～25 d。子宫角进一步收缩，质地坚硬，触诊时有火腿肠的感觉，空角弯曲增大，孕角的弯曲多由胎泡上方开始。多数母马的子宫底的凹沟明显，胎胞大如乒乓球，波动明显。

3. 妊娠 25～30 d。子宫角的变化不明显，胎泡增大如鸡蛋大小，孕角缩短并下沉，卵巢位置随之稍有下降，卵巢仍可自由活动。

4. 妊娠 30～40 d。胎泡增大迅速，体积如拳头大小，直径 6～8 cm。

5. 妊娠 40～50 d。胎泡直径达 10～12 cm，孕角下沉，卵巢韧带开始紧张，空角多在胎泡上面，其卵巢仍可活动。胎泡部的子宫壁变薄。

6. 妊娠 60～70 d。胎泡大如排球，直径 12～16 cm，呈椭圆形。可摸到孕角尖端和空角全部，两侧卵巢下沉靠近。

7. 妊娠 80～90 d。胎泡稍大于篮球，直径约 25 cm，两侧子宫角均被胎泡充满，胎泡下沉并向下突出，很难摸到子宫的全部。卵巢系膜更紧张，两个卵巢向腹腔前方伸展，彼此更靠近。

8. 妊娠 90 d 后。胚泡逐渐沉入腹腔，手只能触到胎泡的一部分，卵巢彼此进一步靠近，可同时触到两个卵巢。150 d 后，孕侧子宫动脉开始出现明显的妊娠脉搏，并可明显摸到胎儿活动的情况。

马妊娠 3 个月至分娩前的主要征状(见表 4-4)。

表 4-4　马妊娠期(3 个月至分娩前)的主要征状

马	3 个月	胎泡迅速生长，且下降到子宫体部，胎囊侵入空角，由球形变为椭圆形，紧张性逐渐消失，子宫开始下降
	4 个月	胎泡继续增大，波动明显，两卵巢接近，可摸到胎儿
	5～7 个月	子宫位于腹腔深部，除经产母马外，常可摸到胎儿妊侧子宫中动脉震颤明显，而空侧轻微
	7 个月至分娩前	7 月时可摸到胎儿，9 月时容易摸到胎儿，10～11 月时部分子宫体进入骨盆腔

三、注意的问题

1. 动作缓慢

手臂伸入直肠后，如母马出现强烈努责，应暂时停止操作。待直肠处于松软状态时再行检查；同时触摸胚泡时不要用力，以免造成流产，因为妊娠早期胚泡还没有附植或附植不牢固。

2. 真孕与假孕的区别

马（驴）假孕比较多。具体表现为在配种 40 d 后，子宫角有无妊娠表现，子宫角基部无胎泡，卵巢上无卵泡发育和排卵现象；阴道的表现与妊娠一致。这种就属于假孕，应及时查找原因，及时处理，在下一情期发情配种。

3. 注意假发情

母马（驴）妊娠早期，排卵对侧卵巢常有卵泡发育、成熟排卵，并有轻微发情表现。对这种现象，要结合子宫是否有典型的妊娠表现来判断。

4. 胎泡与膀胱的区分

马妊娠 70~90 d 的胎泡大小与马膀胱充满尿液时相似，容易将其混淆造成误诊。区别的要领是膀胱呈梨状，正常情况下位于子宫下方，两侧无牵连物，表面不光滑，有网状感；胎泡则偏于一侧子宫角基部，表面光滑，质地均匀。

5. 综合判断

对妊娠症状要全面分析考虑，并进行综合判断。既要抓住每个阶段的典型症状，又要参考其他表现。对马（驴）的妊娠诊断，既要注意卵巢和子宫角的收缩和质地变化，更要考虑胎泡的存在和大小。

直肠检查时，还要注意先把直肠内的粪便掏尽再进行检查，尤其是马的直肠壁比牛薄，且直肠内往往积聚大量的粪球，如有可能最好事先用肥皂水灌肠，促使直肠排空。检查时，动作要轻、慢，当直肠扩大或缩小很紧时，要等恢复后再操作，切忌因违规操作而损伤肠道黏膜。一旦引起马直肠出血，后果非常严重。

另外还可以采用外部检查法和阴道检查法判断母马是否妊娠。

母马妊娠后，一般表现为发情周期停止，食欲增强，营养状况得到改善，毛色润泽光亮，性情变得较温顺，行动安稳谨慎。一看：妊娠中、后期的母马一般腹围会增大，从马的后侧方观看时，可见母马左侧腹壁较右侧腹壁膨大（见图 4-12），左髋窝亦较充满；妊娠末期左下腹壁下垂，乳房胀大，有时可见马腹下及后肢出现水肿；二摸：妊娠后期用手掌反复在乳房稍前方的腹壁上触摸，可以感觉到胎儿及其活动；上述情况一般出现在妊娠的 7~8 个月后；三听：可听到胎儿的心音；可在乳房与脐之间或后腹下方听取，一般在妊娠 8 个月后可听到，但常受肠蠕动音的干扰。

观察阴道。母马妊娠 3 周后，阴道黏膜由粉红色变为苍白色，表面干燥、无光泽，阴道收缩变紧；阴道黏液变稠，由灰白色变为灰黄，量增加，且有芳香气味，pH 由中性变为弱酸性；子宫颈即收缩紧闭，开始子宫栓较少，3~4 个月以后逐渐增多，子宫颈阴道部变得细而尖。

任务二　正常分娩的助产

一、准备工作

1. 按预定产期转入产房

可根据配种记录计算出母马分娩的预定时间，在预定产期前 1～2 周转入产房饲养。

2. 产房准备

产房应选择僻静的地方，与其他舍隔开。产房要注意冬暖夏凉，阳光充足，空气新鲜，室温应保持在 22～25 ℃。产房要清洗、打扫干净并做好消毒工作，地面再铺设干燥、洁净的垫草。

3. 用品的准备

消毒药物(煤酚皂、酒精、碘酊等)、纱布、绷带、药棉、毛巾、肥皂、水盆、剪刀和产科绳、工作服、乳胶手套等。

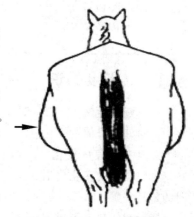

图 4-12　妊娠时母马的体型

4. 助产人员准备

接产人员应首先将指甲剪短磨平，用肥皂水或用来苏儿溶液消毒双手。

二、马(驴)分娩预兆

乳房胀大，有时乳房基部出现水肿。产前数天，乳头肿胀变粗。母马产前常有漏乳现象；阴唇肿胀，前庭黏膜潮红、滑润，阴道检查可见子宫颈口开张，松弛；临产前，母马表现不安，常有起卧、徘徊、前肢刨地，回头顾腹，频频排尿、举尾、食欲减退，常常还有出汗现象。

三、分娩过程

1. 当母马临近分娩时，要密切注意其努责的频率、强度、时间及母马的姿态。其次要检查母马的脉搏，注意记录分娩的开始时间。

2. 清洗母马外阴及其周围。对分娩母马的外阴、肛门周围、尾根及后臀部先用肥皂水和清水洗净，擦干，再用 1% 的煤酚皂溶液消毒外阴部，马尾根部用纱布或绷带缠好。

3. 当母马开始努责时，如母马的胎囊露出阴门或排出胎水后，此时助产者可将手臂消毒后伸入产道，检查胎向、胎位和胎势是否正常。

(1)如果胎位、胎向和胎势都正常，则可等待其自然娩出。分娩时，马的尿囊先露出阴门，破水后流出棕黄色的尿囊液。随后出现的是羊膜囊，胎儿的前肢部位随之排出，羊膜囊破后流出白色浓稠的羊水，胎儿随即产出。

(2)对不正常者应根据具体情况采取适当的措施，比如可将胎儿推回腹腔，予以矫正后待其产出，防止难产的发生。如发现倒生时，要防止脐带压在骨盆底而造成窒息，必要时应配合母马阵缩和努责。人工协助时，应及早撕破胎膜从产道中拉出胎儿。

4. 母马开口期持续时间为 12 h(1～24 h)；胎儿排出期持续的时间为 10～30 min，双胎间隔 10～20 min；胎衣排出期持续时间为 20～60 min。

操作训练

1. 利用直肠检查法为母马做早期妊娠诊断。
2. 为母马接产。

●●●●● 相关知识

一、妊娠生理

（一）妊娠母体的变化

1. 生殖器官的变化

生殖器官的变化包括卵巢、子宫、子宫颈、阴道和阴门等的变化。其中与其他动物不同的是马妊娠 $40\sim150$ d 时，卵巢上又有 $10\sim15$ 个卵泡发育，这些卵泡多数并不排卵，发生闭锁后黄体化而形成副黄体，通常每一侧卵巢可发现 $3\sim5$ 个副黄体，但马的主、副黄体均于妊娠 7 个月完全退化，在怀孕的最后一两周卵巢又开始活动，以备产后发情。另外，马的子宫栓较少，子宫颈括约肌收缩很紧。因此子宫颈管就完全封闭起来，宫颈外口即紧闭，子宫颈质地较硬，马呈细圆。

2. 妊娠识别

卵子受精后，妊娠早期，胚胎即可产生某种激素作为妊娠信号传给母体，母体随即作出相应的生理反应，以识别和确认胚胎的存在。为胚胎和母体之间生理和组织的联系做好准备，这一过程称为妊娠识别。母体的妊娠识别时间发生在胚泡进入子宫后。如果马的胚泡在发情周期第 $14\sim16$ d 进入子宫，母体即进入妊娠的生理状态；如果此时胚泡未进入子宫，黄体就会开始退化。

（二）胚胎的早期发育和附植

1. 胚胎早期发育

胚胎早期发育可分为桑葚胚、囊胚和原肠胚三个阶段。

2. 胚泡的附植

（1）附植部位

胚泡在子宫内附植，通常都是对胚胎发育最有利的位置。其基本规律是选择子宫血管相对稠密，营养供应充足的地方附植。马单胎时，胚泡常迁移至对侧子宫角，而产后首次发情配种受孕的胚胎多在上一胎的空角基部附植。

（2）附植时间

胚泡附植是个渐进的过程，准确的附植时间差异较大。在游离期后，胚泡与子宫内膜即开始疏松附植；紧密附植的时间是在此后较长的一段时间，最后以胎盘建立而告终。马疏松附植的时间为 $35\sim40$ d；紧密附植的时间为 $95\sim105$ d。

（3）双胎

马排双卵的现象并不少见，但异卵双胎实际只占 $1\%\sim3\%$。这是由于双胎妊娠的过程中，常会出现一个或两个胚胎在发育早期死亡，继续发育则易发生流产、木乃伊或初生死亡。双胎在子宫内的死亡通常是由于胎盘不足或子宫的能力不能适应双胎的需要。实际上双胎的胎盘总面积与单胎时没有太大的差别。

3. 胎膜和胎囊

胎膜是胎儿的附属膜，是卵黄囊、羊膜、绒毛膜、尿膜和脐带的总称；胎囊是指由胎膜形成的包围胎儿的囊腔，一般指卵黄囊、羊膜囊和尿囊。

(1)卵黄囊

卵黄囊只在胚胎发育的早期阶段起到营养交换的作用，一旦尿膜出现，其功能即被后者替代。随着胚胎的发育，卵黄囊逐渐萎缩，最后埋藏于脐带内，成为没有机能的残留组织，称为脐囊，马最为明显。

(2)羊膜

羊膜是包裹在胎儿外的最内一层膜，在羊膜与胚胎之间有一充满液体的腔，为羊膜腔。

(3)尿膜

尿膜的功能相当于胚体外临时的膀胱，并对胎儿的发育起缓冲保护作用。尿囊膜的中间为囊尿，内有尿水，马的尿囊包围整个羊膜囊。

(4)绒毛膜

绒毛膜是胎膜的最外层，表面覆盖绒毛。是胎儿胎盘的最外层。

(5)脐带

脐带为胎儿和胎膜间连系的带状物。马的脐带的不同部位则分别由羊膜和尿膜所包被。马的脐带长度为 70～100 cm，马多为躺卧分娩，脐带一般不能自行断裂。

随着妊娠的进展，相邻的胎膜逐渐黏合形成复合胎膜，即尿膜—羊膜、尿膜—绒毛膜。马属动物的胎膜没有羊膜—绒毛膜，这是与牛胎膜不同的地方。

4. 胎盘

(1)胎盘的类型

胎盘是根据不同动物母体子宫黏膜和胎儿尿囊绒毛膜的结构和融合的程度，以及尿囊绒毛膜表面绒毛的分布状态而分类的。马的胎盘属于上皮绒毛膜胎盘。绒毛均匀分布于整个绒毛膜上，故又称弥散型胎盘。胎儿胎盘的上皮和子宫内膜上皮完事存在，接触关系简单，易分离而互不损伤。分娩时胎盘脱落较快，母体胎盘完全和胎膜分离，不随胎膜排出，因此又称非脱膜性胎盘(见图 4-13)。

(2)胎盘的分泌功能

胎盘是一个临时性的内分泌器官。它几乎可产生卵巢和垂体所分泌的所有性腺激素和促性腺激素。马属动物在妊娠开始两个月主要是由妊娠黄体分泌孕酮，妊娠 2～5 个月由于副黄体的产生并分泌孕酮，与妊娠黄体共同维持妊娠，5 个月以后卵巢上的黄体相继退化，主要靠胎盘产生的孕酮维持以后的妊娠，若在这段时间切除卵巢对妊娠没有影响。

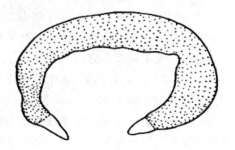

图 4-13 马弥散型胎盘

5. 马(驴)妊娠期及预产期推算

(1)妊娠期及其特点

即使是同种动物的妊娠期也受年龄、胎儿数、胎儿性别和环境因素的影响。马的妊娠期平均为 340 d(320~350 d)、驴的妊娠期平均为 360 d(350~370 d)。

(2)预产期推算

配种月份减 1，配种日数加 1。

●●●●● 扩展知识

一、马的分娩控制

(一)分娩控制的概念及意义

1. 概念

分娩控制是指在雌性动物妊娠末期的一定时间里，采用外源激素制剂处理，控制雌性动物在人为确定的时间范围内分娩，产出正常的幼仔，也称诱发分娩或引产。它是控制分娩时间和过程的一项繁殖管理措施。

2. 意义

(1)在一定程度上可使雌性动物的分娩分批进行，对雌性动物和幼仔的护理集中进行，从而节省了大量的人力和时间，充分而有计划地使用产房及其他设施。

(2)采用分娩控制，可在预知分娩时间的前提下进行充分的准备工作，防止雌性动物和幼仔可能发生的伤亡事故。

(3)可将雌性动物的分娩控制在工作日，以避开假期或夜间值班。

分娩控制是在认识分娩机理的基础上，利用外源激素模拟发动分娩的激素变化，调整分娩的过程，实现提早、集中分娩的目的。分娩控制的时间，其准确程度是能使多数被处理的雌性动物在使用激素后 20~50 h 内分娩，不容易控制在很小的时间范围之内。可靠而安全的分娩控制，母马一般只能在正常预产期结束之前 7 日内进行处理。时间太早会对母马及幼仔造成伤害。

(二)分娩调控的方法

一般采用糖皮质素、$PGF_{2\alpha}$ 和催产素进行引产。对临近分娩的母马，应采用低剂量的催产素；对乘用的母马可选用地塞米松，每日 100 mg，连续注射 4 d，即可引起分娩；注射到产驹的时间一般为 6.5~7 d；小型马效果更为明显，多数母马可在 3~4 d 产驹。

$PGF_{2\alpha}$ 及其含氯的合成类似物(氯前列烯醇)也可用于马的引产，但 $PGF_{2\alpha}$ 在临近分娩时使用，有可能造成死驹；而用氯前列烯醇则可使母马在 1~3 d 完成分娩。

雌激素只有与催产素结合使用才能发挥其促进分娩的作用。在雌激素的预先作用下可引起子宫颈扩张变软，继而在催产素的作用下发生分娩。

二、马繁殖力评定

马(驴)为单胎动物，双胎率为 1.2%~1.4%，是季节性发情动物，其繁殖力较牛和羊低。马繁殖年限为 15 岁，驴为 16~18 岁。目前，以性反射强弱，公马在一个配种期内所交配的母马数、采精量、精液品质与配种母马的情期受胎率、配种年限、幼驹的成活力等都反映了公马的繁殖力水平。繁殖力高的公马，年平均采精次数可达 148 次，平均射精量为 94~116 mL，精子密度为 1.05~1.41 mL，受精率可达 68%~86%。值得注意的是，虽然种公马在自然交配情况下的最大配种能力可超过种公牛，而且精子在母马生殖道内维持受精能力的时间也较长，这一点为提高母马的受胎率提供了一定的有利条件。但是，由于马精子耐冻性较差，使用冷冻精液给母马，输精受胎率较低，以致马冷冻精液技术的应用没有得到普及和推广。

母马的繁殖力多以受胎率、产驹率、幼驹率、幼驹成活率、终身产驹数和产驹间隔等指标来表示。由于母马发情期较长，且有明显的发情季节性等，一般情况下不易做到适时配种，且易发生流产，从而降低了母马的繁殖力。

受胎率是指受胎母马数占配种母马数的百分率，受胎率＝受胎母马数/配种母马数×100％；产驹率是指产驹母马数占妊娠母马数的百分率，产驹率＝产驹母马数/妊娠母马数×100％；幼驹成活率是指成活幼驹数占出生幼驹数的百分率，幼驹成活率＝成活幼驹数/幼驹数×100％。

国内应用鲜精进行人工授精的情期受胎率，一般为50％～60％，最高可达65％～70％，全年受胎率为80％左右。由于母马的流产率较高，实际繁殖率仅为50％左右。有资料表明，在国外饲养管理水平较高的马场，母马情期受胎率可达80％～85％，而一般马场也只有60％～75％，产驹率可达50％以上。

根据英纯血马配种总登记簿的记载，1966—1968年，3年纯血马配种的总受胎率分别为74％、72％和73％，每年平均有10％的妊娠母马流产或产出死胎。

在澳大利亚较精确的配种记录资料表明，纯血马的第一、第二、第三情期的受胎率分别是52.5％、52.2％和45.55％。

●●●●● 知识链接

一、妊娠母马的饲养管理

对于妊娠母马的饲养，除了满足自身需要外，还要保证胎儿的发育需要。如果是青年母马或带驹母马，还要满足它自身生长发育或哺乳的需要。若饲料中蛋白质、维生素和矿物质等含量不足，不但会影响母马的健康，出现贫血或软骨症，而且还会使胎儿生长发育受阻，严重时造成死胎或流产。同时，妊娠母马生理上发生一系列变化，对外界反应很敏感，如果管理不当或发生消化道疾病也易造成流产。

因此，应根据胎儿发育的特点，为其创造良好的生长发育条件。

母马妊娠前期（3个月）胎儿较小，需要的营养物质不太多。其日粮标准可与空怀母马相同，但其质量应稍高于一般母马，多喂给些优质干草和蛋白质含量较高的饲料。

妊娠中期（4～8个月）胎儿生长速度渐快。心、肺、肠、脑等重要器官都在这段时间完成发育，故日粮中应适当增加一些精料。此时正是牧草生长旺盛的季节，有条件的地方应尽量组织放牧。

妊娠后期（9～11个月）胎儿生长发育速度最快，这就需要大量的营养。因此，多给母马喂饲质量好、营养丰富、容易消化的饲料。分娩前的10～15 d，应适当减少饲料中的精料量，特别是蛋白质含量丰富的饲料；否则易造成母马消化不良，或生后母乳中蛋白质含量过高，造成小驹下痢。

二、哺乳母马的饲养管理

马的泌乳期为6～8个月。幼驹的营养，主要依靠母乳。母马奶好，幼驹生长发育就快，体格健壮。对哺乳母马应精心饲养管理，饲料中应有充足的蛋白质、维生素和矿物质。日粮力求搭配合理。哺乳母马的放牧也很重要，放牧不但能节省大量精料，而且对泌乳量的提高和幼驹的生长发育均有很大的作用。另外哺乳母马用水量很大，要饮好饮足，每天饮水不应少于 5 次。

在管理上，要注意使母马的体力尽快恢复，一般应有 15~20 d 的产后休息，产后1周左右，应注意观察母马发情，以便及时配种。在母马乳腺中，马乳是不间断地产生的。初生 1~2 月龄的幼驹，每隔 30~60 min 即吮乳一次，每次 1~2 min，以后可适当减少吮乳次数。

●●●● **拓展阅读**

马人工授精技术操作规程

计划单

学习情境四	马繁殖技术		学时	10
计划方式				
序号	实施步骤		使用资源	备注
制定计划 说明				
计划评价	班　　级		第　　组	组长签字	
	教师签字		日　　期		
	评语：				

决策实施单

学习情境四	马繁殖技术

<table>
<tr><td colspan="8" align="center">讨论小组制定的计划书，作出决策</td></tr>
<tr><td rowspan="7">计划对比</td><td>组号</td><td>工作流程的正确性</td><td>知识运用的科学性</td><td>步骤的完整性</td><td>方案的可行性</td><td>人员安排的合理性</td><td>综合评价</td></tr>
<tr><td>1</td><td></td><td></td><td></td><td></td><td></td><td></td></tr>
<tr><td>2</td><td></td><td></td><td></td><td></td><td></td><td></td></tr>
<tr><td>3</td><td></td><td></td><td></td><td></td><td></td><td></td></tr>
<tr><td>4</td><td></td><td></td><td></td><td></td><td></td><td></td></tr>
<tr><td>5</td><td></td><td></td><td></td><td></td><td></td><td></td></tr>
<tr><td>6</td><td></td><td></td><td></td><td></td><td></td><td></td></tr>
</table>

<table>
<tr><td colspan="3" align="center">制定实施方案</td></tr>
<tr><td>序号</td><td>实施步骤</td><td>使用资源</td></tr>
<tr><td>1</td><td></td><td></td></tr>
<tr><td>2</td><td></td><td></td></tr>
<tr><td>3</td><td></td><td></td></tr>
<tr><td>4</td><td></td><td></td></tr>
<tr><td>5</td><td></td><td></td></tr>
<tr><td>6</td><td></td><td></td></tr>
</table>

实施说明：

班级		第　组	组长签字	
教师签字			日　期	
	评语：			

效果检查单

学习情境四	马繁殖技术		
检查方式	以小组为单位，采用学生自检与教师检查相结合，成绩各占总分(100分)的50%		
序号	检查项目	检查标准	学生自检	教师检查
1	资讯问题	回答准确，认真		
2	直肠检查法	操作规范、判断准确		
3	精液处理	方法正确、操作熟练		
4	输精	操作规范、准确		
5	妊娠诊断	操作熟练、判断准确		
6	分娩的助产	观察准确，操作规范、正确		

检查评价	班 级		第 组	组长签字	
	教师签字			日 期	
	评语：				

评价反馈单

学习情境四			马繁殖技术			
评价类别	项目		子项目	个人评价	组内评价	教师评价
专业能力 （60%）	资讯 （10%）		查找资料，自主学习（5%）			
			资讯问题回答（5%）			
	计划 （5%）		计划制定的科学性（3%）			
			用具材料准备（2%）			
	实施 （25%）		各项操作正确（10%）			
			完成的各项操作效果好（6%）			
			完成操作中注意安全（4%）			
			使用工具的规范性（3%）			
			操作方法的创意性（2%）			
	检查 （5%）		全面性、准确性（2%）			
			生产中出现问题的处理（3%）			
	结果（10%）		提交成品质量（10%）			
	作业（5%）		及时、保持完成作业（5%）			
社会能力 （20%）	团队 合作 （10%）		小组成员合作良好（5%）			
			对小组的贡献（5%）			
	敬业、吃 苦精神 （10%）		学习纪律性（4%）			
			爱岗敬业和吃苦耐劳精神（6%）			
方法能力 （20%）	计划能 力（10%）		制定计划合理（10%）			
	决策能 力（10%）		计划选择正确（10%）			
意见反馈						
请写出你对本学习情境教学的建议和意见						

评 价	班级		姓　名		学号		总评	
	教师 签字		第　组	组长签字			日期	
评 价 评 语	评语：							

学习情境五

家禽繁殖技术

●●●● 学习任务单

学习情境五	家禽繁殖技术		学时		10	
布置任务						
学习目标	1. 了解家禽的生殖器官； 2. 了解家禽的繁殖规律，学会对母禽的选择； 3. 了解家禽的精液生理，学会对公禽的选择； 4. 学会家禽的采精前准备及采精操作，并能熟练训练公鸡； 5. 学会家禽的精液处理； 6. 学会家禽的输精前准备及输精操作					
思政育人目标	1. 通过介绍育种专家的故事和精神，增强爱国情怀，教育学生爱农村、爱农民，服务农村。增强民族自豪感、责任感和使命感。 2. 敬畏生命、尊重生命、珍爱生命。 3. 两性之美，自然之美和母爱教育。 4. 培养精益求精的品质精神、爱岗敬业的职业精神、协作共进的团队精神和追求卓越的创新精神。 5. 培养医德医风、恪守职业道德、博爱之心的工匠精神。					
任务描述	在成年蛋种鸡舍(有条件的还可在鸭舍、鹅舍)，按照操作规程，在不影响繁殖力的情况下，进行人工授精的各项操作。具体任务： 1. 公鸡(鸭、鹅)的选种和训练； 2. 种公鸡(鸭、鹅)的采精； 3. 种公鸡(鸭、鹅)的精液处理； 4. 种母鸡(鸭、鹅)的输精					
学时分配	资讯：1学时	计划：1学时	决策：1学时	实施：5学时	考核：1学时	评价：1学时
提供资料	1. 耿明杰．畜禽繁殖与改良．北京：中国农业出版社，2006 2. 丁威．动物遗传繁育．北京：中国农业出版社，2010 3. 宁中华．现代实用养鸡技术．北京：中国农业出版社，2001 4. 张忠诚．家畜繁殖学．北京：中国农业出版社，2000 5. 王宝维．海兰蛋鸡饲养．济南：山东科学技术出版社，1997 6. 高云航．肉鸡肉鸭肉鹅快速养殖技术．延吉：延边人民出版社，2003 7. 刘福柱等．鸡鸭鹅饲养管理技术大全．北京：中国农业出版社，2003					

对学生 要求	1. 以小组为单位完成工作任务，充分体现团队合作精神； 2. 严格遵守家禽养殖场的消毒制度，防止疫病传播； 3. 严格遵守操作规程； 4. 严格遵守生产劳动纪律，爱护劳动工具

●●●●● **任务资讯单**

学习情境五	家禽繁殖技术
资讯方式	通过资讯引导，观看视频、到本课程的精品资源共享课网站、图书馆查询，向指导教师咨询
资讯问题	1. 母禽生殖生理特点如何？ 2. 母禽的生殖器官包括哪些？各有何特点？ 3. 公禽的生殖器官包括哪些？各有何特点？ 4. 母禽的繁殖规律如何？ 5. 家禽是如何完成受精的？ 6. 种公禽采精前如何进行选择？ 7. 采精前应进行哪些准备？ 8. 种公鸡、鸭、鹅如何进行训练？ 9. 种公鸡、鸭、鹅如何进行采精？ 10. 家禽采精时应注意什么？ 11. 家禽精液如何进行处理？ 12. 种鸡如何进行输精？输精时间和输精量如何？ 13. 种鸭如何进行输精？输精时间和输精量如何？ 14. 种鹅如何进行输精？输精时间和输精量如何？ 15. 家禽输精时应注意哪些问题？ 16. 家禽人工授精的操作过程怎样？
资讯引导	1. 在信息单中查询； 2. 进入黑龙江职业学院动物繁殖技术精品资源共享课网站； 3. 家畜繁殖工职业标准； 4. 养殖场的繁育管理制度； 5. 在相关教材和报刊资讯中查询； 6. 多媒体课件

●●●●● 相关信息单

项目一　采精

【工作场景】

工作地点：实训基地成年种鸡舍、成年种鸭舍、成年种鹅舍。

动物：公鸡、公鸭、公鹅。

材料：剪毛剪刀、采精杯、输精管、广口保温瓶(杯)、贮精管、温度计、大试管、小试管、生理盐水、注射器、针头、pH试纸、药棉(或专用消毒纸巾)、带盖搪瓷盘、纱布、脸盆、毛巾、试管刷等。

【工作过程】

一、采精前的准备

1. 种公禽选择

第一次选择(初选)：即雏禽的选择，一般是在出壳后12 h以内，应选留体躯较大、绒毛柔软、眼大有神、反应灵敏、鸣声洪亮、食欲旺盛、健康活泼；对于水禽还应头大颈粗、胸深背阔、腹圆脐平、尾钝翅贴、脚粗而高、胫蹼油润等。选留的雏禽应有系谱记录，具备该品种的特征(如绒毛、喙、脚的颜色和出壳重)；淘汰那些不符合品种要求的杂色雏禽、弱脚禽，包括出壳太轻或太重的干瘦、大肚脐、眼睛无神、行动不稳和畸形的雏禽；对于水禽结合称量出壳重及编号进行选择。

第二次选择(预选)：即大雏的选择，公鸡在6~8周龄(公鸭一般在50~60日龄，公鹅在30日龄脱温后转群之前)时进行，是在第一次雏禽选择群体的基础上进行的。选留要求生长迅速、体重大、羽毛丰满、身体健康、精神饱满，符合品种或选育标准要求，体质健康、无疾病史的个体。淘汰外貌有缺陷，如胸、腿、喙弯曲，嗉囊大而下垂，胸部有囊肿及体重过轻者。公、母鸡选留的比例，笼养为1:10，自然交配为1:8；水禽选择应比实际需要数多一倍。

第三次选择(精选)：即后备种禽的选择，是在大雏选留群体的基础上结合称重进行选留。一般是在中禽阶段(公鸡在17~18周龄母鸡转群时进行，公鸭150日龄左右，公鹅在70~80日龄)。选留体型符合品系标准，体重在群体平均数"众数级"范围内的种公禽；并且发育良好，腹部柔软，按摩时有性反应(如翻肛、生殖器勃起和排精)的公禽。水禽还要求留种个体品种特征典型、体质结实、生长发育快、羽绒发育好，头大小适中、眼睛灵活、颈细长、体型长而圆、前躯浅窄、后躯宽深、臀部宽广。一般在笼养公、母鸡选留比例为1:(15~20)，自然交配公、母鸡选留比例为1:9；选留公水禽数要比配种的公母比例要求多留20%~30%作为后备。

第四次选择(定种)：即成年种禽的选择，此时种禽已进入性成熟期，转入种禽群生产阶段前，对后备种禽进行复选和定选(定群)。一般公鸡在21~22周龄(公鸭6月龄左右、公鹅7月龄左右)时进行。选择精液颜色乳白色、精液量多、精子密度大、精子活力强的公禽；对按摩采精反应差、排精量少或不排精的公禽，应继续训练，经过一段时间仍无改善者将被淘汰；同时要防止种公禽体重超标，尤其是肉用种鸡，否则受精率低；对于水禽还应选留生长发育良好、阴茎发育正常（3 cm 以上），性欲旺盛，按摩 15～30 s 就能勃起射精，并且精液品质达到标准的个体留作种用。

一般情况下，自然繁殖适宜的公母鸡比例：轻型蛋鸡为 1：（10～15）；中型蛋鸡为 1：（10～12）；肉种鸡为 1：（8～10）；而人工授精时基本能达到 1：（20～30），最多可达 1：50。一般肉用型公、母鸭的配种比例为 1：（5～8），兼用型公、母鸭的比例为 1：（10～15），蛋用型公、母鸭的比例为 1：（15～20）。对于鹅，自然繁殖时应按公母配比 1：（4～5），留足公鹅即可；人工授精时公、母配比 1：（15～20），便不致影响鹅群的正常繁殖。

但对于平养来说，一个种禽群种公禽太多，不仅不能提高饲养成本，而且还会因为公禽之间为争夺与母禽的交配权而产生斗殴，且容易踩伤母禽，干扰交配，降低受精率；而公禽过少，又会使每只公禽交配频率过高，影响精液品质，使受精率降低。因此，应根据具体情况确定种公禽的比例。

2. 公禽训练

人工授精的公禽，必须经过一定时间的按摩训练，才能建立起稳定的性反射。训练前淘汰残弱公禽，中选公禽要用弧形剪刀剪去泄殖腔开口周围约 2～4 cm 的羽毛，并剪短两侧鞍羽，以免影响采精和污染精液。每 1～2 d 采精一次，约需 3～4 次，然后淘汰无性反射、不排精或习惯性排粪、出血的公禽。正常情况下淘汰率约为 3%～5%，此后仍应每 2～3 d 采精一次。

公鸡在性成熟（特别早熟的品种在 12 周龄，中型蛋鸡 16 周龄，大型晚熟品种可达 20 周龄）前转入成鸡舍，然后在 20 周龄开始，2～3 d 按摩采精一次或每周两次，使公鸡得到性满足和建立性反射；或者在采精（生产中公鸡采精配种时间一般为轻型蛋鸡 22～24 周龄，中型蛋鸡 24～26 周龄，肉种鸡 25～28 周龄）前 2～3 周开始训练公鸡。

公鸭一般需经过 10～15 d 的按摩训练，才能建立条件反射。性成熟时公鸭经训练能建立性条件反射的占 83.3%，而 48 周龄的只为 16.7%，因此在性成熟时要及时对公鸭训练采精。公鸭只需 3～5 d 调教即可形成条件反射，若经多次调教对母鸭仍无反应的公鸭必须淘汰。引起公鸭性兴奋的部位是在髋关节后上方的髂骨区。

种公鹅在采精前 15 d 应隔离饲养和进行采精训练。公鹅经过 7～10 d 的按摩训练。如太湖公鹅在按摩训练开始后的第 2～3 d 就有精液排出，到第 8 d 能排精的公鹅数就基本稳定。一个性反射好的公鹅，当手按摩到尾根部时，公鹅尾巴会反射性地向上跳。按摩的时间长短由鹅的种类、训练程度、技术人员的熟练技巧等因素决定，如狮头鹅的体型较大，而浙东白鹅的体型较小，前者的性反射要慢于后者。在进行人工授精时，并不是所有公鹅都能形成性反射而能采到精液。用于采精的公鹅中，能产生质优量多精液的公鹅比例与鹅种有关，一般仅能占公鹅总数的 40% 左右。阴茎畸形、精液量少、按摩不排精等现象在公鹅中所占比例较大。

3. 采精器材准备

人工授精前应准备好各种器具，包括集精杯、输精器、注射器、稀释液、脱脂棉花、75% 的酒精、输精台（高 60～80 cm）、显微镜及其配套器具、消毒器具、保温瓶、围栏等。集精杯、输精器、注射器在每次使用前应消毒备用。

最迟在采精的前一天，先冲洗器材、用品，再将玻璃器材放入水浴锅中煮沸消毒半小时，然后放入 150 ℃ 的烘干箱内烘干消毒。

二、采精操作

1. 采精方法

目前普遍采用背腹式按摩采精法，偶尔可见使用假阴道法。

(1)背腹式按摩两人采精法(见图 5-1)

一人保定公禽于采精台上，保定员用手分别将公禽的两腿握住，使其自然分开，拇指扣住翅膀，使公禽尾部朝向采精员。采精人员用一块灭菌的棉球沾生理盐水擦洗肛门，应由中央向外擦洗，然后开始按摩采精。采精时先用右手中指与无名指夹着集精杯，杯口朝内，握于手心内，以避免按摩时公禽排粪污染。然后采精人员用左手掌心向下，拇指和其余四指自然分开并稍弯曲，手指和掌面紧贴公禽的背部，从禽翼根部沿体躯两侧(睾丸部位)向尾部方向有顺序、有规律地进行滑动，推至尾脂区，如此反复按摩数次，引起公禽性欲。接着采精员立即以左手掌将尾羽拨向背部，同时右手掌紧贴公禽腹部柔软处，拇指与食指分开，于耻骨下缘抖动触摸若干次；当泄殖腔外翻露出退化交媾器(鸡)或水禽的阴茎在泄殖腔内充分勃起(手可感到泄殖腔内有一如核桃大的硬块，同时阴茎基部的大小淋巴体开始外露于肛门外)时，左手拇指与食指立刻捏住泄殖腔上缘，轻轻挤压，公鸡立刻射精；右手迅速用集精杯接取精液(水禽阴茎遂外翻伸入集精杯内，精液沿着闭合的螺旋精沟，射到集精杯内)。采集到的精液置于水温25～30 ℃的保温瓶内以备输精。

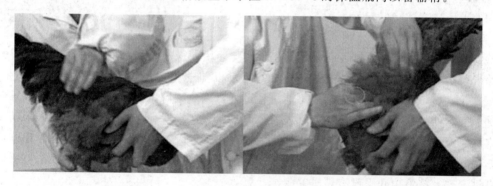

图 5-1　公鸡双人采精

在正常情况下，以隔天采集一次精液为宜，使公禽的体力得到恢复。

(2)背腹式按摩一人采精法

单人操作时，采精员坐在凳上，将公禽保定在两腿间，头部朝左下侧，可空出两手，按上法按摩即可。此法一般应用于鸡。

根据公鸡的射精量，采 1～3 只后，用采精管吸取采精杯中的精液，注入保温瓶内的贮精管中。

(3)假阴道法

可应用于水禽，用台禽对公禽进行诱情，当公禽爬跨台禽并伸出阴茎时，迅速将公禽阴茎导入假阴道内而取得精液。用于鹅的假阴道(见图 5-2)，它不需要在内外管道之间充以热水和涂抹润滑油。

2. 采精频率

鸡的精液量和精子密度，随射精次数增多而减少。公鸡经连续采精3～4次之后，精液中几乎找不到精子。为确保获得优质精液以及完成整个繁殖期的配种任务，建议采用隔日采精制度。若配种任务大，也可以在一周之内连续采精 3～5 d，休息 2 d，但应注意公鸡的营养状况及体重变化。使用连续采精最好从公鸡 30 周龄以后进行。水禽采精最好在早晨放水前进行。公禽采精后 43 h 精液量能恢复到采精前的水平，因此公禽以隔天采精一次为宜。

三、注意事项

1. 固定人员、固定时间

采精场所要安静，不要有生人进出，应固定采精时间和采精员，以使公禽建立良性的条件反射。不同采精员的采精手法存在差异，按摩速度、挤压的力度也不尽相同。陌生的采精员会降低公禽的性反射和射精量。

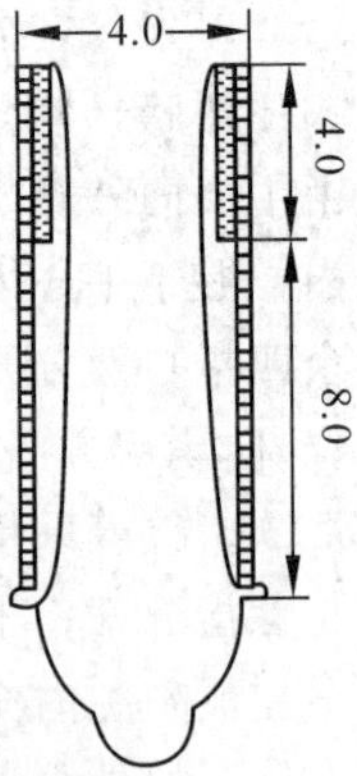

2. 避免性应激

抓公禽、采精时，应防止动作粗鲁，用力过大，以免因公禽产生应激而采不出精液。采精挤压用力过大，可能损伤泄殖腔黏膜，如水禽阴茎伸出时，有节奏地挤压泄殖腔的时间不应超过 30 s（按摩时间太长，将出现排粪和透明液增加，污染精液），用力要适当，以免造成勃起组织受伤而出血。采精出血的公禽应停止采精 3～4 d，但精液恢复正常后方可继续采精。

图 5-2　鹅用假阴道
（单位：cm）

3. 采精频率

公禽的精液量和精子密度与采精频率成反比，因此应注意采精间隔时间。不同年龄公禽的采精次数也应有所区别（见表 5-1）。30 周龄以前的青年公鸡，由于体成熟尚未完成，而性欲旺盛，一次排精量也大，故不能采精过度，以免累垮。一般每周采精两次或每两天一次为宜，而且每次采精仅挤压 1～2 次；30 周龄以后至 50 周龄之前，虽然每周采精可高达 5 次，但若输精任务不大时，仍以每两天采精一次为好；一般 35 周龄开始，每周可采 5 次。另外，采精日以每天采精一次为宜，否则会降低精液中的有效精子数；若每天采精超过 3 次，精液中几乎没有精子。

表 5-1　公鸡年龄与采精频率

公鸡年龄（周龄）	30 周龄以前	31～49 周龄	50 周龄之后
采精频率（次/周）	2	3～5	3～4（或 3）

4. 应选好采精方式和准确部位

在生产中，一般采用背腹式按摩采精法。由于在训练时引起性反射的部位是在尾椎根部和坐骨部，是由骨盆神经丛分出的神经纤维支配的，所以性反射较好的公禽，当手按摩臀部和尾根部时，其公禽尾巴会反射性地向上翘起。因此按摩此部位时，要给予一定的压力，使之产生性反射。用左手按摩背部或用右手按摩腹部时，拇指和食指最好要按摩泄殖腔环。因为此处正是含有丰富血管体的淋巴器官，构成淋巴窦的部位。对于水禽一定要挤压泄殖腔上 1/3 部位，这样阴茎上的输精沟才能完全闭锁，精液便可从阴茎顶端射出，可收集到清洁的精液；否则会使输精沟张开，精液从阴茎基部流出，而收集不到精液。

5. 采精前 3～5 h 要停水停料

6. 合理利用公禽

采精时，避免每次仅采相同的一部分公禽的精液，而另一部分公禽闲置不采，以免部分公禽采精过度而部分公禽又得不到性需要。正确做法是所有公禽应有计划地轮换采精。另外，采精间隔时间超过两周，死精、退化精子数增加，这将严重影响受精率，因此必须对这些公禽进行排精。另外，公鸡采精至 50～55 周龄之后，最好用新公鸡（如 7～9 月龄）的精液给老龄母鸡输精，这样可获得较高的受精率和健壮的雏鸡。

操作训练

1. 公鸡（鸭、鹅）的采精？

2. 采精时应注意哪些问题？

项目二　精液处理

【工作场景】

工作地点：实训室。

仪器：显微镜、光电比色计、恒温干燥箱。

材料：精液、生理盐水、载玻片、盖玻片、pH 试纸、擦镜纸等。

【工作过程】

一、精液品质检查

1. 外观检查

（1）颜色

正常精液的颜色为乳白色的不透明液体，无味或略带有腥味。粪便污染的为黄褐色；被尿酸盐污染的呈白色棉絮状；混入血液的为粉红色；混入过多透明液的，则精液稀薄、清亮、分层，且上层呈水渍状。

（2）射精量

公鸡一般为 0.2～0.5 mL，火鸡为 0.2～0.3 mL；公鸭精液量较多，为 0.4～2.6 mL，平均 1.1 mL；公鹅主要与鹅的品种有关，一般一次射精量为 0.2～1.3 mL。

（3）pH

用 pH 试纸检测。正常鸡精液的 pH 为 7.1～7.6，呈弱碱性；用 6.4～8.0 的精密试纸测定鹅精液，一般都是中性，仅有少数鹅例外，如狮头鹅，其精液稍呈碱性。

2. 精液密度

生产中常用快速、简便的精液密度估测法；其检测方法同家畜，其等级划分（见表 5-2）。鸭的精液密度达 16 亿～25 亿/mL，平均 18.5 亿/mL。

表 5-2　常见家禽精子密度划分等级(丁威，动物遗传繁育，2010)

动物类别	精子密度划分等级		
	密	中	稀
鸡	40 亿以上	20 亿~40 亿	20 亿以下
火鸡	80 亿以上	60 亿~80 亿	50 亿以下
鹅	6 亿~10 亿	4 亿~6 亿	3 亿以下

3. 精子活力

一般公禽新鲜精液的精子活力都在 0.8 以上，否则会直接影响种蛋的受精率和入孵蛋孵化率。

4. 精子畸形率

家禽畸形精子的类型以头部畸形的比例较少，而以尾部畸形居多数，其中包括尾巴盘绕、折断和无尾等。正常公鸡的精液中畸形精子占总精子数的 5%~10%。

二、精液的稀释与保存

1. 精液稀释

在采集精液前按比例准备好稀释液，采集新鲜精液经品质检查如符合要求，可立即按 1：(1~2)的比例稀释并输精。如不用保存，采用简单成分的稀释液，即可获得良好的效果。

2. 精液保存

(1)常温保存

新鲜精液常用隔水降温。在 18~20 ℃范围内，保存不超过 1 h 即用于输精的，可使用简单的无缓冲液的稀释液稀释。目前我国常用的是生理盐水或复方生理盐水，后者更接近于血浆的电解质成分，稀释效果更好些，稀释比例一般为 1：1。

(2)低温保存

即在 0~5 ℃下保存 5~24 h(或至 48 h)，应使用缓冲溶液来稀释，稀释比例可按 1：(1~2)，甚至 1：(4~6)稀释液的 pH 宜在 6.8~7.1。据报道，在 2~5 ℃保存 24 h 再受精，输精后 2~8 d，种蛋受精率超过 90%，与新鲜精液的受精率很相近。

操作训练

1.鸡（鸭、鹅）精液的处理与家畜精液处理有何不同？
2.适合于鸡（鸭、鹅）精液保存的方法。

项目三　输精

【工作场景】

工作地点：实训基地成年蛋种鸡舍、成年种鸭舍、成年种鹅舍。

动物：母鸡、母鸭、母鹅。

材料：精液、药棉(或专用消毒纸巾)、带盖搪瓷盘、纱布、连续输精枪、脸盆、毛巾等。

【工作过程】

一、输精前的准备

1. 母禽准备

(1)种鸡的选择

在输精前需先进行白痢检疫，淘汰阳性鸡，留下无泄殖腔炎症的健康母鸡；而且中等营养体况、新开产的母鸡输精更为理想。

(2)蛋用种母水禽的选择

要求头颈细长，眼亮有神，喙长而直，身长背阔，胸深腹圆，后躯宽大，耻骨扩张，羽毛致密，两翅紧贴，脚稍粗短，蹼大而厚，健康结实，体不过肥，活泼好动。生殖器官发育良好，腹部容积大，两耻骨之间的距离在三指以上，即"三指裆"。

(3)肉用种母水禽的选择

要求体型呈梯形，背略短宽，腿稍粗短，羽毛光洁，头颈较细，腹部丰满下垂，耻骨开张，繁殖力强。

2. 稀释精液

根据采精量即精液浓度，用精液稀释液稀释精液；并用输精管吸收或按住贮精管塞，上下颠倒混匀，但注意不要产生气泡。

3. 输精器械准备(见图 5-3)

在使用前必须彻底清洗、消毒。

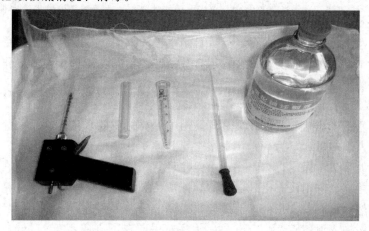

图 5-3　鸡的输精器械准备

二、输精操作

1. 输精方法

(1)输卵管口外翻输精法(或称翻肛输精法)

这种方法一般适用于鸡、部分水禽，如麻鸭、北京鸭以及鹅等，生产中常用。对于蛋种鸡输精时，一般以 3 人为一组，效果较佳。其中一名输精员站在中间，两名翻肛员站在每组笼的两端。

翻肛员用左手抓住母鸡两腿，将鸡移至笼门口处，泄殖腔斜向上方，然后右手四指并拢紧贴鸡背，拇指放在耻骨下腹部处，稍施压力或右手掌置于母鸡耻骨下，在腹部柔软处施以一定的压力，即可翻开泄殖腔，露出输卵管开口。然后输精员应立刻将吸有精液的输精管轻轻插入母鸡输卵管开口中 1～2 cm 处，注入精液后（见图 5-4），输精器稍向后拉，同时解除对母鸡腹部施加的压力。

对于肉种鸡和水禽输精时，将母禽按在地上，输精者用一只脚轻轻踩住母禽的颈部或把母禽夹在两腿之间，母禽的尾部对着输精者，用左、右手的三指（除拇指、食指）轻轻挤压泄殖腔的下缘，用食指轻轻拨开泄殖腔口，使泄殖腔张开，露出输卵管开口，其余同蛋种鸡输精。也可两人或三人配合操作，两人操作时须先将精液装入注入器，固定者兼注入的工作；三人操作时，第三人持注入器，负责注入精液。

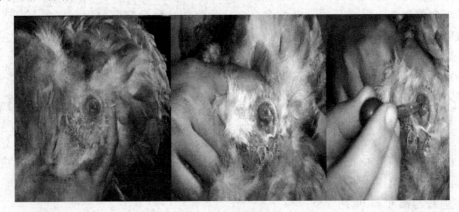

图 5-4　母鸡输精

左：拇指、食指法翻肛；中：食指、中指法翻肛；右：将精液输入输卵管

此法三人操作时需要人手较多，但可目睹精液注入阴道内，从而确保受精率。但因鹅产蛋时间不规律，不论何时受精均会发现有些鹅产道内有蛋未产出，故操作时须小心，以免鹅蛋破裂而使生殖道受伤。

（2）手指探测（引导）输精法

这种方法适用于泄殖腔收缩较紧，难翻出的母禽；一般水禽多采用，如母番鸭；但须两人配合，一人固定母禽，另一人用手指引导并输精。

输精时，助手负责保定母禽，用双手抓住母禽翅膀根部、将母禽固定在输精台上，输精者面朝母禽尾部，先用浸有生理盐水的棉球清洁肛门；左手按照翻肛输精法的操作，使泄殖腔张开；然后将右手食指伸入泄殖腔，探测位于左下侧的阴道口；接着右手将吸足精液的输精器缓缓插入泄殖腔 2～3 cm 后，抬高右手向左下方插入 3～7 cm，左手扶住输精器，右手将精液慢慢注入，抽出输精器，助手将母禽轻放在地上。

此法仅食指插入探测，操作简单，母禽不会过度挣扎。但手指探测须有熟练的技巧，否则不易测知阴道口，不能目睹精液注入阴道；而且注入器的活塞如未固定好，精液在到达阴道前即已漏失而无法察觉。

2. 输精时间

输精时间应在禽群大部分母禽产蛋之后，或母禽产蛋前 4 h，或产蛋 3 h 后输精。鸡一般在下午 4：00—5：00 输精，目前生产上多在下午 3：00 左右开始输精为宜。鸭一般于夜间产蛋，故输精应在上午进行；但也有报道以下午好；番鸭产蛋是在凌晨4：00—10：00，以下午输精好。但总的来说，输精量即输入有效精子数和输精间隔天数比输精时间重要得多，输精时间可依具体情况而定。鹅产蛋时间大多在早晨或上午，因此，输精通常安排在下午 4：00—6：00 进行。

3. 输精间隔时间

产蛋盛期的母鸡，通常每隔 4～5 d 输精一次或每周输精一次，输精后 48 h 即可收集种蛋。鸭输精间隔时间以 5～7 d 为宜，而不同品种鸭之间进行人工授精时需要缩短间隔时间。鹅根据实际情况而定，一般 5～6 d 输精 1 次，受精率可达 80％以上；每隔 4 d 输精一次，受精率可维持在 90％以上。

4. 有效精子数

鸡每次输入有效精子数至少为 5 000 万～7 000 万个，最好为 1 亿个，这样才能保持较高的受精率。鸭每次应输入有效精子数 5 000 万～9 000 万个，一般公番鸭与母麻鸭杂交有效精子数在 7 000 万～9 000 万个时受精率最佳，超过 9 000 万个时亦不能提高其受精率，造成精液浪费，北京鸭与麻鸭人工授精，有效精子数 5 000 万个就能得到较高受精率，这可能是因为北京鸭与麻鸭是同属间杂交。鹅每次输精时每只母鹅至少应输入 0.3 亿～0.5 亿个精子。

5. 输精量

鸡使用新鲜原精液输精，通常用量为 0.025～0.05 mL；一般情况下，每只母鸡每次输 0.025 mL 原精或输 1∶1 稀释精液 0.05 mL。

根据实践，不同种鸡及其不同产蛋期的较适宜的输精量及输精间隔时间（见表 5-3），仅供参考。

表 5-3　不同种母鸡和产蛋状态的输精量及输精间隔时间

种鸡类型	产蛋期	输精量（mL/次·只）		输精间隔时间（d/次）
		原精液	1∶1 稀释精液	
蛋种鸡	高峰期	0.025	0.05	5～7
	中、后期	0.025～0.05	0.05～0.075	4～5
肉种鸡	高峰期	0.03	0.06	4～5
	中、后期	0.05～0.06	0.10	4 或 2 次/周

（资料来源：宁中华. 现代实用养鸡技术. 北京：中国农业出版社，2001）

对老龄母鸡应比年轻母鸡输入更多有效精子数或者间隔时间缩短 1～2 d；另外，母鸡首次输精应增大输精量至 2 倍或连输 2 d。

鸭采用原精液输精时，一般用 0.05 mL，用稀释的新鲜精液输精一般为 0.1 mL，另外最好使用两三只公鸭的混合精液输精，比单只公鸭精液输精受精率高。第一次输精时，输精量可加大 1 倍或第 2 d 重复输精一次。

鹅如使用原精液，一般每次每只输入精液 0.03～0.05 mL，如使用稀释过的精液，一般每次每只输入精液 0.05～0.1 mL。如果在鹅刚开产时进行第一次输精，剂量还应增加一倍以提高受精率。

三、注意事项

1. 动作要轻捷，防止性应激

尤其是刚开始输精时，因母禽尚未建立起条件反射，故应尽量减少母禽的恐惧感，否则不仅输精母禽及同小笼母禽（鸡）惶恐不安，还会引起同舍禽群的骚动。

2. 翻肛施压部位及力度

给母禽翻肛施压时，应着力于腹部左侧上方，因输卵管位于泄殖腔左侧上方。若着力于直肠开口的腹部右侧，容易引起排粪，既造成污染又影响输精速度。施压力度要适中，力量过小露不出输卵管开口，力量过大会使泄殖腔突出过分，以致直肠开口掩盖住输卵管开口，还可能伤到母禽。

3. 防止精液外流

输精时需要输精员和翻肛员两人密切配合，当输精员将输精管插入输卵管口内轻捏胶皮头的一瞬间，翻肛员应立即松开拇指解除腹压，以免精液外流。另外，要排除输精管前端的空气和捏胶皮头不能用力过大，吸、输精液时均要用巧力，以免将空气输入造成输精外溢。如果使用连续输精枪输精，则可以完全避免输入空气而引起精液外流。

4. 防止漏输、重输

对于鸡来说，一般每小笼饲养 3～4 只母鸡，可事先给两只做标记（涂色或带肩号）。输精时，翻肛员可先抓有标记的母鸡，再抓无标记的母鸡（反之亦可）；这样可保证不发生漏输、重输现象。

5. 勿损伤输卵管壁

输精时，输精管对准输卵管开口中央，轻轻插入适当深度，切勿斜插或插入过深。否则，不仅精液容易外流，而且更容易损伤输卵管壁，造成输卵管炎。

6. 输精深度应适当

一般轻型蛋鸡采用浅阴道输精，即插入阴道 1～2 cm；中型蛋鸡或肉种鸡，应插入阴道 2～3 cm 输精；如果母鸡产蛋率下降或精液品质较差时，可采用中阴道输精，即插入4～5 cm。由于母鹅泄殖腔较深，阴道口插入深度可达 5～7 cm。

7. 防止交叉感染

为了防止通过输精管发生相互感染，可采取下列措施：①每输完一只母禽换一支输精管，此法虽可杜绝交叉感染，但速度降低了 25％；②每输完一只母禽后，用消毒药棉擦拭输精管，此法消毒不够彻底；③用输精专用的消毒纸巾擦拭输精管，消毒效果较好。

操作训练

1. 如何给鸡（鸭、鹅）输精？

2. 确定其输精时间和输精量。

●●●●● **相关知识**

禽的繁殖是鸡生产的关键环节，禽数量的增加及质量的提高都必须通过繁殖过程才能实现。种禽性成熟后，精子与卵细胞结合形成受精蛋，受精蛋从母禽体内产出，在体外适宜的条件下，发育成一个新个体，这是一个复杂的生理过程。

一、禽的生殖生理

（一）母禽生殖生理

1. 母禽生殖生理的特点

（1）卵泡连续发育、排卵和受精。

（2）受精卵发育分禽体内和外界环境两阶段，主要是体外发育。

（3）禽胚胎发育所需营养物质全部取自蛋的内容物。

（4）一般仅有左侧生殖器官。

2. 母禽的生殖器官

母禽的生殖器官包括卵巢和输卵管两大部分，左侧发育正常，右侧在早期发育过程中逐渐退化，仅留残迹；只有极少数的禽有两侧卵巢和输卵管（见图5-5）。

（1）卵巢

位于腹腔中线稍偏左侧，在肾脏前叶的前方，由卵巢、输卵管系膜韧带附着于体壁。卵巢由皮质和髓质构成。在性成熟时，皮质和髓质的界限消失；在皮质部有许多小卵泡分布，而髓质部富含血管和神经。

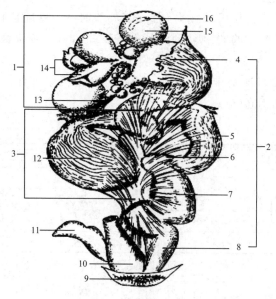

图 5-5　母禽生殖器官

1. 卵巢　2. 输卵管　3. 输卵管系膜　4. 漏斗部　5. 膨大部　6. 峡部　7. 子宫　8. 阴道

9. 泄殖腔　10. 直肠　11. 右侧退化输卵管　12. 有蛋存在的膨大部　13. 髂总静脉

14. 排卵后的卵泡膜　15. 成熟卵泡　16. 卵泡上卵带区破裂口

（资料来源：张忠诚. 家畜繁殖学. 北京：中国农业出版社，2000）

家禽成熟的卵巢呈葡萄串状，上面有许多不同发育阶段的白色卵泡和黄色卵泡，每个卵泡含有一个卵母细胞。白色卵泡直径 2～6 mm，黄色卵泡有几个至十几个，直径6～35 mm不等。一个成熟的卵巢，肉眼可见1 000～1 500个卵泡，在显微镜下可观察到约12 000个，但实际发育成熟而排卵的为数甚少。每个卵泡由柄附着于卵巢上，表面有血管与卵巢髓质相通，供卵子生长发育所需要的营养物质。成熟母鸡产蛋期卵巢重40～60 g，休产时仅4～6 g。

（2）输卵管

输卵管是一条弯曲、富有弹性的长管；前端开口于卵巢下方，后端开口于泄殖腔。共分五个部分，即漏斗部（又称伞部）、膨大部（蛋白分泌部）、峡部、子宫、阴道。处于产蛋期的母禽输卵管粗而长，重约75 g，长约70 cm；而休产期时有所萎缩。

①伞部。输卵管的入口处，形似漏斗，边缘薄而不整齐，长度约 9 cm，排卵时将卵细胞包裹。其根部有腺体称精子窝(高位贮精腺)。卵细胞在此部与精子结合受精，受精后在此停留 20～28 min。

②蛋白分泌部。又称输卵管膨大部，长 30～50 cm。它分泌蛋白将卵细胞包裹，由于旋转和运行，形成浓、稀蛋白层和蛋黄系带；卵细胞在此停留 3～5 h。

③峡部。是输卵管最细部分，长 10 cm。主要形成内、外壳膜，使卵细胞成为卵圆形的软壳蛋；卵细胞在此部停留约 85 min。

④子宫。袋状，肌肉发达，长 8～12 cm。主要作用是分泌无机盐和水分，渗入蛋白中；形成蛋壳和壳上的胶护膜(又称胶质层或壳上膜)；在产蛋前约 5 h 形成蛋壳颜色。蛋在此停留 16～20 h 或更长。

⑤阴道对蛋的形成不起作用，长 8～12 cm。产蛋时，阴道自泄殖腔翻出。子宫和阴道结合部的黏膜皱襞，是精子的储存场所(低位贮精腺)。蛋在此部停留约 5 min。

3. 母禽的性成熟

母禽性成熟的主要特征是排卵、产蛋。性成熟年龄因家禽种类、品种、饲养管理条件、个体发育差异等而不同(见表 5-4)。

表 5-4 家禽性成熟年龄

品种	性成熟期(月)	品种	性成熟期(月)
蛋用型鸡	5～6	太湖鸭	7～8
肉用型鸡	6～9	狮头鸭	8～9
北京鸭	5～6	火鸡	7～8
番鸭	7～8	鹌鹑	1.5～2

(资料来源：张忠诚. 家畜繁殖学(第三版). 北京：中国农业出版社，2000)

4. 母禽的繁殖规律

(1)排卵

家禽的排卵，是指成熟的卵母细胞由卵巢排出的过程。目前一般认为当卵黄达到成熟时，则从卵泡表面的一条无血管区"卵带区"破裂排出。卵母细胞从发育到排卵，一般需要 7～10 d。通常母鸡是在前一枚蛋产出约 30 min 后，发生下一次排卵。鸡、鸭、火鸡和鹌鹑等每天连续产蛋的家禽，在一个产蛋周期中，产蛋和下一次排卵的时间近似。

家禽与哺乳动物不同，排卵后破裂的卵泡膜皱缩成一薄壁空囊，附在卵巢上，能分泌激素，但不形成黄体。到排卵后的第 6～10 d 皱缩成残迹，一个月左右消失。

(2)产蛋周期

母禽连续数天产蛋(连产)后，会停 1 天或数天(间歇)，再连续产蛋数天，这种周期性的现象叫产蛋周期。据观察，母鸡形成一枚蛋需 24～27 h，蛋产出经 0.5 h 才排卵。因此，在一个产蛋周期中，后一枚蛋比前一枚蛋产出时间往后推迟，当产蛋周期最好一枚蛋在下午 3：00—4：00 产出时，次日必定要停产，而对于连产数十枚蛋的高产鸡来说，蛋的形成时间少于 24 h。高产蛋鸡一年可产蛋 300 枚以上。

连产蛋数多，间歇时间短，产蛋率高。产蛋间歇时间不同，主要是因为母禽排卵时间的差异，但也有可能是由于卵在输卵管中滞留时间的长短而有差异。

（3）就巢

就巢又称抱窝，是指家禽繁殖后代的本能。是由于垂体前叶分泌的促乳素升高所致。母禽在就巢期间，生殖器官逐渐萎缩，停止产蛋和不接受交配，平均停产 15～30 d。

就巢具有遗传性。因此，可以通过选种选配使其减弱或淘汰；也可注射激素或改变环境条件，将母禽放置于阴凉通风的地方，促使其醒巢；也可利用丙酸睾丸素，每千克体重 12.5 mg，进行胸部肌内注射。

（二）公禽生殖生理

1. 公禽生殖器官

公禽生殖器官主要由睾丸（性腺）、附睾、输精管和退化的交配器官构成。其睾丸位于体腔内，阴茎不发达或发育不全，没有哺乳动物所具有的副性腺，如前列腺、精囊腺、尿道球腺等。所以其精液中没有这些腺体的分泌物，只有输精管末端附近的脉管体及泄殖腔内淋巴褶所分泌的透明液。

（1）睾丸

成熟公禽类的睾丸成对存在，呈卵圆形或球形，位于腹腔肾脏前叶下方、脊柱腹侧。其重量、大小和颜色，常因品种、年龄和性机能的活动而异，一般为淡黄色。蛋用品种公鸡成熟的睾丸平均重 8～12 g，肉用品种公鸡成熟的睾丸平均为 15～20 g。性机能非旺盛期，蛋用品种鸡的睾丸长轴平均为 10～15 mm，旺盛期睾丸长轴增大到 25～60 mm，直径为 25～30 mm。在自然条件下，成年公鸡在春季性机能特别旺盛期，睾丸增大，精细管变粗，精子大量形成，睾丸颜色逐渐变白；当性机能减退时，则又变小。

（2）附睾

它位于睾丸内侧凹陷部，其前端连接睾丸，后端与输精管相连；与哺乳动物相比附睾较短而不发达，附睾头、体和尾界限不明显。

（3）输精管

左、右各一条，呈弯曲的白色细管，沿腹腔背部由前至后逐渐变粗形成一扩大部，其末端为圆锥形，称为乳头（或乳嘴），并与输尿管平行开口于泄殖腔。

（4）交配器官

公鸡没有真正的阴茎，只有退化的交配器（或称交媾器）。它位于泄殖腔的腹壁侧中央部，中间的白色球体为生殖突起，两侧围以规则的皱襞，因呈"八"字状，称"八字状襞"，生殖突起与"八字状襞"构成显著的隆起，称为生殖隆起。公鸡交配时，生殖隆起由于充血、勃起围成输精沟，精液由精管乳头流入输精沟排入母鸡外翻的阴道口。

刚孵出的公雏，其生殖隆起比较明显，因此，可用来进行雌、雄鉴别。

公鸭和公鹅的阴茎较为发达，平时套缩在泄殖腔内，呈囊状；勃起时因充满淋巴液而产生压力，使阴茎从泄殖腔内压出，呈螺旋锥状体，其表面有螺旋形的输精沟。交配时输精沟闭合成管状，精液则从合拢的输精沟射出。鸭阴茎基部的直径约 3 cm，长勃起伸出长度达 10～12 cm。鹅阴茎长达 6～7 cm。

2. 公禽的繁殖规律

（1）公禽的性成熟

公禽产生具有受精能力精子的时期称为性成熟。有些早熟品种，如来航鸡、北京鸭，约于 20 周龄达到性成熟；特别早熟的来航公鸡，往往在 10～12 周龄便可采到精液。而晚熟品种的性成熟时间则相应推迟，如蛋用型鸡应在 22～26 周龄才开始使用，北京鸭 24～27 周龄，太湖鹅 32～36 周龄，火鸡 31～36 周龄。

鸡冠、肉垂、肉瘤等都是家禽的第二性征，均受雄激素的影响。鸡冠生长与睾丸的发育速度密切相关；因此，鸡冠的发育程度，是判断性成熟早晚的重要参考。

（2）精子的形态结构

禽类精子的形态与哺乳动物不同，头部形如镰刀，立体形状为长柱形，颈很短，尾部长，外形纤细。全长 100～107 μm。禽的精子如图 5-6 所示。

图 5-6　禽的精子

二、家禽的受精

1. 精子的运行

家禽的受精部位在漏斗部。射精和人工授精的精液一般在阴道和输卵管的末端，其中大部分精子进入子宫—阴道部的腺窝内，其中部分沿输卵管上行并布满管腔，少量进入并留在漏斗部。此后，输卵管内的精子全部进入腺窝。母鸡和火鸡人工授精后 24 h，子宫—阴道部 40% 的腺窝全部或部分充满精子。精子从阴道部运行到漏斗部需要 1 h，而在子宫部输精者只要 15 min 即可达到受精部位。活力低和死精子一般不能到达受精部位而被淘汰，可见子宫—阴道部对精子有一定的筛选作用。

2. 持续受精时间

由于睾丸的温度以及母禽生殖道的特殊结构等因素的影响，家禽精子在母禽生殖道内存活的时间比家畜长得多；鸡精子达 35 d，火鸡精子达 70 d。母禽排卵后，通过漏斗时，由于输卵管壁的伸展，腺窝中的精子可释放出来，完成与卵母细胞的受精。

精子在母禽生殖道内保持受精能力的时间受品种、个体、季节和配种方法等因素的影响。对于一般的鸡群，精子的受精能力在交配 3～5 d 后，就有下降的可能，但一周之内尚可维持一定的受精能力。若采用人工授精，维持正常受精能力的时间可达 10～14 d。母火鸡交配后，最初两周的受精率较高，从 6～8 周逐渐降为 0。太湖鹅输精后 9 d 受精率开始下降，到 16 d 仍有 33% 的受精率。

家禽的受精高峰一般出现在输精或交配后 1 周左右，以后受精率则逐渐下降。所以，在一周内不输入新精液，或不让公禽与之交配，受精率便不能保持同样高的水平。

3. 受精过程

家禽受精作用的时间比较短暂。如鸡的卵子在输卵管漏斗部停留的时间约为 15 min，所以，受精过程也只能在这一短暂时间内完成。若卵子未能受精，便随输卵管的蠕动下行到蛋白分泌部，被蛋白所包围，卵子便失去生命活动而死亡。

在交配或输精后，常有较多精子能到达受精部位并接近卵子。因为禽类的卵无放射冠、透明带等结构，在受精的过程中缺乏"透明带反应"和有效的"卵黄膜封闭作用"，多精子入卵的现象比较常见，在卵母细胞质中有时可见到约有十个至几十个精子，能溶解卵黄膜并进入卵子内部，但最后只有一个精子的雄原核与卵子的雌原核融合发生受精作用，其余的精子便逐渐被分解。

除上述特点外，家禽的受精过程与家畜相似。

受精作用虽然只有一个精子完成，但其他精子协同参与穿透卵黄膜也是非常重要的，否则就很难顺利受精。因此，在生产中要保持理想的受精率，必须使母禽输卵管内维持足够数量的有效精子。所以，自然交配的鸡群中要适当调整公母比例，人工授精时输精剂量和输精间隔时间是提高受精率的关键。

不经受精的卵也可发育的孤雌生殖现象多见于火鸡。孤雌生殖所产生的火鸡均为雄性，其中大约 1/3 的个体可产生正常的精液。用这样的火鸡精液给无亲缘关系的母火鸡输精，仍可得到健康的良性后代。

三、家禽繁殖力

反映家禽繁殖力的指标有产蛋量、受精率、孵化率、育雏率等。

1. 产蛋量

产蛋量是指家禽在一年内平均产蛋枚数。

$$全年平均产蛋量（枚）＝全年总产蛋数/总饲养日/365$$

2. 受精率

受精率是指种蛋孵化后，经过第一次照蛋确定的受精蛋数（包括死胎）与入孵总蛋数之比的百分率。

$$受精率＝受精蛋数/入孵总蛋数×100\%$$

3. 孵化率

孵化率可分为受精蛋的孵化率和入孵蛋的孵化率两种表示方法，是指出雏总数占受精蛋总数或入孵蛋总数的百分率。

受精蛋孵化率：是指出雏数占受精蛋数的百分率。

入孵蛋孵化率：是指出雏数占入孵蛋数的百分率。

4. 育雏率

育雏率是指育雏期末雏禽数占育雏期初入舍雏禽数的百分率。

●●●●● 扩展知识

种公禽选择

第一次选择（初选）：即雏禽的选择，一般是在出壳后 12 h 以内，应选留体躯较大、绒毛柔软、眼大有神、反应灵敏、鸣声洪亮、食欲旺盛、健康活泼的；对于水禽还应头大颈粗、胸深背阔、腹圆脐平、尾钝翅贴、脚粗而高、胫蹼油润等。选留的雏禽应有系谱记录，具备该品种的特征（如绒毛、喙、脚的颜色和出壳重）；淘汰那些不符合品种要求的杂色雏禽、弱脚禽，包括出壳太轻或太重的干瘦、大肚脐、眼睛无神、行动不稳和畸形的雏禽。对于水禽结合称量出壳重及编号进行。

第二次选择（预选）：即大雏的选择，公鸡在 6～8 周龄（公鸭一般在 50～60 日龄，公鹅在 30 日龄脱温后转群之前）时进行，是在第一次雏禽选择群体的基础上进行的。选留要求生长迅速、体重大、羽毛丰满、身体健康、精神饱满，符合品种或选育标准要求，体质健康、无疾病史的个体。淘汰外貌有缺陷，如胸、腿、喙弯曲，嗉囊大而下垂，胸部有囊肿及体重过轻者。公、母鸡选留的比例，笼养为 1：10，自然交配为 1：8；水禽选择应比实际需要数多一倍。

第三次选择（精选）：即后备种禽的选择，是在大雏选留群体的基础上结合称重进行选留，一般是在中禽阶段（公鸡在 17～18 周龄母鸡转群时进行，公鸭在 150 日龄左右，公鹅在70~80日龄)。选留体型符合品系标准，体重在群体平均数"众数级"范围内的种公禽；并且选择发育良好，腹部柔然，按摩时有性反应(如翻肛、生殖器勃起和排精)的公禽。水禽还要求留种个体品种特征典型、体质结实、生长发育快、羽绒发育好，头大小适中、眼睛灵活、颈细长、体型长而圆、前躯浅窄、后躯宽深、臀部宽广。一般在笼养公、母鸡选留比例为1：(15~20)，自然交配公、母鸡选留比例为1：9；选留公水禽数要比配种的公母比例要求多留20%~30%作为后备。

第四次选择(定种)：即成年种禽的选择，此时种禽已进入性成熟期，转入种禽群生产阶段前，对后备种禽进行复选和定选(定群)。一般公鸡21~22周龄(公鸭6月龄左右、公鹅7月龄左右)进行。选择精液颜色乳白色，精液量多、精子密度大、精子活力强的公禽；对按摩采精反应差，排精量少或不排精的公禽，应继续训练，经过一段时间仍无改善者淘汰；同时要防止种公禽体重超标，尤其是肉用种鸡，否则受精率低；对于水禽还应选留生长发育良好、阴茎发育正常(3 cm以上)，性欲旺盛，按摩15~30 s就能勃起射精，并且精液品质达到标准的个体留作种用。

一般情况下，自然繁殖适宜的公母鸡比例是：轻型蛋鸡为1：(10~15)；中型蛋鸡为1：(10~12)；肉种鸡为1：(8~10)；而人工授精时基本能达到1：(20~30)，最多可达1：50。一般肉用型公、母鸭的配种比例为1：(5~8)，兼用型公、母鸭的比例为1：(10~15)，蛋用型公、母鸭的比例为1：(15~20)。对于鹅，自然繁殖时应按公母配比1：(4~5)，留足公鹅即可；人工授精时公、母配比1：(15~20)，便不致影响鹅群的正常繁殖。

如果一个种禽群种公禽太多，不仅不能提高饲养成本，而且还会因为公禽之间为争夺与母禽的交配权而产生斗殴，且容易踩伤母禽，干扰交配，降低受精率；而公禽过少，又会使每只公禽交配频率过高，影响精液品质，使受精率降低。因此，应根据具体情况确定种公禽的比例。

●●●●● 知识链接

家禽繁殖工国家职业标准

说　明

为了进一步完善国家职业标准体系，为职业教育、职业培训和职业技能鉴定提供科学、规范的依据，根据《中华人民共和国劳动法》《中华人民共和国职业教育法》的有关规定，劳动和社会保障部、农业部共同组织有关专家，制定了《家禽繁殖工国家职业标准》(以下简称《标准》)。《标准》已经劳动和社会保障部、农业部批准，自2007年2月2日正式施行。现将有关情况说明如下：

一、本《标准》以《中华人民共和国职业分类大典》为依据，以客观反映本职业现阶段的水平和对从业人员的要求为目标，在充分考虑经济发展、科技进步和产业结构变化对本职业影响的基础上，对职业的活动范围、工作内容、技能要求和知识水平作出明确的规定。

二、按照《国家职业标准制定技术规程》的要求，《标准》在体例上力求规范，在内容上尽可能体现以职业活动为导向、以职业技能为核心的原则。同时，尽量做到可根据科技发展进步的需要适当进行调整，使之具有较强的实用性和一定的灵活性，以适应培训、鉴定和就业的实际需要。

三、本职业分为五个等级。《标准》的内容包括职业概况、基本要求、工作要求和比重

表四个方面。

四、参加《标准》编写的人员主要有：吴健、杨泽霖、陆雪林、高玉时。参加审定的人员主要有(按姓氏笔画为序)：云鹏、陈伟生、陈蕾、徐桂云、梁田庚、蒋桂芳、谢颜。

五、在《标准》制定过程中，农业部人力资源开发中心、原全国畜牧兽医总站、锦州医学院畜牧兽医学院、上海畜牧兽医总站、江苏省家禽研究所等单位给予了大力支持。在此，谨致谢忧！

1. 职业概况

1.1　职业名称

家禽繁殖工。

1.2　职业定义

从事种禽饲养、人工授精、孵化作业的人员。

1.3　职业等级

本职业共设五个等级，分别为：五级家禽繁殖工(国家职业资格五级)、四级家禽繁殖工(国家职业资格四级)、三级家禽繁殖工(国家职业资格三级)、二级家禽繁殖工(国家职业资格二级)和一级家禽繁殖工(国家职业资格一级)。

1.4　职业环境条件

室内、室外，常温。

1.5　职业能力特征

具有一定的学习能力、表达能力、计算能力、空间感和实际操作能力，动作协调。视觉、听觉、嗅觉正常。

1.6　基本文化程度

初中毕业。

1.7　培训要求

1.7.1　培训期限

全日制职业学校教育，根据其培养目标和教学计划确定。晋级培训期限：初级不少于180标准学时；中级不少于150标准学时；高级不少于120标准学时；技师和高级技师不少于80标准学时。

1.7.2　培训教师

培训初、中、高级的教师应具有本职业高级及以上职业资格证书，或本专业中级及以上专业技术职务任职资格；培训技师和高级技师的教师应取得本职业高级技师职业资格证书3年，或具有本专业高级及以上专业技术职务任职资格。

1.7.3　培训场地与设备

按每30人配备1间教室，具备常规教学及与本职业培训相关的用具和设备的实验室和场地。

1.8　鉴定要求

1.8.1　适用对象

从事或准备从事本职业的人员。

1.8.2　申报条件

——初级(具备以下条件之一者)

(1)经本职业初级正规培训达到规定标准学时数，并取得结业证书。

(2)在本职业连续见习工作1年以上。

——中级(具备以下条件之一者)

(1)取得本职业初级职业资格证书后，连续从事本职业工作2年以上，经本职业中级正规培训达到规定标准学时数，并取得结业证书。

(2)取得本职业初级职业资格证书后，连续从事本职业工作3年以上。

(3)连续从事本职业工作4年以上。

(4)取得经劳动保障行政部门审核认定的、以中级技能为培养目标的中等以上职业学校本职业(专业)毕业证书。

(5)取得中专或大专本专业或相关专业毕业证书。

——高级(具备以下条件之一者)

(1)取得本职业中级职业资格证书后，连续从事本职业工作3年以上，经本职业高级正规培训达到规定标准学时数，并取得结业证书。

(2)取得本职业中级职业资格证书后，连续从事本职业工作4年以上。

(3)取得经劳动保障行政部门审核认定的、以高级技能为培养目标的高等职业学校本职业(专业)毕业证书。

(4)大专学历本专业或相关专业毕业生从事本职业工作1年以上。

(5)本科学历本专业或相关专业毕业生。

——技师(具备以下条件之一者)

(1)取得本职业高级职业资格证书后，连续从事本职业工作2年以上，经本职业技师培训达到规定标准学时数，并取得结业证书。

(2)取得本职业高级职业资格证书后，连续从事本职业工作3年以上。

(3)取得本职业高级职业资格证书的高级职业学校本职业(专业)毕业生，连续从事本职业工作2年以上。

——高级技师(具备以下条件之一者)

(1)取得本职业技师职业资格证书后，连续从事本职业工作3年以上，经本职业高级技师培训达到规定标准学时数，并取得结业证书。

(2)取得本职业技师职业资格证书后，连续从事本职业工作4年以上。

1.8.3 鉴定方式

分为理论知识考试和技能操作考核。理论知识考试采用闭卷笔试方式，技能操作考核采用现场实际操作方式。理论知识考试和技能操作考核均实行百分制，成绩皆达60分及以上者为合格。技师和高级技师资格还须经过综合评审。

1.8.4 考评人员与考生配比

理论知识考试考评人员与考生配比为1：20，每个 标准教室不少于2名考评人员；技能操作考核考评人员与考生配比为1：5，且不少于3名考评人员；综合评审委员不少于5人。

1.8.5 鉴定时间

理论知识考试时间为90 min。技能操作考核时间：初级不少于60 min，中级不少于40 min，高级、技师和高级技师不少于20 min。综合评审时间不少于20 min。

1.8.6 鉴定场所与设备

理论知识考试在标准教室进行；技能操作考核在工作现场进行，并配备符合相应等级考试所需的动物、用具及设备等。

2. 基本要求

2.1 职业道德

2.1.1 职业道德基本知识

2.1.2 职业守则

(1)诚实守信，尽职尽责。

(2)尊重科学，规范操作。

(3)遵纪守法，爱岗敬业。

(4)团结协作，求实奉献。

(5)保护生态，科教兴农。

2.2 基础知识

2.2.1 专业基础知识

(1)家禽解剖生理知识。

(2)家禽饲养管理知识。

(3)家禽繁殖知识。

(4)家禽人工孵化知识。

2.2.2 安全知识

(1)安全生产常识。

(2)孵化机械设备使用常识。

2.2.3 相关法律、法规知识

(1)《中华人民共和国劳动法》的相关知识。

(2)《中华人民共和国农业法》的相关知识。

(3)《中华人民共和国畜牧法》的相关知识。

(4)《家禽生产性能名词术语和度量统计方法》的相关知识。

(5)《种畜禽管理条例》的相关知识。

(6)《种畜禽管理条例实施细则》的相关知识。

(7)《兽药管理条例》的相关知识。

3. 工作要求

本标准对初级、中级、高级、技师和高级技师的技能要求依次递进，高级别涵盖低级别的要求。

3.1 初级

职业功能	工作内容	技能要求	相关知识
一、种禽饲养管理	（一）种禽饲养	1. 能饲喂自由采食的种禽 2. 能调整料槽、饮水器的位置 3. 能使用秤具进行种禽体重、蛋重称量	1. 种禽饲养日工作程序知识 2. 家禽喂饮设备的使用常识 3. 家禽体重、蛋重的称测知识

职业功能	工作内容	技能要求	相关知识
	（二）种禽管理	1. 能观察种禽舍温度、湿度，并做记录 2. 能开启门、窗、风机对禽舍进行通风 3. 能按光照计划开关光源 4. 能对禽舍、设备、用具、人员和禽体进行消毒操作 5. 能进行日常生产记录	1. 温湿度计的使用常识 2. 禽舍通风、光控设备的使用知识 3. 种禽舍光照计划知识 4. 种禽场消毒相关知识 5. 种禽场日常生产记录知识
二、种禽选择与选配	（一）种禽选择	1. 能从毛色、头部形态、外貌特征识别禽种 2. 能挑选出病、弱、残禽	1. 不同禽种的毛色、头部形态及外貌特征知识 2. 病、弱、残禽的临床表现知识
	（二）种禽选配	1. 能保定种禽 2. 能进行人工授精器具的洗涤消毒 3. 能进行输精操作	1. 种禽的保定知识 2. 家禽人工授精器具洗涤消毒知识 3. 家禽输精知识
三、种蛋孵化	（一）种蛋管理	1. 能进行种蛋标记 2. 能收集、初选、消毒种蛋 3. 能按品种、品系分类	1. 品系种蛋的标记知识 2. 集蛋、装箱、选择和消毒知识
	（二）孵化操作	1. 能进行种蛋码盘入孵操作 2. 能进行胚蛋照检、移盘操作 3. 能进行拣雏操作 4. 能对孵化机具进行清理、消毒 5. 能进行孵化生产日常记录	1. 种蛋码盘入孵操作知识 2. 胚蛋照检、移盘操作知识 3. 拣雏操作知识 4. 常用消毒器具的使用知识 5. 孵化生产记录知识
	（三）初生雏管理	1. 能对初生雏进行计数、装箱操作 2. 能对初生雏进行存放 3. 能给初生雏进行免疫接种操作	1. 初生雏计数、装箱常识 2. 初生雏存放知识 3. 初生雏免疫接种知识

3.2 中级

职业功能	工作内容	技能要求	相关知识
一、种禽饲养管理	（一）种禽饲养	1. 能进行限制饲喂操作 2. 能发现种禽饮食异常现象 3. 能调整种禽饲养密度 4. 能对种禽进行放牧与补饲 5. 能统计种禽体重资料	1. 限制饲养程序相关知识 2. 种禽异常饮食知识 3. 种禽饲养密度知识 4. 种禽放牧饲养相关知识 5. 家禽体重资料的统计知识
	（二）种禽管理	1. 能判断种禽舍温度、湿度状况 2. 能判断种禽舍通风、光照状况 3. 能统计种禽生产记录资料	1. 种禽舍温度、湿度相关知识 2. 种禽舍通风、光照相关知识 3. 种禽生产资料统计知识

续表

职业功能	工作内容	技能要求	相关知识
二、种禽选择与选配	（一）种禽选择	1. 能根据外貌特征选择种禽 2. 能根据选配计划调整种禽群	1. 种禽外貌特征的相关知识 2. 种禽群的选配计划知识
	（二）种禽选配	1. 能对种公禽进行采精调教 2. 能进行采精操作 3. 能对精液进行稀释 4. 能进行精液外观检查	1. 种公禽的采精调教知识 2. 家禽采精知识 3. 家禽精液的稀释知识 4. 公禽精液的外观检查知识
三、种蛋孵化	（一）种蛋管理	1. 能选留种蛋 2. 能保存种蛋	1. 种蛋选留标准知识 2. 种蛋保存相关知识
	（二）孵化操作	1. 能进行孵化机日常管理操作 2. 能对停电采取应急措施 3. 能统计孵化生产成绩	1. 孵化机的使用知识 2. 孵化停电的应急措施的相关知识 3. 孵化成绩的统计知识
	（三）初生雏管理	1. 能进行初生雏剪冠、断趾操作 2. 能进行鸡雏羽色、羽速性别鉴定 3. 能进行鸭、鹅雏翻肛、捏肛性别鉴定	1. 初生雏剪冠、断趾知识 2. 初生雏羽色、羽速性别鉴定知识 3. 鸭、鹅雏翻肛、捏肛性别鉴定知识

3.3　高级

职业功能	工作内容	技能要求	相关知识
一、种禽饲养管理	（一）种禽饲养	1. 能指导限制饲养方案实施 2. 能计算种禽体重均匀度	1. 种禽限制饲养方案相关知识 2. 种禽体重均匀度的计算知识
	（二）种禽管理	1. 能制定不同阶段种禽舍温度、湿度方案 2. 能制定不同阶段种禽舍通风、光照方案 3. 能分析种禽生产记录资料	1. 种禽舍温度、湿度、通风、光照相关知识 2. 生产标准在生产中的运用知识
二、种禽选择与选配	（一）种禽选择	1. 能根据生理特征选择种禽 2. 能根据生殖器选择公鸭鹅	1. 种禽生理特征的相关知识 2. 鸭鹅生殖器官解剖知识
	（二）种禽选配	1. 能配制精液稀释液 2. 能使用显微镜对精子密度进行估测	种禽人工授精相关知识
三、种蛋孵化	（一）种蛋管理	1. 能评价种蛋质量 2. 能确定种蛋保存条件	1. 种蛋质量相关知识 2. 种蛋保存条件知识
	（二）孵化操作	1. 能发现并报告孵化机工作故障 2. 能制定孵化操作规程	1. 孵化机的使用知识 2. 孵化相关知识
	（三）初生雏管理	1. 能判定初生雏质量 2. 能制定初生雏包装和运输计划	1. 初生雏质量相关知识 2. 初生雏包装和运输知识

3.4　技师

职业功能	工作内容	技能要求	相关知识
一、种禽饲养管理	（一）种禽饲养	1. 能制定限制饲养方案 2. 能执行饲养试验方案 3. 能查找种禽体重均匀度差的原因	1. 种禽限制饲养知识 2. 饲养试验方案相关知识 3. 影响种禽体重均匀度因素的相关知识
	（二）种禽管理	1. 能选择禽舍环境控制方法 2. 能制定饲养日工作程序 3. 能设计种禽生产记录表格	1. 种禽舍环境条件标准知识 2. 种禽生产相关知识 3. 种禽生产记录项目知识
二、种禽选择与选配	（一）种禽选择	1. 能制定种禽选择方案 2. 能制定种禽群的周转计划	1. 种禽选择相关知识 2. 种禽群的周转计划相关知识
	（二）种禽选配	1. 能设计种禽人工授精操作方案 2. 能使用显微镜对精子数量、活力、畸形率进行检查	1. 种禽人工授精操作知识 2. 精液的显微镜检查知识
三、种蛋孵化	（一）设施设备管理	1. 能进行孵化机生产前的检修 2. 能处理孵化生产过程中机械故障的紧急情况	1. 孵化机的检修知识 2. 孵化生产中常见问题的处理知识
	（二）孵化操作	1. 能根据胚胎发育情况调节孵化条件 2. 能对孵化效果进行总结和分析	1. 种禽胚胎发育对孵化条件的要求知识 2. 影响孵化效果因素相关知识
四、培训管理	（一）培训指导	1. 能对初、中、高级人员进行理论培训 2. 能对初、中、高级人员进行实际操作指导	1. 种禽饲养管理理论知识 2. 种禽饲养管理实际操作知识
	（二）技术管理	1. 能编写种禽生产技术报告 2. 能指导种禽推广试验方案的实施 3. 能分析种禽生产成本	1. 种禽生产技术报告写作知识 2. 种禽推广试验知识 3. 种禽生产成本相关知识

3.5　高级技师

职业功能	工作内容	技能要求	相关知识
一、种禽饲养管理	（一）种禽饲养	1. 能检查饲养效果 2. 能设计饲养试验方案	1. 饲养效果分析知识 2. 饲养试验方案设计知识
	（二）种禽管理	1. 能设计种禽场的布局 2. 能选定种禽饲养设备和用具 3. 能制定种禽场的生产计划	1. 种禽场布局的基本知识 2. 种禽饲养设备和用具相关知识 3. 种禽场的生产计划相关知识
二、种禽选择与选配	（一）种禽选择	1. 能制定种禽引进计划 2. 能解决公禽精液品质异常问题	1. 种禽引种的相关知识 2. 影响公禽精液品质相关知识
	（二）种禽选配	1. 能制定种禽场的选配计划 2. 能解决种蛋质量异常问题	1. 种禽场选配计划的制定知识 2. 影响种蛋质量因素的相关知识
三、种蛋孵化	（一）设施设备管理	1. 能设计孵化室布局 2. 能对孵化设备及配件选型	1. 孵化室布局的相关知识 2. 孵化设备相关知识
	（二）孵化操作	1. 能编制孵化生产计划 2. 能提出孵化改进措施	1. 孵化生产计划的制定知识 2. 孵化成绩的分析知识
四、培训管理	（一）培训指导	1. 能编写培训教材 2. 能组织培训初、中、高级和技师的技能操作	1. 培训教材的编写知识 2. 技能操作相关知识
	（二）技术管理	1. 能应用新技术 2. 能分析种禽生产的经济效益	1. 种禽新技术应用的相关知识 2. 种禽生产的经济效益分析知识

4. 比重表
4.1　理论知识

项　　　目		初级（%）	中级（%）	高级（%）	技师（%）	高级技师（%）
基本要求	职业道德	10	10	10	10	10
	基础知识	20	20	20	20	20
相关知识	种禽饲养管理	30	20	15	10	10
	种禽选择与选配	20	20	25	15	10
	种蛋孵化	20	30	30	30	30
	培训管理	—	—	—	15	20
合　　计		100	100	100	100	100

4.2　技能操作

项　　目		初级（%）	中级（%）	高级（%）	技师（%）	高级技师（%）
相关知识	种禽饲养管理	45	30	25	14	14
	种禽选择与选配	20	30	30	23	16
	种蛋孵化	35	40	45	40	40
	培训管理	—	—	—	23	30
合　　计		100	100	100	100	100

●●●●● **拓展阅读**

鸡人工授精操作规程

计划单

学习情境五	家禽繁殖技术	学时	10
计划方式			

序号	实施步骤	使用资源	备注

制定计划说明	

班　级		第　　组		组长签字	
教师签字				日　期	

计划评价	评语：

决策实施单

学习情境五	家禽繁殖技术					
	讨论小组制定的计划书，作出决策					
	组号	工作流程的正确性	知识运用的科学性	步骤的完整性	方案的可行性	人员安排的合理性	综合评价
计划对比	1						
	2						
	3						
	4						
	5						
	6						

	制定实施方案		
序号	实施步骤		使用资源
1			
2			
3			
4			
5			
6			

实施说明：

班级		第　　组	组长签字	
教师签字			日　　期	
	评语：			

效果检查单

学习情境五	家禽繁殖技术			
检查方式	以小组为单位，采用学生自检与教师检查相结合，成绩各占总分(100分)的50%			
序号	检查项目	检查标准	学生自检	教师检查
1	资讯问题	回答准确，认真		
2	禽生殖器官	准确叙述生殖器官的特点		
3	公禽的选种	准确叙述鸡、鸭、鹅的选种		
4	公鸡(鸭、鹅)采精	方法正确、操作熟练		
5	精液品质检查	方法正确、操作熟练，并能区分与家畜精液的不同		
6	母鸡(鸭、鹅)输精	方法正确、操作熟练		
7	注意事项	叙述准确、结合实际		
班　级		第　　组	组长签字	
教师签字			日　　期	
检查评价	评语：			

评价反馈单

学习情境五		家禽繁殖技术			
评价类别	项目	子项目	个人评价	组内评价	教师评价
专业能力 （60%）	资讯 （10%）	查找资料，自主学习（5%）			
		资讯问题回答（5%）			
	计划 （5%）	计划制定的科学性（3%）			
		用具材料准备（2%）			
	实施 （25%）	各项操作正确（10%）			
		完成的各项操作效果好（6%）			
		完成操作中注意安全（4%）			
		使用工具的规范性（3%）			
		操作方法的创意性（2%）			
	检查 （5%）	全面性、准确性（2%）			
		生产中出现问题的处理（3%）			
	结果（10%）	提交成品质量（10%）			
	作业（5%）	及时、保持完成作业（5%）			
社会能力 （20%）	团队 合作 （10%）	小组成员合作良好（5%）			
		对小组的贡献（5%）			
	敬业、吃 苦精神 （10%）	学习纪律性（4%）			
		爱岗敬业和吃苦耐劳精神（6%）			
方法能力 （20%）	计划能 力（10%）	制定计划合理（10%）			
	决策能 力（10%）	计划选择正确（10%）			
意见反馈					

请写出你对本学习情境教学的建议和意见

评 价 评 语	班级		姓　名		学　号		总评	
	教师 签字		第　　组		组长签字		日期	
	评语：							

学习情境六

犬繁殖技术

●●●●● 学习任务单

学习情境六	犬繁殖技术	学时	10
布置任务			
学习目标	1. 了解犬的生殖器官； 2. 会用试情法判断雌犬的发情状况并确定最佳配种时间； 3. 会调教雄犬并进行采精； 4. 会进行犬的精液处理； 5. 会雌犬的输精及其相关工作； 6. 会通过超声波仪诊断法对雌犬进行妊娠诊断； 7. 会犬的正常分娩助产及难产救助； 8. 会确诊犬的各种繁殖障碍； 9. 能指导宠物主人合理繁育宠物		
思政育人目标	1. 通过介绍育种专家的故事和精神，增强爱国情怀，教育学生爱农村、爱农民，服务农村。增强民族自豪感、责任感和使命感。 2. 敬畏生命、尊重生命、珍爱生命。 3. 两性之美，自然之美和母爱教育。 4. 培养精益求精的品质精神、爱岗敬业的职业精神、协作共进的团队精神和追求卓越的创新精神。 5. 培养医德医风、恪守职业道德、博爱之心的工匠精神。		
任务描述	在成犬舍，按照正确的操作规程，采用相应的繁殖技术，完成犬的繁殖工作。具体任务： 1. 犬的发情鉴定； 2. 犬的采精； 3. 犬的精液处理； 4. 犬的输精； 5. 犬的妊娠诊断及分娩与助产； 6. 犬的繁殖力评定		
学时分配	资讯：1 学时 ｜ 计划：1 学时 ｜ 决策：1 学时 ｜ 实施：5 学时 ｜ 考核：1 学时 ｜ 评价：1 学时		
提供资料	1. 杨万郊，张似青. 宠物繁殖与育种. 北京：中国农业出版社，2007 2. 曹文广. 实用犬猫繁殖学. 北京：北京农业大学出版社，1994 3. 华世坚等. 养犬指南. 北京：中国农业出版社，2004 4. 张立波. 实用养犬大全(第二版). 北京：中国农业出版社，2004 5. 潘耀谦，王祥生，安铁洙. 新编科学养犬问答. 北京：中国农业出版社，2002 6. 刘云，田文儒. 宠犬饲养、繁殖、训练与保健大全. 北京：中国农业出版社，2003		

对学生要求	1. 以小组为单位完成工作任务，充分体现团队合作精神； 2. 严格遵守犬场的消毒制度，防止疫病传播； 3. 严格遵守操作规程，保证人、犬安全； 4. 严格遵守生产劳动纪律，爱护劳动工具

●●●●● 任务资讯单

学习情境六	犬繁殖技术
资讯方式	通过资讯引导，观看视频，到精品课资源共享网站、图书馆查询，向指导教师咨询
资讯问题	1. 雌犬的性行为有哪些表现？ 2. 初情期雌犬有何表现？ 3. 雌犬的发情期有什么表现？ 4. 雌犬的异常发情及其种类有哪些？ 5. 怎样鉴定雌犬是否发情？ 6. 利用外部观察法鉴定发情雌犬的要点是什么？ 7. 如何应用试情法鉴定发情雌犬？ 8. 如何确定犬的配种方式？ 9. 犬自然交配的过程是什么？ 10. 怎样调教雄犬进行采精？ 11. 雄犬有几种采精方法？如何进行操作？ 12. 如何对犬精液进行检查和处理？ 13. 犬的输精如何进行？ 14. 雄犬具有哪些性行为？ 15. 怎样判断雌犬是否妊娠？ 16. 怎样通过腹部触诊法判断犬的妊娠？ 17. 怎样通过超声波法判断犬的妊娠？ 18. 怎样通过阴道涂片法判断犬妊娠日龄？ 19. 如何推算犬的预产期？ 20. 如何对犬正常分娩的助产？ 21. 犬难产如何救助？
资讯引导	1. 在信息单中查询； 2. 进入黑龙江职业学院动物繁殖技术精品资源共享课网站； 3. 家畜繁殖工职业标准； 4. 养殖场的繁育管理制度； 5. 在相关教材和报刊资讯中查询； 6. 多媒体课件

● ● ● ● ● 相关信息单

项目一　发情鉴定

【工作场景】

工作地点：犬实训基地。

动物：雌犬、雄犬。

仪器：显微镜。

材料：保定架、开腔器、手电筒、载玻片、脸盆、毛巾、肥皂、消毒棉签、75％酒精、温水、口笼、染液等。

【工作过程】

任务一　外部观察法

一、准备工作

在成年雌犬舍内，操作人员准备好记录本等，注意观察每只雌犬的外部状况。

二、实践操作

通过观察雌犬的外部特征、行为表现以及阴道排出物等，来确定雌犬的发情状况和配种时间；一般早晚各观察一次，有条件的可通过饲养员全天观察。

三、结果判定

此法适用于所有具有外部发情表现的雌犬，可作为雌犬发情状况的初步鉴定，有时需要结合其他方法进行综合鉴定。

1. 发情前期

（1）行为表现

一般情况下，在发情前数周，雌犬即可表现出一些症状，如食欲状况和外观都有所变化。当雌犬由乏情期即将转入发情前期的数日内，大多数雌犬表现出不安，对周围环境反应冷漠、无精打采，偶见初配雌犬可能还会拒食，有些犬出现惊厥症状，这些症状随着发情前期症状日益明显而消失。

在这一时期，行为发生一系列变化，雌犬变得不爱吃食、兴奋不安，性情急躁反常，对于其他时间能立即服从的命令不起反应；有些雌犬互相爬跨，做雄犬样交配动作；而且饮水量增大，排尿次数增多。这种频繁地排尿，对公犬有强烈的吸引作用。假如不加管制，雌犬便会出走或引诱雄犬，但拒绝交配。此期，雌犬对雄犬不感兴趣，甚至在雄犬接近时会攻击雄犬；在发情前期开始时，雌犬行为和乏情期一样，如果这时雄犬接近，雌犬就会打转、龇牙，甚至咬雄犬；几天后，雌犬对雄犬的敌对行为消失，这时如果雄犬接近，雌犬就会跑开，或者接受爬跨，但常常不接受交配。

（2）外生殖器官变化

此期雌犬阴门开始水肿，其外阴轮廓变大，近乎于圆形，触摸时感到肿胀；阴门下角悬垂有液体小滴，其水分使周围毛发及尾根毛发湿润，并可能粘在一起。

（3）阴道分泌物

在发情前期和刚刚开始发情时，阴道分泌物中带有大量血液而呈红色，并持续 2~4 d。不过，在发情周期的其他阶段和许多病理情况下，例如患子宫或阴道肿瘤时，阴道溃疡、囊肿性炎症、卵巢囊肿以及子宫胎盘部位复旧不全和妊娠期胎盘掉离时，也可能出现血样分泌物。

2. 发情期

（1）行为表现

雌犬在发情期的主要表现是异常兴奋、敏感、易激动，出现明显的交配欲，常对雄犬产生"调情"性反应，爬跨其他雌犬并喜欢和力图接近雄犬（见图 6-1）。人为地轻碰其臀部，雌犬则会将尾巴向一侧偏转，并主动迎合雄犬，采取交配姿势。当雄犬爬跨交配时，便主动腰部凹陷，骨盆区抬高以露出会阴区，臀部对向雄犬，阴门开张，阴唇有节律性地收缩。有的雌犬食欲明显下降，接受能力下降，使用效果不佳，大约持续 5 d。

图 6-1　犬发情时的行为表现

（2）外生殖器官变化

此期雌犬阴门水肿非常明显，在发情期后一段时间，水肿开始减轻，发情后 1~2 周，阴门体积恢复正常；如果此期触诊雌犬会阴区和阴门周围，就会发现阴门翘起，尾巴向旁边摆动（注意，在激素分泌紊乱及患阴道囊肿时，也会出现这些表现）。由于出血减少，阴道分泌物逐渐由淡红色变为黄色，最后变为淡黄色，而且数量逐渐减少。

（3）阴道分泌物

此期分泌物中的出血量减少，颜色逐渐由淡红色变为黄色，最后变为淡黄色，而且数量逐渐减少。

3. 发情后期

（1）行为表现

发情后期雌犬的主要表现：母犬开始拒绝公犬的交配，性欲减退或消失，性情恬静，听话易驯服。

（2）外生殖器官变化

外阴肿胀减退，逐渐恢复正常；阴门相对较小，有皱褶，张力较大。

（3）阴道分泌物

黏液分泌锐减或仅有少量黑褐色分泌物。

4. 乏情期

（1）行为表现

此期雌犬主要表现为食欲增强，性情稳定、温顺，听从指挥，易使用。当下一个发情前期到来之前数日，大多数雌犬会变得无精打采，态度冷漠，有的处女雌犬会表现拒食等症状。

（2）外生殖器官变化

外阴肿胀消退，处于发情前的大小，无弹性，阴道黏膜发白。

（3）阴道分泌物

此期几乎见不到阴道分泌物。

四、注意事项

1. 雌犬阴道黏液的外观变化，不一定能真实地反映出发情状况。因为不仅在正常发情期有黏液，而且在胎膜破裂、分娩以及产后期也会出现分泌物。

2. 在雌犬激素分泌紊乱及患有阴道肿瘤时，也会出现发情期的部分表现。例如，阴门水肿，触诊会阴区和阴门周围，雌犬也会阴门翘起，尾巴向旁边摆动等。

3. 应注意区分雌犬的正常发情和异常发情。

任务二　阴道检查法

一、准备工作

将初步鉴定发情的雌犬挑选出，做好细胞学检查所用的实验室器械准备，如显微镜、载玻片、阴道开张器等，并对所用的器具彻底消毒。

二、实践操作

通过阴道检查的方法来确定雌犬发情及其所处的阶段。阴道检查包括观察、细胞学检查及微生物学检查，必要时可做药敏试验。

1. 阴道视诊

操作前要小心清洗阴门及其周围皮毛，然后借助开腔器和适当的光源进行检查。检查的内容包括阴道黏膜颜色、阴道分泌物、是否患有肿瘤或发生其他病理学变化、前庭—阴门是否狭窄、有无病理性渗出物等。根据前庭和阴道的解剖学结构，伸入开腔器时应先向前上方，当开腔器通过前庭到达阴道后部时，改为水平向前。

2. 阴道细胞学检查

（1）阴道分泌物的采样

通常可用胶头吸管进行采样。将母犬站立保定，尾巴提起，用1‰来苏儿消毒液及生理盐水擦拭母犬外阴部。阴道开腔器清洗消毒后加温至37 ℃，缓慢伸入阴道后扩张阴道。胶头吸管经清洗消毒后，吸入少量生理盐水，伸入阴道深部注入生理盐水后，再吸取阴道分泌物（见图6-2）。

采样时，应注意不能损伤阴道黏膜，也不能造成样品污染。当母犬阴道有炎症等病变时，不能采样，否则，可影响正常阴道分泌物的性状和细胞成分，而得出错误的结论。阴道开腔器表面不能使用滑润剂，以免影响涂片的制作。阴道分泌物样品应取自阴道深部黏液，而不能取自尿生殖前庭中的黏液，因为尿生殖前庭的上皮细胞全为角化细胞并有污染物。为了结果的可靠性，应每间隔24 h采集一次阴道分泌物样品进行涂片检查。

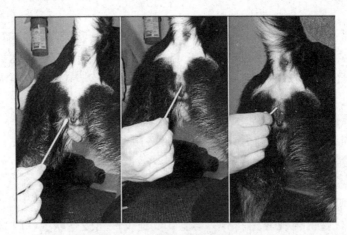

图 6-2　阴道黏液的采集方法

（2）阴道分泌物涂片的制作和固定

将吸管内采集的阴道分泌物滴在清洁的载玻片上，用另一个载玻片的一端将黏液滴均匀地涂布到载玻片上，经自然干燥后，用 95％的酒精固定 10 min，使涂片中的细胞形态被固定。

（3）涂片的染色和水洗

将固定后的阴道分泌物涂片用姬姆萨染液染色 10 min，再用蒸馏水轻轻洗去多余的染色液，经自然干燥后进行显微镜检查。

三、结果判定

此法一般配合其他方法使用。

1. 阴道视诊法（见表 6-1）

（1）发情前期

开始时，阴道开腔器容易插入阴道，但到中后期，有一定的阻力。这时可以看到阴道黏膜水肿，呈玫瑰红色，并可以看到大量血色的阴道分泌物，子宫颈口微开。

（2）发情期

插入阴道开腔器时有阻力，发粘。阴道黏膜颜色变为淡红色或者无色，子宫颈口进一步开张。

（3）发情后期和乏情期

开腔器很容易进入阴道。

表 6-1　母犬不同发情周期时间内阴道黏膜颜色等的变化情况

发情周期	阴道黏膜颜色	阴道黏膜肿胀情况	分泌物
发情前期的早期	玫瑰红	开始肿胀有横竖的皱褶	多、血色
发情前期的后期	浅玫瑰红	肿大明显，二级肿胀	适中、肉水样
发情期	白色	皱褶增生，最大程度的浮冰样堆积	少、肉水样
发情后期的早期	浅玫瑰红	平坦，轻度皱褶	黄色的黏滞物
发情后期的晚期及间情期	玫瑰红	平坦，轻度皱褶	几乎没有，反光明显

2. 阴道细胞学检查

发情周期不同阶段阴道黏液涂片细胞学特征。

(1)发情前期

主要为有核上皮细胞及多量红细胞和少量嗜中性白细胞(见图 6-3 中 A)。

(2)发情期

主要为角质化上皮细胞，缺乏嗜中性白细胞，红细胞早期较多，末期减少(见图 6-3 中 B)。

(3)发情后期

重新出现有核上皮细胞，其数目逐渐增加。在最初 10 d，白细胞数目增加，以后又减少。20 d 后白细胞消失，出现大量泡沫细胞和发情后期细胞，缺乏红细胞和角化细胞(见图 6-3 中 C)。

(4)间情期

主要为有核上皮细胞和少量嗜中性白细胞，缺乏红细胞(见图 6-3 中 D)。

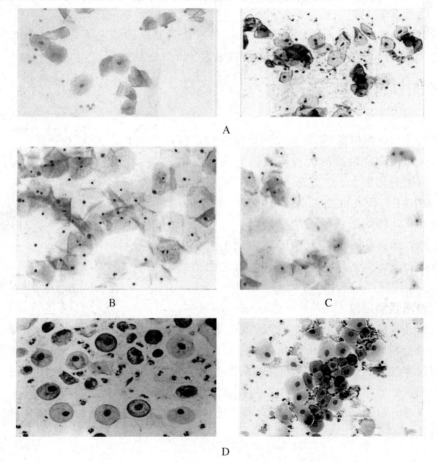

图 6-3 母犬在发情不同阶段的阴道分泌物图像

A. 发情前期 B. 发情期 C. 发情后期 D. 间情期

任务三　试情法

一、准备工作

1. 试情公犬的处理

试情公犬需要做输精管结扎手术、或做阴茎回转术处理、或带上试情兜布。

2. 待检母犬

将待检母犬牵入公犬舍外等待或者将公犬放入母犬舍内。

二、实践操作

在试情法中，通常把待检的母犬牵入到发情公犬舍内，观察母犬对公犬的反应。

三、结果判定

处于发情期的母犬会表现愿意接受交配的行为：轻佻、尾巴歪向一侧，暴露外阴，外阴会有节律的性收缩，原地站立不动。如未发情的母犬则表现出远离公犬，不接受公犬交配，有的甚至撕咬公犬。

四、注意事项

试情时技术人员不能远离试情犬，尽量在不让其交配的情况下，做出准确的发情鉴定；如两犬之间出现撕咬的现象要及时将两只犬分开，避免咬伤。

任务四　其他鉴定方法

一、电阻法

应用犬专用的测情器（见图 6-4）测定母犬阴道液的电阻值，以便确定最适的配种或输精时间。发情周期中，电阻变化很大。发情前期最后一天的变化为 495～1216 Ω，而在此之前为 250～700 Ω。在发情期也有变化，特别是在发情期开始时，有些母犬中电阻下降，而有些母犬与发情前相比则上升。但所有的母犬，发情期的后期，部分时间内电阻值均下降。

图 6-4　犬用的测情器

二、孕激素测定法

确定母犬排卵时间的范围最可靠的方法之一，是测定孕激素在血液中的含量。因为孕激素在发情前期即将结束时开始升高，一般在达到 5 ng/mL 时即可排卵。在具体操作中通常可以这样处理：母犬开始进入发情前期时，可每隔 2～3 d 进行一次阴道黏液涂片检查，只要阴道细胞角质化达到了 50% 左右时，即可采血进行孕激素含量的测定，当孕激素含量达到 3.8～5.1 ng/mL 时，即可对母犬配种，但此方法费用较高。发情周期中血液中孕酮的变化见表 6-2。

表 6-2　发情周期中血液中孕酮的变化

时　　期	孕酮含量（ng/mL）
间情期后期（进入发情前期的前 30 d）	0.2～0.5
LH 峰前的发情前期	0.6～1.0
排卵期（LH 峰后的 2 d）	3.0～80
排卵后的发情期及发情后的早期，及排卵后的 15～30 d，排卵日视为 0 d	15～80
未孕母犬在发情后期 60～100 d 孕酮下降	<1.0
发情后期的 100～160 d	<0.5

三、口腔液镜检法

将发情母犬的口腔液置于载玻片上自然晾干，在显微镜下观察。乏情期和发情前期：结晶体主要为圆形、椭圆体或梭形物体，呈气泡状，顺同一方向或不规则排列；发情期：结晶体为典型的羊齿状或松针状，主梗粗而硬，分支密而长时，为母犬最佳配种时期，但出现羊齿状或松针状，主梗有弯曲，分支少而短则为可配期，可能受孕，但产仔不多，可滞 1～2 d 后再镜检；发情后期：检查结果与发情前期形状相似（见图 6-5）。

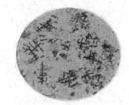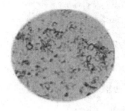

图 6-5　犬在发情不同阶段中唾液镜检的图像

2005 年，龚剑锋用 32 只发情的母犬进行了 205 次镜检，其中有 24 头次发情母犬在出现典型羊齿状或松针状结晶体时配种，受孕 23 头次，平均产仔 6.9 头；有 3 头次发情母犬在出现不是典型的羊齿状结晶体时配种，受孕 2 头次，平均产仔 2.5 头；有 5 头次发情母犬在出现气泡状结晶体时不得已而配种，结果是全部空胎。

唾液采用和涂片中要注意以下几个问题。

1. 母犬唾液采样要在进食前或进食后 2 h 进行，否则检测结果不准确。

2. 涂片后要自然干燥，干燥的时间长短不一，一般为 5～30 min，但是受环境湿度的影响较大。未自然干燥时，检测得到的很可能是排列规则的气泡状图像，其结果容易导致误判。

3. 同时检测几头犬时，载玻片要编号，取样的唾液不能交叉污染。

采用"唾液镜检方法"来判断发情母犬的最佳配种时间与平时采用的经验判断基本是相吻合的，可以作为经验判断法的补充和确定。

四、用腹腔镜观察子宫和卵巢的变化

有资料表明，观察母犬子宫的血管变化可以确定母犬的排卵时间。事实上，使用腹腔镜观察卵巢上卵泡的发育情况，就可以准确地判定排卵时间，即卵泡的一部分突出于卵巢表面 1.5 mm 左右，其顶端透明，这预示着母犬即将排卵，此时是配种的最适时间。如果

在卵巢上看到的卵泡是中间塌陷，颜色为肉红色，这表明排卵已经发生，当时的卵泡已发育成黄体。但此法操作麻烦，不易推广。

五、B超

B型超声诊断技术也可用于母犬的排卵鉴定。但对B超器的质量要求及操作人员的技术要求均很高，在德国这种方法已经作为一种排卵时间确定的重要辅助手段。但国内尚未见有成功的报道。

操作训练

1. 利用外部观察法判断母犬是否发情。
2. 利用阴道检查法判断母犬发情所处阶段。

●●●●● **相关知识**

一、雌犬的生殖器官包括卵巢、输卵管、子宫、阴道、外生殖器官（包括尿生殖道前庭、阴唇和阴蒂）。

（一）卵巢

犬的卵巢较小，成对存在，位于腹腔背部肾脏后方，在第3和第4腰椎之间，由腹膜形成的卵巢系膜固定，两侧卵巢分别包在卵巢囊内。卵巢的长度为1.0～2.5 cm，宽度为0.8～1.4 cm，厚度为0.4～1.8 cm，重量为350～2 000 mg。卵巢机能：(1)卵泡发育和排卵；(2)分泌雌激素和孕酮。

（二）输卵管

输卵管是连接卵巢与子宫角之间的弯曲细管，是由缪勒氏管发育而成的，被卵巢系膜和输卵管系膜包裹。管长4～10 cm，直径1～2 mm。输卵管一般分为漏斗部、输卵管壶腹部、峡部。输卵管机能：(1)输送卵子和精子；(2)精子获能、卵子获能和受精卵卵裂的地方；(3)分泌机能；(4)是受精的部位。

（三）子宫

子宫由子宫颈、子宫体和子宫角三部分组成。犬的子宫是呈"V"形的双角子宫，子宫体很短，子宫角细长（见图6-6）。以中型犬为例，子宫体长度为2～3 cm，子宫角长12～15 cm。子宫角腔内径均匀，没有弯曲，近于直线，呈圆筒形。

子宫机能：储存、筛选和运送精液；孕体的附植、妊娠和分娩；调节卵巢黄体功能，导致发情。

（四）阴道

阴道是雌犬的交配器官，也是胎儿分娩的产道。犬的阴道较长，位于直肠和膀

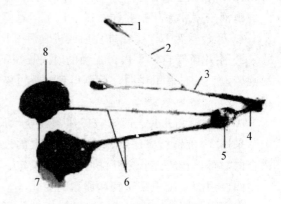

图6-6　雌犬的"V"形子宫

1. 卵巢　2. 子宫角　3. 子宫体　4. 膀胱颈
5. 膀胱　6. 输尿管　7. 肾上腺　8. 肾脏

胱之间，前部与子宫颈相接，较细，无明显的穹隆，子宫阴道部由前上方呈圆锥状突出于阴道腔 0.5～1.0 cm，直径为 0.8～1.0 cm。犬的阴道因雌犬的品种不同，大小和长度有差异，成年中型犬阴道长度为 9～15 cm，成年德国牧羊犬的阴道可长达 18 cm。

（五）外生殖器官

主要包括阴道前庭、阴唇及阴蒂。

二、雌犬性机能的发育阶段（见表 6-3）

表 6-3 雌犬性机能的发育阶段

动物类别	初情期	性成熟	初配适龄	繁殖能力停止期
犬	3～6 月龄	8～12 月龄	18 月龄	6～9 岁

三、发情状况

1. 发情

发情是指雌犬发育到一定年龄（8 个月左右）所表现出的有规律的性反应。犬每年可发情一次、两次或多次（全年都可发情），因品种而异。一般以发情两次的占多数，每年发情一次的较少，如灵缇和其他一些个体较大的品种，呈季节性发情的品种，每个发情季节只有一个发情周期，即季节性单次发情动物。每年春季 1—5 月，犬发情的较多；秋季 9—11月，出现第二次发情高峰。但总的来说，前半年较后半年发情的较多。而有些小型宠物犬全年都可发情，但一般也以 11 月至来年 1 月分娩的较多。

2. 发情周期

（1）发情前期

发情前期一般是指从发现雌犬由外阴排出无色或淡红色分泌物至开始愿意交配的时期。它是由乏情期移行至发情前期的，持续时间通常为 5～15 d，平均为 9 d。

（2）发情期

发情期是指雌犬开始愿意接受交配至拒绝交配的时期。它紧接在发情前期之后，持续5～12 d，平均约为 9 d。通常在发情期开始的 1～3 d 内雌犬排卵最多，此时是最好的交配时期，发情兴奋期大约持续 5 d。

（3）发情后期

发情后期是指雌犬最后一次接受交配后到黄体退化的一段时间，是发情的恢复阶段，平均 75 d（60～90 d）。此期由于雌犬血液中雌激素含量下降，卵巢中黄体形成，故出现与发情期截然不同的表现；大约在 6 周黄体开始退化。

（4）乏情期

一般持续 90～140 d，平均为 125 d。与其他某些动物不同，犬是单次发情动物，这个时期不是性周期的一个环节，而是非繁殖期；此期雌犬除了卵巢中一些卵泡生长和闭锁外，其他生殖器官都处于休眠状态。

●●●●● **扩展知识**

一、异常发情

异常发情是指机体内分泌平衡失调导致雌犬表现出异常的发情行为。常见的异常发情有安静发情、发情不出血、假发情、延长发情、休情期延长和初情期推迟等。

（1）安静发情

安静发情是指雌犬无发情行为的临床表现，但可自愿交配的现象。结果会使主人在不掌握其发情的情况下，发生雌犬妊娠的情况。这在雌雄犬同群饲养的情况下应予以重视，因为安静发情的雌犬所生的仔犬，多为弱仔、死胎或劣质种，对选育品种十分有害。对安静发情的雌犬可使用雌激素和促性腺激素进行治疗。

（2）发情不出血

发情不出血是指雌犬不具有正常发情时明显的出血症状，但愿接受交配的表现。此种发情常常导致不孕，是体内雌激素分泌不足的结果，因此可用雌激素来进行治疗。

（3）假发情

假发情是指雌犬虽有类似发情的特征，但不符合发情周期的现象。假发情的雌犬往往达不到自愿接受交配的程度，即或交配也常不怀孕，这是由于卵巢不能排出成熟的卵子的缘故。假发情与雌犬体内雌激素水平不稳定有关。因此可用雌激素进行调节治疗。

（4）延长发情

延长发情是指雌犬的发情持续时间超长，在 30 d 内还能接受雄犬交配的发情。此种发情的受胎率很低，或者完全不孕。这是由于卵巢排卵很少或卵子不成熟，或完全无卵子排出的缘故。延长发情多与促性腺激素缺乏或患有卵泡囊肿有关。因此，应该及早诊治。

（5）初情期推迟

初情期推迟是指雌犬在预期的第一次发情年龄时并不发情的现象。初情期推迟常常无规律，可持续数日或数年。它常与假发情相伴发生，有时虽表现出发情行为，但屡配不孕。初情期推迟可能与丘脑下部、垂体或性腺三者异常分泌有关。可采用与雄犬同群饲养或用促性腺激素和雌激素配合使用，进行治疗。

（6）休情期延长

休情期延长是指雌犬休情期过度延长的表现。此时，雌犬虽然亦有发情周期，但其发情期明显缩短，发情表现不明显，而休情期可持续 4 个月以上，受孕率明显降低。休情期延长多与雌犬过度肥胖，雌激素分泌不足，排卵减少有关。因此，应调节雌犬的食谱并辅以治疗。

●●●● 知识链接

种母犬的饲养管理

种母犬的日常管理中，应保持犬舍及周围环境的卫生清洁；保持母犬体表良好的卫生；保持适当的运动；养成稳定、规律的生活习惯；注意观察母犬的行为，如发现异常情况，要认真分析原因，找寻正确的解决方法；合理安排繁殖密度，注意体质恢复。

项目二　配种

【工作场景】

工作地点：犬配种舍、采精室和精液处理室。

动物：雌犬、雄犬。

仪器：显微镜。

材料：采精架、假阴道、集精杯、输精器、脸盆、毛巾、肥皂、消毒棉签、载玻片、盖玻片、75％酒精、温水、口笼、牵引绳等。

【工作过程】

任务一　自然交配

一、配种前的准备

做好配种前的准备工作不仅是使雌雄犬能够顺利交配，并取得成功的重要环节，而且也是预防疫病传播，确保雌雄犬健康的必要步骤。一般而言，配种前应做好以下几项准备工作。

1. 健康检查与驱虫

在进行交配的前几天，应对雌雄犬分别进行健康检查，防止患传染病的雄犬或雌犬在交配的过程中传播疾病。雌犬在配种前应先驱虫，防止雌犬在怀孕期间患寄生虫病。

2. 选择适宜的配种场地和时间

配种的地点应选择平坦、安静、避风、向阳处，一般以饲养雌犬或雄犬熟悉的地方为好。避免嘈杂的地方，以防交配犬的双方因受到环境和条件的影响而使交配失败。配种时间以清晨为佳，因为雌雄犬经过一夜的休息，体力充沛，性欲极易亢进，交配易成功。

3. 选好交配的辅助人员

交配的辅助人员最好是雌犬的主人，或是雌犬所熟悉的人员。这样雌犬可以放松，不至于太惊慌而导致交配失败。交配时除雌雄犬的主人及有经验的辅助人员在场外，尽量减少在场人员，严禁围观、嬉闹。

4. 令犬精神愉快

交配前雌雄犬均应处于安闲状态，亦应放散，令各自排除大小便，做好调情和交配的准备。

5. 雄犬不应频繁交配，以免影响健康，缩短种用年限

壮年雄犬可每天交配一次，隔3～4 d休息一天；偶尔在一天内交配两次，应间隔6 h以上，次日必须休息。年轻雄犬和老龄雄犬的配种频率还应降低。如果在不得已情况下增加配种次数时，应加强营养予以弥补。雄犬超过12岁的，一般不应再使其配种。

6. 做好配种记录

对于雌犬的发情情况，如每次开始发情的日期、各发情阶段持续天数以及交配日期等都要仔细记录下来，以备日后参考。

二、自然交配的过程

自然交配是雌雄犬在交媾过程中所表现出来的行为。掌握犬的交配过程，不仅有助于了解交配是否成功，而且对于保护雌雄犬，防止其在交配过程中受伤也是非常重要的。

对雄犬来说，交配过程大体上经过阴茎充血半勃起、交配、射精、锁结、交配结束等过程(见图6-7)。

1. 勃起

有交配经验的雌雄犬，在交配前，雄犬经过调情以后非常激动，于是阴茎动脉将大量血液输送于海绵体，使阴茎充血而勃起，呈半举起状态(未完全勃起)。接着雄犬前腿迅速

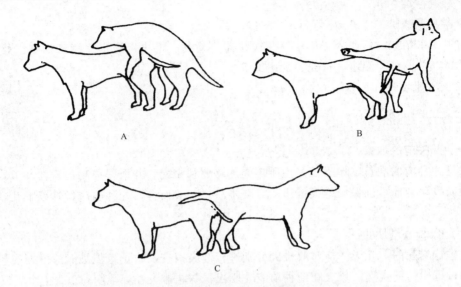

图 6-7　犬的交配姿势

A. 第一阶段(阴茎半勃起插入)　B. 第二阶段(射精并转向)

C. 第三阶段(锁结后交配结束)

爬上雌犬并抱之,而雌犬多站立不动。此时雄犬表现出腹部肌肉特别是腹直肌强烈收缩,后躯来回推动(抽插),借助阴茎骨(犬解剖生理特点与其他动物有明显不同)的支持将半勃起的阴茎插入雌犬的阴道。

2. 交配(见图 6-8)

当阴茎插入阴道之后,由于阴茎基部的肌肉和阴门括约肌的收缩,压迫阴茎的背静脉,再加之阴茎外围纤维圈的动脉继续将血液输入海绵体和球体,使阴茎进一步强烈充血而完全勃起,从而使阴茎龟头体变粗,龟头球膨胀导致腺体的膨胀,以致阴茎球腺宽度为原来的 3 倍(由 2 cm 增至 6 cm),厚度为 2 倍(由 2 cm 变为 4 cm),龟头延长部拉长和直径增大。当雄犬爬跨成功,在交配冲插的过程中开始射出水样精液,直到阴茎完全勃起为止,即完成第一次射精。

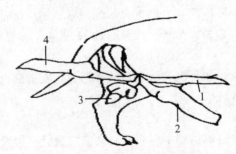

图 6-8　犬阴茎交配前后扭转图

1. 正常状态　2. 交配第一阶段　3. 扭转部　4. 交配第二阶段

(资料来源:叶俊华.犬繁育技术大全.沈阳:辽宁科学技术出版社,2003)

3. 射精

在强有力的插入的同时,待阴茎完全勃起之后,雄犬的两后腿交替有力地蹬踏,此表现时间很短,仅为数秒,这为雄犬第二次射精。该精液浓稠,其中含有大量精细胞(精子）。第二次射精完成之后，有的雄犬将一只后腿拿过雌犬背部，有的则是雌犬倒地转动，形成尾对尾的锁结状态。此时雌犬往往会发出狺狺声，雄犬可射出含有大量前列腺素和少量精子的精液，完成最后一次射精。

4. 锁结

锁结是指第二次射精后雄犬从雌犬背上爬下时，生殖器官不能分离而呈臀部触合姿势，也称为闭塞、连锁或连裆。在这种相持阶段，雄犬完成第三阶段的射精。锁结阶段一般持续5～30 min，个别的也有长达两小时之久（见图6-9）。

图6-9 锁结

5. 交配结束

由于射精完毕，雄犬性欲降低，阴茎充血消退而变软，加之雌犬阴道的节律性收缩也减弱，于是阴茎由阴道慢慢抽出，缩入包皮内。雌雄犬分开后，各躺一边舔着自己的外生殖器，相互间变得冷淡，交配过程即告结束（见图6-10）。

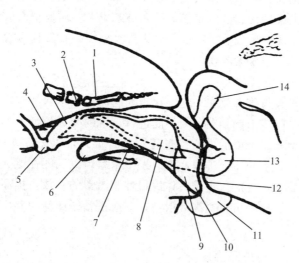

图6-10 交配结束时阴茎与阴道的关系

1. 荐骨　2. 荐骨突　3. 子宫颈　4. 直肠　5. 子宫　6. 膀胱
7. 阴道和龟头体　8. 龟头球　9. 前庭球　10. 阴门
11. 阴囊　12. 包皮　13. 阴茎体（反转部）　14. 坐骨海绵体肌

三、配种次数

配种次数直接关系雌犬的妊娠率和所生后代的生命力，是一个应予重视的问题。目前常用的犬配种次数有以下四种。

1. 单次配种

单次配种是指用一条种雄犬与发情的雌犬进行一次交配。单次配种主要用于壮龄雌雄犬之间的交配，配种时间一定要选择在发情的10～14 d内，即雌犬自愿交配，已发生排卵的期间。

2. 多次配种

多次配种是指在雌犬的一个发情期内用一条种犬配种三次以上。多次配种常用于老龄种雄犬或老龄种雌犬间的交配，是充分利用种雄犬，保存优良品种的一种方法。

3. 双重交配

双重交配是指在雌犬的一个发情期内用不同品种的两条雄犬或用同一品种的两条雄犬先后间隔 24 h 各配种一次的交配。这种配种方式既能提高雌犬的受孕率，又可使其后代获得较强的生命力。

4. 重复交配

重复交配是指在雌犬的一个发情期内用一条种雄犬先后交配 2~3 次。通常是在发情期的第二天第一次交配，间隔 24 h、48 h 或 72 h 进行第二次和第三次交配。此种配种不仅能提高受胎率，而且可掌握后代的血统，是目前进行纯种选育所常采用的方法。

雌犬在一个发情期内最好选择双重交配或重复交配的方式进行配种。这样不仅可提高雌犬的受胎率，增加窝产仔数，而且其后代健壮、仔犬成活率高。

四、自然交配时应注意的问题

1. 安全

交配前，对体大健壮、凶狠残暴或攻击性强的雌犬，一定要戴上口笼，防止其在交配过程中由于紧张，惊慌或异常刺激而咬伤辅助人员或雄犬。对发情雌犬要看管好，防止被非选定的雄犬偷配，而影响后代质量；也不允许雄犬外出寻找发情雌犬，否则容易传染疾病，或因争夺配偶而被其他雄犬咬伤。

2. 调情

交配前，应先将雄犬与雌犬放在一起，让雄犬向雌犬表示求爱。应注意掌握犬的调情时间，如果时间过短，阴茎未能勃起，则不能进行正常的交媾活动；如果时间过长，则雄犬的体力损耗过大，会有碍于以后的交配过程。此时雄犬常以昂首举尾的姿势接近雌犬，嗅闻、轻咬并挑逗雌犬，有的短促排尿并不时发出猎猎声以试图往雌犬背上轻搭前爪，进行爬跨。交配前的调情，不仅能促进雄犬体内促性腺激素的释放，提高血液中睾丸酮的浓度，激起雄犬的性兴奋，而且可以提高其射精量，改进精子的活力和密度。这对保证交配成功是非常重要的。

3. 防止雌犬倒卧

在交配过程中由于雄犬爬跨后体重的压迫，来回抽插的推动力或长时间的爬跨，体弱的雌犬有时会经受不住而突然趴卧、滚倒或坐起，从而导致雄犬的阴茎受损，失去配种的能力。因此，在配种过程中一定要注意辅助雌犬，减轻其所承受的压力，防止其受伤。

4. 令雌、雄犬自行分开

犬交配的时间较长，一般可持续 20~45 min，甚至更长一些时间，一定要耐心等待，令其交配完毕，自行分离，尤其是当雄犬第二次射精完毕后，与雌犬形成尾对尾的锁结状态。锁结时，雄犬的阴茎常可扭转 180°，是极为痛苦的(虽然有些犬可无任何表现)，若强行将雌、雄犬分开，双方都会受到伤害，因此，一定要注意保护，耐心等待其自然分开。

5. 注意交配后的休息或适度运动

当犬交配完毕之后，不要立即饮水或进行激烈的运动，应让雄犬回犬舍安静休息，切不可将犬拴在舍外或放入运动场，以防感冒和避免发生意外事故；而雌犬应在主人的带领下做适当的散步，借以促进精液进入子宫；要防止其交配后立即坐下或躺卧，引起精液外流。

任务二　人工授精

一、采精

1. 采精前准备

(1)采精场地

采精场地应固定、宽敞、明亮、安静、清洁、避风向阳、地面平坦、注意防滑，应在良好的环境下进行，避免种雄犬受伤并形成稳定的性条件反射。

实际工作中，许多人喜欢在犬舍内采精，认为在犬舍内采精，很容易唤起雄犬的性欲，能获得品质优良的精液。实际上，犬舍内采精至少有两个弊端：第一，大多数犬舍内面积不够充足，地面平坦程度差，会不同程度地影响雄犬的性行为和健康；第二，犬舍内采精不能有效保证精液不被污染，不利于全天候采精。

(2)雄犬调教

采精前，对于在采精场地没有形成良好条件反射的种雄犬应进行调教。常见的调教方法有以下两种。

①用发情雌犬刺激。将一头处于发情期的雌犬固定于采精场地的采精架或人工保定，然后将待采精雄犬带进采精场地。此时，种雄犬不需要任何刺激，就会与雌犬进行嬉戏并嗅闻雌犬外生殖器。而且在较短的时间内，雄犬就会产生爬跨、尝试插入等交配行为。此时，采精员应适时掌握时机，在种雄犬阴茎未完全勃起即将插入雌犬阴道时顺势将其引导到雌犬生殖器外，采取恰当的采精方法，种雄犬便会射精。

②用发情雌犬阴道黏液和尿液的刺激。因为雄犬对于发情期雌犬的阴道黏液和尿液的气味非常敏感，因此，调教时，可将沾有发情雌犬阴道黏液或尿液的棉球诱使种雄犬嗅闻，由于其内外激素的刺激而引起种雄犬性欲，经过几次采精后即可调教成功。

(3)清洗消毒

采精前，需用温水和肥皂或消毒溶液将雄犬的阴茎部及其周围清洗干净，以避免皮屑或被毛对精液的污染。这也是对雄犬阴茎部的刺激，使雄犬在清洗以后就要采精这一过程形成条件反射。采精用的集精杯等器械，一般需要经过清洗、烘干、封装、干烤箱消毒等过程，才能使用。

(4)采精人员

同其他动物。

2. 采精方法

(1)手握采精法

此法为最早使用的非常简便的采精方法，其所得的精液最好直接输精。采精时，采精人员蹲在雄犬左侧，左手持集精杯(或收集管)，待种雄犬爬跨发情雌犬(或假台犬)且阴茎勃起伸出包皮之后，采精人员应迅速用事先洗净并消过毒的(或戴乳胶手套)右手握住雄犬龟头后部的阴茎，将其拉向侧面，用拇指和食指勒住龟头球并施加压力，使阴茎充分勃起；同时随着雄犬的反复抽动而配合其做前后按摩。如此反复数次，待阴茎充分勃起后约经 30 s 即开始射精。此时，用另一只手拿着已经灭菌的集精瓶收集精液，射精过程可持续 1~22 min。对于已经调教好的雄犬，可直接采用手指按摩阴茎，使雄犬阴茎勃起并射精。

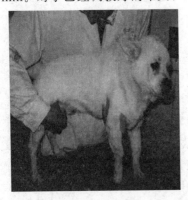 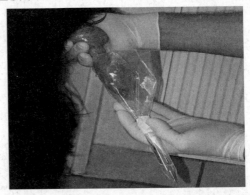

图 6-11 犬在采精前公犬的按摩

雄犬射精时一般分为三个阶段：第一部分为尿道小腺体分泌的稀薄水样液体，含有少量的精子；第二部分是来自睾丸的富含精子的部分，呈乳白色；第三部分多是前列腺素分泌物，量最多，基本不含精子。采精时，这三个阶段的精液很难截然分开，只有第一阶段较明显，呈水样，可弃掉不用，后两段可一起收集。收集时，可在集精杯上覆盖 2~3 层灭菌纱布进行过滤。

(2)假阴道采精法

犬的假阴道可用长 15 cm、内径 5 cm 的橡胶管，内侧套上乳胶内胎做成。内外两层中间装上 41 ℃左右的热水，内胎间的腔隙借助于雄犬勃起的阴茎大小来调节。当雄犬爬跨雌犬或台犬时，立即将勃起的阴茎导入假阴道内，雄犬便会开始抽动。此时，采精员的一手拿稳假阴道，另一只手握住雄犬龟头后的阴茎，助手同时轻轻地打气，借以产生必要的紧握感，刺激雄犬不断将精液射入假阴道内的集精容器中，直至采精完毕。使用假阴道采精时，假阴道的内胎内无需和其他家畜那样涂抹润滑剂，因为发情雌犬的阴道稍显干燥。

当阴茎伸缩动作停止后，把假阴道转向两后腿间，以便与自然交配姿势保持一致。有些犬一开始不习惯在假阴道内射精，但经一段时间训练后，以后采精就很容易进行。采精过程中手握假阴道可以防止其温度下降太快。

3. 采精频率

正常情况下，雄犬每周可采精 2~3 次。

表 6-4 正常公犬间隔采精的精液性状(狼种犬)

射精量(mL)	pH	密度(亿/mL)	活力	畸形率(%)	顶体完整率(%)
3.9	6.2~6.4	5.0~5.3	0.7	16.8	89

4. 注意事项

(1)采精时需注意，握阴茎的手及收集精液的容器，不要触及龟头，否则，神经质的雄犬就会停止射精；犬未完全射精之后，勿把手松开，继续握住，直至射精完毕，阴茎变软为止。

(2)手指按摩法比使用假阴道方便，而且是对缺乏训练的雄犬采精的最可靠的方法。可以徒手按摩采精，也可以戴上手套按摩采精，应视雄犬而定，因为有些雄犬喜欢手上戴上手套按摩。应注意采精前手套和采精用具的消毒和预热。

（3）对于年轻和胆小的雄犬使用假阴道法采精时，最好先用手刺激几次，以诱发其的交配兴趣。

（4）对于采精时不断地做交配动作并给采精带来困难的雄犬，最好采用假阴道采精法，这样可以避免收集精液的集精杯碰伤阴茎。

（5）发情的雌犬可以在采精现场。这样不仅能够促进雄犬射精，而且可以提高精液品质。

二、精液品质的检查

1. 外观检查法

射精量一般情况下大、中型雄犬的射精量平均约为 10 mL，小型犬可达 5 mL，而变动范围的差异很大，可从 1～80 mL 不等；正常情况下由灰白色到乳白色不等，略带有腥味。

2. 精子活力和密度

正常情况下精液的精子活力应在 0.7 以上；犬每毫升精液中约含有 1.5(0.4～5.4)亿个精子。

三、精液稀释与保存

现在常用且廉价的一种犬稀释液为煮沸后冷却的鲜牛奶、卵黄—柠檬酸钠和 2.9% 柠檬酸钠等。精液与稀释液的比例多为 1∶1，以保障精液中具有较大密度的精子，从而有利于受精和具有较高的受精率。如果需要较长时间保存精液，则精液与稀释液之比可为 1∶5 或 1∶8；在 4℃ 条件下可以保存 6 d，而未经稀释的精液一般只能保存 18 h 左右。

四、输精

(一)准备工作

1. 输精场地准备

输精应有专门的场地或者输精室，要求必须室内清洁、光线充足、地面平整，使用前要对场地进行消毒。

2. 输精器材的准备

输精器械可用羊的输精器进行改造，小型犬也可使用狐的人工输精器。输精前，所有器材必须彻底清洗、消毒，用稀释液润洗后备用。其中，玻璃和金属输精器可用高压灭菌锅蒸煮消毒或用高温干燥箱消毒；阴道开腔器和其他金属器材等，可高温干燥消毒，也可浸泡在消毒液内或酒精火焰消毒。输精前，最好用酒精再擦拭消毒。一只母犬只能用一个输精器。如需重复使用时，必须消毒后使用。具体操作：外壁用酒精棉球涂擦消毒，管腔内用灭菌生理盐水冲洗干净后，用灭菌稀释液冲洗后方可使用。只要接触到精液的器械，在清洗消毒后，一定要用灭菌的稀释液冲洗后才能使用。

3. 雌犬的准备

经发情鉴定确定可以输精的母犬，在输精前应实行站立保定。将母犬保定后，将尾巴拉向一侧，对外阴进行清洗消毒：先用清水洗净，再用消毒液涂擦消毒，后用生理盐水冲洗，最后用灭菌布擦干。

4. 输精人员的准备

输精人员穿工作服，双手及手臂清洗消毒后，戴上手套进行操作。

（二）输精操作（见图 6-12）。

将雌犬放在适当高度的台上站立保定或做后肢举起保定，输精人员将输精器与雌犬背腰水平线大约成 45°向上插入 5 cm，随后以水平方向向前插入。当输精器到达子宫颈口时，输精人员会感到有明显的阻力，此时可将输精器适当退后再行插入，输精器通过子宫颈口后，输精人员会有明显的感觉。这时，可将输精器尽量向子宫内缓慢推送，凭手感确认输精器已被送到子宫内后，即可将装有精液的注射器连接到输精器上（可先吸入 1 mL 空气，然后再吸入精液，这样可保证把吸入的精液全部排出输精管），然后稍加压力缓慢注入精液。输精完毕后，雌犬的后腿仍应抬高 3～6 min，以防精液倒流；然后，应令雌犬散步或牵引散步 15～20 min，防止其趴卧或坐地而导致精液外流。

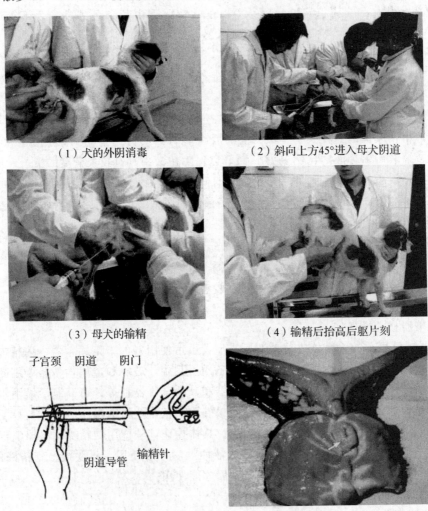

（1）犬的外阴消毒　　　（2）斜向上方45°进入母犬阴道

（3）母犬的输精　　　（4）输精后抬高后躯片刻

（5）犬的输精操作剖面图　　　（6）大箭头所指是输精位置

图 6-12　母犬的输精过程

（三）输精的基本要求

1. 输精量及有效精子数

鲜精输精，一般为 1.5～10 mL，有效精子数为 0.6 亿～1.5 亿，活力要求在 0.6 以上，每次发情输精 2 次。冷冻精液，解冻后应立即输精，输精量为 0.25～0.5 mL，有效精子数不少于 0.2 亿，精子活力不低于 0.3。

2. 输精时间及次数

输精时间直接关系到受胎率，因此准确的输精时间可保证人工授精的成功率，对输精时间的确定要根据母犬的排卵时间、精子在生殖道内运行的时间、卵子的运行时间、精子获能、精卵保持受精能力的时间进行综合考虑。

根据人们长期的生产实践总结，一般情况下在母犬外阴部有带血黏液流出的第一天开始计算，自然交配在第 9～11 d 开始配种，人工授精时间在第 11～13 d 进行，具体的输精时间还应参照个体母犬的发情表现来最后确定。人工授精次数一般是每天上午一次，连续输精 3 d。

操作训练

1. 采用自然交配为母犬配种。
2. 采用人工授精为母犬输精。

●●●●● 扩展知识

一、种公犬的选择

1. 外貌选择

首先，要选择符合犬的品种特征的种公犬，其次种公犬应身强力壮，在犬群中处于首领地位；体态匀称，被毛紧密，膝距适中，头形端正，臀部较肩略高，颈长适中，背平直，胸围宽，腹部紧，尾直垂而有力，口齿整齐；生殖器官发育发好，雄性强。

2. 系谱清晰

通过系谱选择祖先发育良好、无遗传性缺陷的公犬。

3. 后裔评定

后代的发育和体态状况是检查公犬遗传达性状和繁殖能力的最好佐证。

二、配种原则

1. 有相同缺点的公、母犬不宜互相交配，否则缺点就会被巩固下来。
2. 年龄最好是壮龄配壮龄，或壮、老结合，不能老龄配老龄。
3. 体型要注意公母犬的大、小要合适，以免引起伤害。
4. 严禁近亲繁殖（指 3 代以内）。

●●●●● 知识链接

种公犬配种期的饲养管理

1. 增加营养和饲喂次数。种公犬配种期应注意能量、蛋白质、微量元素和维生素的供给数量。
2. 单圈饲养，做好日常管理工作。
3. 配种前后不得剧烈运动。为确保犬交配成功，在配种前不得进行剧烈运动，以保证具有大量足够的体力和兴奋性进行交配。交配之后也不能进行剧烈运动，应立即让犬休息，迅速恢复体力。

4. 在散放中应加强对犬的控制。不要轻易让犬自由活动，以免犬的服从性遭到破坏伤及人、畜等。

5. 注意看管公犬，避免公犬自淫，造成配种受胎率低下。

项目三　妊娠诊断

【工作场景】

工作地点：配种后一定阶段的雌犬舍。

动物：雌犬。

仪器：显微镜、多普勒仪、B超仪。

材料：保定架、开腔器、手电筒、称重仪、载玻片、消毒棉签、75%酒精、染液、温水、脸盆、毛巾、肥皂等。

【工作过程】

任务一　腹部触诊法

一、准备工作

在配种后雌犬舍内，操作人员准备好记录本，清洗、消毒手臂；安排好雌犬，然后适度触摸进行判断。

二、操作方法

隔着雌犬腹壁触诊胎儿及胎动，从而判断是否妊娠。

三、结果判定

1. 犬妊娠第 16~17 d 胚胎附植，但在配种的几天内就可触诊到坚实、等距的膨胀胎囊。

2. 在妊娠第 18~21 d 时，胚胎绒毛膜囊呈半圆形的膨胀囊，位于子宫角内，各胎囊间分隔明显，形成所谓的子宫鼓起，最大直径可达 1~1.5 cm，经腹壁很难摸到，并且所有品种的犬此时胎囊的大小都相对较恒定。

3. 妊娠第 28 d 是触诊的最适时间，此时胚胎呈球形，长度达到 2.5 cm，一个一个的子宫鼓起非常明显，这时触诊为妊娠的准确率为 87%，触诊为非妊娠的准确率为 73%。

4. 妊娠第 32~35 d，雌犬体型的大小开始影响胎囊的大小，小型品种犬胎囊平均直径达 3~3.5 cm，中型犬 4 cm，大型犬可达 6~7 cm，经腹壁也可触及。

5. 妊娠第 35 d 后，胎囊体积增大、拉长、失去紧张度，胎儿位于腹腔底壁，各胚胎之间的界限"消失"，尽管这时子宫体积已经扩大，但子宫是"连通的"，摸不到一个一个的子宫鼓起，因此难以判断一个扩大的子宫是妊娠现象还是病理变化，如子宫积脓。

6. 妊娠第 45~55 d，子宫膨大部进一步增大，而且迅速增大、拉长（体瘦皮薄的犬可摸到胎儿），接近肝部，子宫角尖端可达肝脏后部，胎儿位于子宫角和子宫颈的侧面及背面。

7. 妊娠第 56 d，常可触摸到胎儿的头部和臀部，如果把孕犬前腿抬高，可触诊到胎儿在腹腔呈垂直方向。

在妊娠后期，借助听诊器可在腹壁上听到胎儿的心跳。

四、注意事项

1. 触诊时要尽可能温和、平静，以使雌犬处于放松状态。

2. 在触诊前，最好使犬排净粪尿，因为充盈的膀胱和直肠会妨碍触诊的准确性。

3. 触诊时，最好让雌犬站立，除非雌犬拒绝触诊腹部时，否则应尽可能避免保定。

4. 对可能咬人或无法保定的雌犬可静脉内注射小剂量的安定，这对胎儿的发育无影响。

5. 妊娠中后期，注意区分扩大的犬子宫是妊娠现象还是病理变化。

任务二　超声波诊断法

一、准备工作

在配种后雌犬舍内，待检雌犬进行一定处理，如腹部毛较多的可适当剪毛；操作人员准备好记录本、相关仪器及其耦合剂；做好犬只的保定。

二、操作方法

检查时将探头涂抹耦合剂置于腹壁上，缓慢移动探头，以获取需要的声音或图像，如果在腹壁腹股沟区域未探测到胎儿，还应该探测腹壁的其他区域。

三、结果判定

1. 多普勒法

多普勒法测定是根据母犬子宫动脉、脐动脉或胎儿动脉的血流以及胎儿心跳的搏动反射出超声信号，将其转变成声音信号，从而判断母犬是否妊娠。因此，当物体向着探头运动时接收的音调就会增加，当物体远离探头运动时音调就会降低。

子宫动脉音在未妊娠时为单一的搏动音，妊娠时为连续性的搏动音，由于胎儿心率一般是雌犬心率的 2~3 倍，所以胎儿心音比雌犬心音要快得多，类似蒸汽机的声音，因此很容易区分胎儿心跳和母体心跳，此外胎盘的回音类似于微风吹过树枝的声音，而且胎儿心音和胎盘血流音只有妊娠时才能听到。

多普勒法可在配种后的第 29~35 d 探测胎儿的心跳情况。这种方法的诊断准确率随妊娠的进程而提高，在妊娠的 36~42 d 为 85%，从第 43 天至临产前可达 100%。

2. A 型超声波法

A 型超声波法探测的基础是胎儿周围的胎水能够反射超声波反射回的声波信号，在荧光屏上显示来反映反射的深度，所以此法可在配种后的第 18~20 d 进行母犬妊娠的早期诊断，即使在妊娠早期胚胎尚未附植于子宫壁上，但此时子宫中已出现了足够的液体。

此法在配种后第 32~60 d 诊断的准确率可达 90%。但在应用此法时需注意，探头不可太朝后，以免膀胱中尿液被误认为是胎儿反射出的信号而发生误诊。

3. B 型超声波法

B 型超声波法可通过调节深度在荧光屏上反映子宫不同深度的断面图，从而可以判断胎儿的存活或死亡。在配种后的第 18~19 d 就可诊断出来，在第 28~35 d 是最适检查期，

图 6-13　用 B 超对母犬进行妊娠诊断

在第 40 d 以后，可清楚地观察到胎儿的身体情况，甚至鉴别胎儿的性别（见图 6-13）。

四、注意事项

1. 应用时，被测雌犬应根据实际情况仰卧、侧卧或站立保定。

2. 仪器探头应置于犬毛较少或剪过毛的区域。

3. 在探头和皮肤之间应涂以耦合剂，使探头与皮肤紧密接触，以消除探头和皮肤之间的空气。

4. 一般情况下，需要专用耦合剂，但是某些油类也可用。

另外还可采用外部观察法判断雌犬是否妊娠，这种方法适合于中、后期。

操作训练

1. 利用超声波诊断仪为母犬做妊娠诊断。
2. 采用腹部触诊法判断母犬是否妊娠。

●●●● **相关知识**

一、犬胚胎的早期发育

雌犬排卵时间范围从发情前 2 d 到发情开始后第 7 d，排卵时间受年龄影响，一般青年雌犬排卵较早，老龄犬排卵较迟；排卵数目因品种而异，一般为 4～6 个。

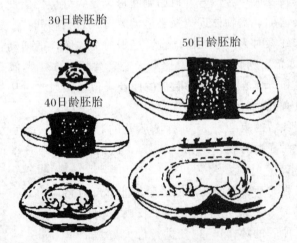

30日龄胚胎

50日龄胚胎

40日龄胚胎

图 6-14 犬的胎儿胎膜模式图

1. **犬胚胎早期发育阶段** 犬排卵后卵子进入输卵管，在 24～48 h 受精形成受精卵；然后受精卵转移到输卵管中部，在 72 h 后开始分裂；在 90 h、120 h、144 h、168 h 和 190 h，受精卵分别发育到 2、2～5、8、8～16、16 细胞，并转移到输卵管子宫端；在 204～216 h 后，桑葚胚进入子宫。在子宫里，桑葚胚很快发育成囊胚；再经过约一周的发育，即在配种后 17～22 d，胚胎附植在子宫里，即胚胎与母体间建立了胎盘联系，从而可从母体血液中吸收营养，并把代谢废物排入母体血液（见图 6-14）。

配种后 21 d，胎儿胎盘内充满液体，在子宫外表面可看到明显的卵圆形胚胎鼓起，此时胚胎突起的直径为 12～15 mm。

配种后 28 d，胚胎突起形成球形，直径达到 25 mm，其质地与第三周时一样。到达 35 d，胎膜和子宫进一步扩大，各胚胎之间的分布现象变得不明显；由于胎儿不断发育长大，其重力向下牵拉子宫，使子宫从骨盆前缘向下弯曲进入腹腔后部。在配种后 49 d，子宫占据了腹腔从骨盆前缘到肝脏的全部空间，并向背部和后部发展。

2. 犬的胎盘　按照形态，犬的胎盘属于带状胎盘（见图 6-15），即胎儿胎盘呈腰带状，环绕在卵圆形的尿膜绒毛膜中部；子宫内膜上也形成相应的带状母体胎盘。按照母体血液和胎儿血液之间的组织层次，犬胎盘属内皮绒毛膜胎盘，即只有子宫血管内皮和绒毛的上皮、结缔组织及胎儿血管内皮共 4 层组织将母体血液和胎儿血液分开，子宫黏膜的上皮和结缔组织消失。

二、犬的妊娠期及预产期

如果雌犬从第一次交配算起，妊娠期为 54～72 d，平均为（63±2）d。因此，如果知道雌犬第一次交配的日期，则可以根据妊娠平均天数推算其预产期。

通过一定的妊娠诊断方法判断出受精日期，从而推算其预产期。

1. 阴道涂片法

例如发情前后作阴道涂片检查，根据阴道细胞学的变化就能更准确地判断犬受精日期和推算预产期；因为犬无论何时交配，受精多发生在涂片中从表皮细胞为主

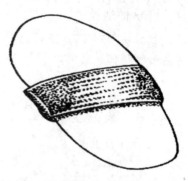

图 6-15　带状胎盘

转化为以中间型细胞为主时的 3 d 前；因此，可以推算出该犬预产期是指出现上述变化后的第 57 d，即妊娠期平均为 60 d。

2. 通过一定妊娠诊断方法测出胎儿的重量及体长，从而确定其妊娠日龄，进而推算出该雌犬的预产期。

例如比格犬，如果已知胎儿重量及体长，可按下式计算妊娠日期：

胎龄（天数）＝28.360＋1.8811×体长（cm）−0.0097129×体重（g）

项目四　分娩与助产

【工作场景】

工作地点：犬实训基地。

动物：雌犬、雄犬。

材料：助产钳、剖腹产器械、碘酊、75％酒精、来苏儿溶液、注射器、干毛巾、吹风机、止血钳、棉线、剪子、水盆、棉签、催产素、普鲁卡因、松弛素、润滑剂等。

【工作过程】

任务一 正常分娩的助产

一、分娩的预兆

(一)生理变化

1. 乳房

分娩前乳房迅速膨胀增大,乳腺充实,乳头增大变粗。有些犬在分娩前 2 d 可以挤出清凉的乳汁,极少数的雌犬在分娩前一个月就有乳汁分泌,大多数的犬在分娩后的 1 h 后才有乳汁分泌。

2. 外阴部

在分娩前的 12 d 左右,雌犬外阴部肿胀明显,成松弛状态,阴道黏膜潮红,阴道内黏液变为稀薄、润滑;子宫颈松弛。

3. 骨盆

临近分娩时雌犬的荐坐韧带开始变得松弛,臀部坐骨结节处下陷,后躯柔软,臀部明显塌陷。

(二)行为变化

1. 精神状态

临产前雌犬表现为精神抑郁、徘徊不安、呼吸加快。越临近生产时其不安情绪越明显,并伴以扒点草、撕咬物品、发出低沉的呻吟声或者尖叫的行为,初产雌犬为明显。

2. 食欲状况

多数雌犬在分娩前 24 h 内表现为明显的食欲下降,只吃少量爱吃的食物,甚至拒食。

3. 排便情况

雌犬分娩前粪便变稀,排尿次数增加,排泄量减少。

(三)体温变化

在临产的 24 h 内变化较为明显,体温会下降到 36.5~37.3 ℃。大多数犬在分娩前 9 h 体温降到最低,比正常的体温要下降 1 ℃以上。当体温回升时,就预示着即将分娩。雌犬分娩前体温的明显变化,是预测分娩时间的重要指标之一。

二、分娩过程

1. 第一阶段(开口期)

一般持续 3~24 h。

2. 第二阶段(产出期)

一般在 6 h 内完成。

当雌犬发现包着胎膜的胎儿出现时,会用牙齿撕破胎膜,露出胎儿。胎儿产出后,雌犬会拽出并吃掉胎膜和胎盘,并咬断脐带,不停地舔舐仔犬的全身,特别是舔去仔犬的鼻和嘴处的黏稠的羊水,确保胎儿呼吸正常、通畅,然后舔干全身的被毛。同时还会舔舐自身的外阴部。第二只犬约在半小时后分娩出,过程同上,直至所有的胎儿全部产出(见图 6-16)。

3. 第三阶段(胎衣排出期)

胎盘和胎膜一般是在每只仔犬分娩后 15 min 内排出,有的可能与下一只仔犬一起排出。母犬通常会将胎盘和胎膜吃掉,同时舔舐外阴部流出的黏液,清理阴门。表现得比较

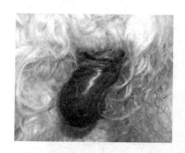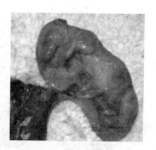

图 6-16 左：刚露出的胎儿；中：刚产出的胎儿；右：已完全产出的胎儿

安静，处于疲劳状态。

三、助产

（一）准备工作

1. 产房及产床

如没有产房，可以找一个恒定温度在 30 ℃左右的房间，产床可以用一张大桌子，在桌子上铺上柔软的铺垫物即可。

2. 物品准备

干净的毛巾、止血钳、剪子、棉签、吹风机、棉线、75％酒精、40 ℃左右的温水、水盆、碘酊。

（二）具体操作（见图 6-17）

接产工具

仔犬洗澡用水(40℃左右)

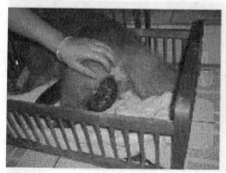

母犬正在分娩

新生幼犬

图 6-17 母犬分娩助产（一）

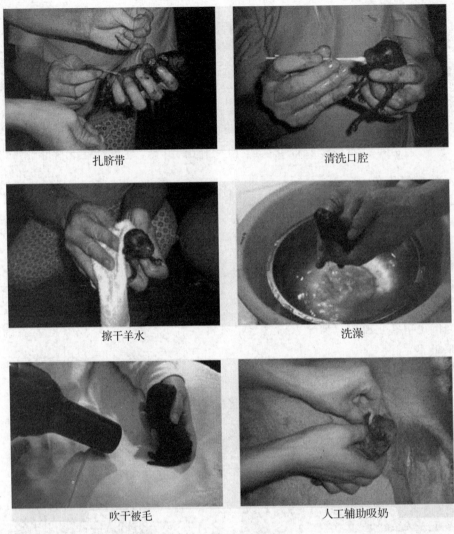

扎脐带　　　　　　　　　　　清洗口腔

擦干羊水　　　　　　　　　　　洗澡

吹干被毛　　　　　　　　　　人工辅助吸奶

图 6-18　母犬分娩助产（二）

1. 做好准备工作

准备接产工具，如毛巾、棉签、剪子、酒精、热水及水盆。

2. 安抚分娩中的母犬

降低母犬在分娩中的恐惧感和烦躁的情绪。

3. 接产及胎膜处理

待母犬分娩出仔犬后，尽快地扒开胎膜，处理下鼻和嘴部的黏液，防止胎儿窒息。

4. 断脐带

在脐带根部用棉线结扎好，在距棉线 2 cm 处剪断脐带，断端用碘酊涂擦。

5. 清洗鼻和口腔的黏液

用棉棒彻底地处理下鼻和口腔内的黏液。

6. 擦羊水

用柔软的干毛巾将仔犬全身的羊水擦干。

7. 洗澡

用准备好的 40 ℃左右的温水，将仔犬的全身洗净，注意脐带处不要沾水，防治感染。

8. 吹干

用吹风机的低挡，将仔犬全身吹干。

9. 人工辅助喂奶

将仔犬放置在母犬的乳房处，让仔犬吃上母乳。

任务二 难产的救护

【案例一】

一只 7 岁母犬在分娩时表现为长时间的努责和阵缩比较微弱，胎儿迟迟不能分娩，怎么处理？

一、诊断

根据症状诊断为产力不足，老龄犬在分娩中易发生产力不足。

二、准备工作

1. 药物

催产素或者雌激素、注射器。

2. 物品

消毒的手套或者消毒液。

3. 人员

手及手臂消毒。

三、具体操作

给产力不足的母犬注射催产素，同时将手指深入母犬的阴道中，用手指刺激阴道，使母犬反射性地增强努责。这样母犬就能够顺利地将仔犬产出。

【案例二】

一只母犬在分娩过程中，努责和阵缩正常的情况下，胎儿迟迟不能产出，借助光源可见仔犬的头部在产道中，怎么处理？

一、诊断

胎儿过大或者产道狭窄。

二、准备工作

1. 药品

润滑剂、松弛素、催产素。

2. 物品

助产钳（见图 6-19）、消毒液。

3. 人员

手及手臂消毒。

三、具体操作

1. 胎儿过大或者产道先天性狭窄

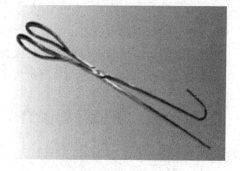

图 6-19 助产钳

使用牵引术进行助产，消毒雌犬的外阴部，向产道内灌注充足的润滑剂，先用指尖触及胎儿，掌握胎儿的情况，再用两手夹住胎儿，顺着雌犬的努责慢慢拉出，同时从外阴压迫产道帮助分娩，分娩出胎儿。如手指不能夹住的，可以借助光源，使用助产钳夹住胎儿的头部，顺着雌犬的努责慢慢拉出胎儿，但是注意尽量不要损伤母犬的阴道。

2. 产道开张不全

先注射松弛素和催产素，胎儿就能伴随着努责力顺利地被分娩出，如还不能被分娩的，方法同上。

操作训练

1. 到实训基地为母犬接产。
2. 正确判断难产的类型并及时救护。

● ● ● ● 扩展知识

一、新生仔犬的护理

新生仔犬，是指从出生到脐带断端干燥、脱落这段时间的仔犬，大约 3 d。

（一）加强观察

由于新生仔犬活动能力很差，眼睛和耳朵都完全闭着，需要工作人员随时检查，防止被母犬压死、踩伤，也有因爬不到母犬身边而受冻、吃不到乳而挨饿等现象的发生。

（二）保持温度

新生仔体温较低，为 36～37 ℃，最低体温会降到 33～34 ℃，而新生仔犬的体温调节能力差，不能适应外界温度的变化，所以应做好保温工作。

（三）吃足初乳

初乳一般是指母犬产后 1 周内分泌的乳汁，初乳含有丰富的营养物质，并具有轻泻作用，更重要的是含有母源抗体。新生仔体内没有抗体，完全是通过消化初乳获得抗体，从而有效地增强抗病能力。

（四）人工哺乳

当母犬产仔数达到 8 头以上或母犬乳汁不足时，需要寄养或者人工哺乳，但在进行寄养和人工哺乳时要尽量让仔犬吃足初乳，或者经母犬哺乳 5 d 后再进行。

（五）疾病预防

新生仔犬抗病力极差，很容易受到病原微生物的侵袭，因此产房一定要干净、卫生。注意新生仔犬的保温，防止感冒。保持乳房的清洁卫生，防止肠道感染。新生仔犬出现肠道感染时，可在其口腔滴入几滴抗生素。

项目五　繁殖障碍诊治

工作地点：犬实训基地。

动物：雌犬、雄犬。

材料：显微镜、开腔器、犬集精杯、犬子宫清洗器、子宫给药器、碘酊、75％酒精、青霉素、链霉素、磺胺类药物、注射器等。

【工作过程】

任务一　母犬的繁殖障碍

假孕

【症状】

一母犬在发情期内没有交配，但在发情期后的 1～2 个月，患犬腹部逐渐膨大，触诊腹壁可感觉到子宫增长变粗，但触不到胎囊、胎体。乳腺发育胀大并能挤出乳汁，但体重变化较小。行为发生变化，如设法搭窝、母性增强、厌食、呕吐、表现不安、急躁等。母犬在配种 45 d 后，增大的腹围逐渐缩小。前期临床表现与正常妊娠非常相似。

【病因】

体内激素分泌异常，主要是发情周期的促乳素分泌过多；对内分泌变化敏感，包括孕酮的逐渐降低及促乳素的适度升高；外源性孕酮导致的假黄体期，如为避孕或保胎超剂量地使用黄体酮。

【治疗】

对于症状较轻的母犬可不给予治疗，临床症状明显或严重时才进行治疗。具体方法可参考如下：

(1)抗促乳素药物可降低血中促乳素的浓度。溴隐亭 0.5～4 mg/kg，每天 1～2 次，连用 3～5 d。

(2)雄性激素，如甲基睾丸酮，主要是通过对抗雌激素，抑制促性腺激素分泌，从而起到回乳的作用。1～2 mg/kg 肌内注射或内服，连用 2～3 d。

(3)孕激素，如醋酸甲地孕酮和醋酸甲羟孕酮，能抑制促乳素的释放或降低组织对促乳素的敏感性，可用于减轻症状，但停药后假孕症状可能复发。用量 2 mg/kg，口服。

(4)利用前列腺素加速黄体的溶解作用，可中止犬的假孕。每次用量 1～2 mg，连用2～3 次。

任务二　公犬的繁殖障碍

附睾炎

【症状】

急性附睾炎，临床检查表现为发热、肿胀。慢性附睾炎，附睾尾增大而变硬，睾丸在鞘膜腔内活动性减少。雄性动物患附睾炎时，精液中常出现较多的没有成熟的精子，畸形精子数增加，影响精液的活力和受精率。细菌继发感染后还可见到在精液中有油灰状的团块。

【病因】

睾丸炎或阴囊疾病以及精睾腺炎等可以引起附睾炎。由细菌引起的附睾炎常发生附睾尾部肿大。

【治疗】

采用冷敷、实行封闭疗法、注射抗生素或磺胺药及减少患病动物活动等综合措施进行治疗。

操作训练

1. 准确判断母犬假孕。
2. 及时诊治公、母犬的繁殖障碍。

●●●● 相关知识

一、卵巢机能障碍

(一)卵巢机能不全

【症状】

表现发情周期延长或不发情，发情症状不明显，或出现发情症状，但不排卵，严重时会有生殖器官萎缩现象。

【病因】

雌犬年龄偏大时，卵巢机能减退；饲养管理不当，长期患慢性病，体质衰弱等；继发于卵巢炎，子宫疾病或全身性严重疾病。

【治疗】

改善饲养管理；应用激素刺激性腺技能，如 HCG 100～1 000 IU，FSH 20～25 IU，肌内注射，每天一次，连用 2～3 d。

(二)持久黄体

家畜在发情或分娩后，卵巢上长期不消退的黄体，称为持久黄体。由于持久黄体分泌孕酮，抑制了垂体促性腺激素的分泌，所以卵巢不会有新的卵泡生长发育，致使母畜长期不发情。

【症状】

长期不发情。

【病因】

一是饲养管理不当，饲料单纯，缺乏矿物质、维生素饲料。此外运动不足、泌乳过多也会使母犬体质下降，性机能退减，以致黄体不能按时消退成为持久黄体。二是多为子宫疾病继发症，如子宫内膜炎、子宫积液、积脓、子宫内滞留部分胎衣，早期胚胎死亡，子宫复旧不全，都会影响前列腺素的合成和分泌，因此黄体持久存在。

【治疗】

治疗持久黄体首先应消除病因。

1. 属于饲养管理性的要改善饲养管理条件，以促进体质的恢复。

2. 属于子宫疾病继发性的，要通过洗涤和治疗子宫来解决。从而促使黄体自行消退。可以用消炎药来治理子宫疾病。

3. 纯属持久黄体可用前列腺素治疗，15-甲基前列腺素 $PGF_{2\alpha}$ 牛肌内注射 2～4 mg，氯前列稀醇 0.2～0.4 mg，一般在注射 48 h 内黄体消退。

(三)卵泡囊肿

【症状】

患卵泡囊肿的母犬，由于垂体大量持续的分泌 FSH，促使卵泡过度发育，因此大量分泌雌激素，使母畜发情症状强烈，精神高度表现不安，吠叫，拒食、发情持续期长。

【病因】

主要是FSH分泌过量而LH分泌不足，使卵泡过度发育，不能正常排卵而形成的大囊泡。也有的因卵巢不断产生新的卵泡而形成多个小囊肿。

【治疗】

激素治疗法：肌内注射HCG 30～300 IU。一般在48 h卵泡发育成熟后排卵，配种有一定的受胎率。

(四)黄体囊肿

【症状】

长期不发情。

【病因】

黄体囊肿的来源有两个方面：一是成熟的卵泡未能排卵，卵泡壁上皮黄体化形成的，叫黄体化囊肿。二是排卵后由于某些原因黄体化不足，在黄体内形成空腔，腔内聚积液体而形成黄体囊肿。

【治疗】

(1)肌内注射黄体酮，剂量10～50 mg隔3～5 d 1次，连用2～4次效果良好。

(2)肌内注射促黄体素。

二、生殖器官的疾病性繁殖障碍

(一)卵巢炎

【症状】

急性期表现精神沉郁，食欲减退，甚至体温升高。慢性期无全身症状，发情周期往往不正常。慢性期变现为长期不发情，触诊时有时有轻微疼痛。

【病因】

卵巢炎多数是由于子宫炎、输卵管炎或其他器官的炎症引起。在某些情况下，如对卵巢进行按摩，对囊肿进行穿刺，病原微生物经血液和淋巴进入卵巢感染而发生。

【治疗】

在急性期，在应用大剂量抗生素(青霉素、链霉素)及磺胺类药物治疗的同时，加强饲养管理，以增强机体的抵抗力。慢性炎症期，在实行按摩卵巢的同时结合药物及激素疗法。

(二)输卵管炎

由于子宫与输卵管和腹腔相通，所以子宫及腹腔有炎症时均有可能扩散到输卵管，使输卵管发生炎症，直接危害精子、卵子和受精卵，从而引起不孕。

【症状】

急性输卵管炎输卵管黏膜肿胀，有出血点，黏膜上皮变性脱落。炎症发展常形成浆液性、卡他性或者脓性分泌物，堵塞输卵管；黏液或脓性分泌物会积存在输卵管内侧呈现波动的囊泡；结核性输卵管炎会触摸到输卵管粗细不一，并有大小不等的结节。

【病因】

主要是由子宫和卵巢的炎症扩散引起，也可能由于病原菌经血液或淋巴循环系统进入输卵管而感染。

【治疗】

对急性输卵管炎用抗生素和磺胺类药治疗，同时配合腰荐部温敷，有一定效果。慢性治愈困难，可以考虑淘汰。

(三)子宫内膜炎

子宫内膜炎根据炎症性质可分为隐性、黏液性、黏液性脓性和脓性4种。

【症状】

1. 隐性子宫内膜炎

发情时分泌物较多，有时分泌物不清亮透明，略微混浊。母犬发情周期正常，但屡配不孕。

2. 黏液性子宫内膜炎

子宫壁增厚，弹性减弱，收缩反应微弱。母犬卧下或发情时从阴门流出较多的混浊或透明而含有絮状物的黏液。子宫颈口稍开张，子宫颈、阴道黏膜充血肿胀。

3. 黏液性脓性子宫内膜炎

其特征与黏液性子宫内膜炎相似，但病理变化较深。子宫黏膜肿胀、充血、有脓性浸润，上皮组织变性、坏死、脱落，甚至形成肉芽组织斑痕，子宫脉也可形成囊肿。病犬发情周期不正常，往往从阴门排出灰白色或黄褐色稀薄脓液，在尾根、阴门和大腿常附有脓性分泌物或形成干痂。

4. 脓性子宫内膜炎

从阴道内流出灰白色、黄褐色浓稠的脓性分泌物，在尾根或阴门形成干痂。子宫肥大而软，甚至无收缩反应。回流液混浊，像面糊，带有脓液。

【病因】

主要是人工授精、分娩、助产的消毒不严或操作不慎，使子宫受到损伤或者感染引起的。患阴道炎、子宫颈炎、胎衣不下、子宫弛缓等疾病时往往并发子宫内膜炎。此外，体交时，公犬生殖器官的炎症也可传染给母犬而发生子宫内膜炎。

【防治与治疗】

首先是给予全价饲料，特别是富含蛋白质及维生素的饲料，以增强机体的抵抗力，促进子宫机能的恢复。

一般有冲洗子宫和子宫内直接用药两种方法治疗时应根据具体情况采用不同的方法治疗。

1. 冲洗子宫

对子宫进行温浴，促使发情；严重点的可以使用青霉素、链霉素。

2. 子宫内直接用药

该方法是直接向子宫内注入各种抑菌、防腐的药物。常用的有以下几种。

(1)青霉素40万IU、链霉素200 IU、新霉素B(或红霉素)600 g、植物油20 mL，配成混悬油剂一次子宫内注入。

(2)当归、益母草、红花浸出液5 mL，青霉素40万IU，链霉素200万IU，植物油20 mL，子宫内一次注入。

【注意】

子宫疾病治疗的原则。

1. 首先确诊炎症的性质

应用无刺激性溶液冲洗子宫，根据回流液的性状结合实验室条件确诊后，拟定治疗方案。

2. 先冲洗后给药

对于黏液性脓性或脓性子宫内膜炎，或子宫积液、积脓，首先用刺激性的洗液冲洗干净，然后再给药。这样才能使药物直接作用于黏膜，更好地发挥药效的作用。

3. 要结合给予子宫兴奋剂

如雌激素、前列腺素类似物，使子宫兴奋，腺体分泌增强，利用推陈出新的原理，改变局部的血液循环障碍，有利于子宫内膜的修复和子宫的净化，这对脓性炎症、积液、积脓及子宫弛缓的病例尤为重要。

4. 洗涤液和洗涤的器械一定要彻底消毒，防止治疗过程中的重新感染。

5. 治疗要彻底，对于较严重的病例，要适当增加治疗次数或疗程数，而且要合理安排治疗的间隔时间，保证药效持续发挥作用，方能收到满意的效果。

(四)阴道炎

【症状】

黏膜充血肿胀，甚至是不同程度的糜烂或溃疡，从阴门流出浆液性或脓性分泌物，在尾部形成脓痂。个别严重的病畜往往伴有轻度的全身症状。

【病因】

阴道炎是阴道黏膜、前庭及阴门的炎症。多因胎衣不下、子宫炎及子宫或阴道脱引起。根据炎症的性质不同，临床上可分为黏液性、脓性、蜂窝织炎性数种。

【治疗】

用收敛或消毒药液冲洗阴道。常用的药物有 0.02% 稀盐酸、0.05%～0.1% 的高锰酸钾、0.05% 新洁尔灭、0.1% 明矾。

●●●●● **扩展知识**

一、去势术

【适应症】

本手术适用于公犬的永久性绝育。可纠正和消除不良性行为，使其温驯；治疗雄性激素过剩、睾丸及阴囊创伤、挫伤、精索炎、肿瘤、前列腺肥大等。

【保定和麻醉】

全身麻醉，将犬仰卧保定，尾拉向背侧并固定，两后肢向后外方转位，充分暴露出会阴部。

【术式】

(1)阴囊部清洗、剪毛、消毒。

(2)术者用左手两指将犬的睾丸紧紧挤到阴囊底部至缝际线两侧并固定。在缝际线两侧约 0.5 cm 处分别做纵向平行切口，切口大小以能挤出睾丸为准。依次切开皮肤、内膜。从总鞘膜后，将睾丸挤到切口外，然后剪开阴囊韧带，撕开睾丸系膜充分显露精索。

(3)用三钳法结扎精索，即在精索的近心端夹第一把止血钳，在第一把止血钳的靠睾丸侧的精索上夹第二把、第三把止血钳。用 4～7 号线在第一把止血钳靠近内心端处结扎并剪去尾线。

(4)切断精索，摘除睾丸。在第二把与第三把钳夹精索的止血钳之间，切断精索，用钳子夹住少许精索断端，松开第二把止血钳，观察断端有无出血，在确认精索断端无出血时松开镊子，将精索断端处还回鞘膜管内，清创后用2%碘酊消毒创口，一般创口不予缝合。

【术后护理】术后要保持创口干燥，防止舔咬。注意观察阴囊变化，防止出血和感染。

二、卵巢子宫切除术

【适应症】

本手术适用于母犬的永久性绝育(生理性绝育也可只切除卵巢，但子宫卵巢一并切除可以预防子宫发生疾病)和治疗子宫、卵巢、输卵管等生殖器官疾病，如卵巢囊肿、肿瘤等。

【术前准备】

术前禁食12 h以上，并对犬进行全身检查。对因子宫疾病进行手术的犬，术前应纠正水、电解质代谢紊乱和酸碱平衡失调。

【保定和麻醉】

全身麻醉，仰卧保定，将两后肢向后外方伸展固定，充分暴露腹部。

【术部】

由于母犬卵巢肾脏韧带较短，一般选用腹白线正中切口，由脐孔起沿腹白线向后做4~10 cm长的切口。

【术式】

(1)术部常规剪毛、消毒。

(2)从脐孔起沿腹白线纵向切开皮肤，分离皮下组织直到腹膜，提起并剪开腹膜，充分暴露腹腔。

(3)术者伸手入骨盆腔前口先找到子宫体，沿子宫体向前找到两侧子宫角并牵引至创口，顺子宫角提起输卵管和卵巢，钝性分离卵巢悬韧带，将卵巢牵引出创口外。

(4)如只切除卵巢、展平子宫阔韧带，在无血管区用小血管钳捅开一小孔，贯穿两根结扎线，分别在卵巢的子宫角侧和卵巢肾脏韧带侧进行结扎。将结扎线小心向上轻提，分别于结扎处剪断。认真检查各断端是否有出血，然后剪除线头，摘除卵巢及卵巢囊，将组织器官复位。同法摘除另侧。

(5)如同时切除卵巢和子宫，则先不结扎卵巢与子宫之间，而只剪断卵巢和肾脏韧带一侧，再逐渐分离牵拉双侧子宫角显露子宫体，分别在两侧子宫体阔韧带上穿线结扎，将子宫与子宫阔韧带分离。

(6)结扎子宫颈后方的两侧子宫后，尽量伸展子宫体，采用钳钳夹法钳夹子宫体，第一把止血钳夹在尽量靠近阴道的子宫体上，在第一把钳与阴道之间的子宫体上做一贯穿结扎。除去第一把止血钳，从第二把与第三把止血钳之间切断子宫体，除去子宫和卵巢。拆钳，仔细检查断端是否有出血或结扎线松脱、然后清理腹腔、将组织器官复位。

(7)按常规方法闭合腹壁各层，整理创缘，安装结扎绷带。

【术后护理】

术后1周内禁止剧烈运动，保持创口干燥、清洁，严密监视全身反应，若怀疑腹腔内出血，应及时采取措施止血，全身应用抗生素预防感染。

三、坚持弘扬科学家精神，尊重知识、尊重人才，努力培养大国工匠、高技能人才

深入实施科教兴国战略、人才强国战略的原则，要讲好中国故事、传播好中国声音，展现可信、可爱、可敬的中国形象。下面讲一讲被益为"中国基因敲除克隆猪之父"的赖良学教授，如何带领团队攻克难关，成功培养出我国第一只体细胞克隆犬。

2017 年 5 月在北京昌平中关村兴业创业园希诺谷实验室诞生了第一只小比格犬，这是我国第一只自主研发的体细胞克隆犬。半个月后实验室又相继诞生了两只同一供体的克隆犬。希诺谷实验室是由一群三十岁左右的年轻科研人员组成的团队。其中赖良学教授被益为"中国基因敲除克隆猪之父"，他致力于动物的克隆技术研究。赖学良教授曾经成功克隆过猪，而且在基因打靶技术方面在世界上率先取得突破性成功。基因打靶技术的目的是对人类一些遗传疾病治疗有所突破。从 2005 年韩国宣布成功克隆第一只犬后，十几年的时间没有一个国家能克隆出犬。希诺谷实验室的科研技术人员历时 15 个月，做了 200 多次实验，终于成功了。

哺乳动物克隆大多都已成功，只有犬有一定难度，犬的生殖跟其他动物略有不同，犬的卵子排出时是不成熟的，犬的卵母细胞没办法在体外进行成熟，数量又很少。犬的卵子只有排到输卵管才能成熟。有一次他们收到 7 个卵子，结果没有一个可以用的，卵子老化后就碎裂了，不能获得完整的成熟卵子，就无法完成克隆技术。希诺谷实验室的科研技术人员，通过团队的不断努力，摸索出一套判断犬卵母细胞成熟的技术，他们坚信犬是可以被克隆出来的。经过多次失败、不断地总结经验教训，他们终于获得了完整的成熟卵子，接下来的任务更加艰巨，需要把带有遗传物质的卵子核去掉。供体细胞培养、分离出来有全部遗传信息内容的单个体细胞后，就可植入已去掉卵子核的成熟犬的卵母细胞中，经过激活，就成为一个受精的克隆胚胎，而经过融合的体细胞将作为供体。在实验中不管哪个环节出现问题，克隆犬都会前功尽弃。但是希诺谷实验室的科研技术人员始终坚定信念，经过了一年多的时间终于获得了成功，比格犬的出生意味着我国在犬的体细胞克隆技术上又填补了一项空白。

●●●● 拓展阅读

种公犬的挑选规则

计划单

学习情境六	犬繁殖技术	学时	10
计划方式			

序号	实施步骤	使用资源	备注

制定计划说明			

	班　级		第　　组	组长签字	
	教师签字			日　期	

计划评价	评语：

决策实施单

学习情境六	犬繁殖技术

讨论小组制定的计划书，作出决策

	组号	工作流程的正确性	知识运用的科学性	步骤的完整性	方案的可行性	人员安排的合理性	综合评价
计划对比	1						
	2						
	3						
	4						
	5						
	6						

制定实施方案

序号	实施步骤	使用资源
1		
2		
3		
4		
5		
6		

实施说明：

班级		第　　组	组长签字	
教师签字			日　　期	

评语：

效果检查单

学习情境六		犬繁殖技术		
检查方式		以小组为单位，采用学生自检与教师检查相结合，成绩各占总分(100分)的50%		
序号	检查项目	检查标准	学生自检	教师检查
1	资讯问题	回答准确、认真		
2	外部观察法鉴定雌犬发情	认真、判定准确		
3	区分正常发情和异常发情	采用一定的方法准确区分		
4	精液处理	规范、操作熟练		
5	犬配种	依据现场，确定合理的配种方式		
6	配种或输精时间	准确、规范		
7	超声波法判断雌犬的妊娠	方法正确、操作熟练		
8	分娩及助产	规范、正确、熟练		
班　级		第　　　组	组长签字	
教师签字			日　　期	
检查评价	评语：			

评价反馈单

学习情境六		犬繁殖技术			
评价类别	项目	子项目	个人评价	组内评价	教师评价
专业能力 （60%）	资讯 （10%）	查找资料，自主学习（5%）			
		资讯问题回答（5%）			
	计划 （5%）	计划制定的科学性（3%）			
		用具材料准备（2%）			
	实施 （25%）	各项操作正确（10%）			
		完成的各项操作效果好（6%）			
		完成操作中注意安全（4%）			
		使用工具的规范性（3%）			
		操作方法的创意性（2%）			
	检查 （5%）	全面性、准确性（2%）			
		生产中出现问题的处理（3%）			
	结果（10%）	提交成品质量（10%）			
	作业（5%）	及时、保持完成作业（5%）			
社会能力 （20%）	团队 合作 （10%）	小组成员合作良好（5%）			
		对小组的贡献（5%）			
	敬业、吃 苦精神 （10%）	学习纪律性（4%）			
		爱岗敬业和吃苦耐劳精神（6%）			
方法能力 （20%）	计划能力 （10%）	制定计划合理（10%）			
	决策能力 （10%）	计划选择正确（10%）			
意见反馈					
请写出你对本学习情境教学的建议和意见					

评价评语	班级		姓　名		学　号		总评	
	教师签字		第　组	组长签字			日期	
	评语：							

参考文献

[1]张周. 家畜繁殖[M]. 北京：中国农业出版社，2001.

[2]张忠诚. 家畜繁殖学[M]. 北京：中国农业出版社，2007.

[3]许怀让. 家畜繁殖学[M]. 南宁：广西科学技术出版社，1990.

[4]侯放亮. 牛繁殖与改良新技术[M]. 北京：中国农业出版社，2005.

[5]冯建忠. 牛羊胚胎移植实用技术[M]. 北京：中国农业出版社，2005.

[6]王锋，王元兴. 牛羊繁殖学[M]. 北京：中国农业出版社，2003.

[7]张忠城. 家畜繁殖学[M]. 北京：中国农业出版社，2004.

[8]耿明杰. 动物遗传繁育[M]. 哈尔滨：哈尔滨地图出版社，2004.

[9]丁威. 动物遗传繁育[M]. 北京：中国农业出版社，2010.

[10]杨万郊，张似青. 宠物繁殖与育种[M]. 北京：中国农业出版社，2007.

[11]曹文广. 实用犬猫繁殖学[M]. 北京：北京农业大学出版社，1994.

[12]华世坚. 养犬指南[M]. 北京：中国农业出版社，2004.

[13]张立波. 实用养犬大全[M]. 北京：中国农业出版社，2004.

[14]潘耀谦，王祥生，安铁洙. 新编科学养犬问答[M]. 北京：中国农业出版
    社，2002.

[15]刘云，田文儒. 宠犬饲养、繁殖、训练与保健大全[M]. 北京：中国农业出版社，
    2003.

[16]李立山，张周. 养猪与猪病防治[M]. 北京：中国农业出版社，2006.

[17]杨公社. 猪生产学[M]. 北京：中国农业出版社，2002.

[18]王淑香，吴学军. 猪规模化生产[M]. 长春：吉林文史出版社，2004.

[19]王宝维. 海兰蛋鸡饲养[M]. 济南：山东科学技术出版社，1997.

[20]高云航. 肉鸡肉鸭肉鹅快速养殖技术[M]. 延吉：延边人民出版社，2003.

[21]刘福柱，张彦明，牛竹叶. 最新鸡鸭鹅饲养管理技术大全[M]. 北京：中国农业
    出版社，2003.